ATZ/MTZ-Fachbuch

Die komplexe Technik heutiger Kraftfahrzeuge und Motoren macht einen immer größer werdenden Fundus an Informationen notwendig, um die Funktion und die Arbeitsweise von Komponenten oder Systemen zu verstehen. Den raschen und sicheren Zugriff auf diese Informationen bietet die regelmäßig aktualisierte Reihe ATZ/MTZ-Fachbuch, welche die zum Verständnis erforderlichen Grundlagen, Daten und Erklärungen anschaulich, systematisch und anwendungsorientiert zusammenstellt.

Die Reihe wendet sich an Fahrzeug- und Motoreningenieure sowie Studierende, die Nachschlagebedarf haben und im Zusammenhang Fragestellungen ihres Arbeitsfeldes verstehen müssen und an Professoren und Dozenten an Universitäten und Hochschulen mit Schwerpunkt Kraftfahrzeug- und Motorentechnik. Sie liefert gleichzeitig das theoretische Rüstzeug für das Verständnis wie auch die Anwendungen, wie sie für Gutachter, Forscher und Entwicklungsingenieure in der Automobil- und Zulieferindustrie sowie bei Dienstleistern benötigt werden.

Wolfgang Siebenpfeiffer
(*Hrsg.*)

Vernetztes Automobil

Sicherheit - Car-IT - Konzepte

Mit 154 Abbildungen

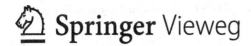 Springer Vieweg

Herausgeber

Wolfgang Siebenpfeiffer
Stuttgart, Deutschland

ISBN 978-3-658-04018-5   ISBN 978-3-658-04019-2 (eBook)
DOI 10.1007/978-3-658-04019-2

Die Deutsche Nationalbibliothek verzeichnet diese Publikation in der Deutschen Nationalbibliografie; detaillierte bibliografische Daten sind im Internet über http://dnb.d-nb.de abrufbar.

Springer Vieweg
© Springer Fachmedien Wiesbaden 2014

Springer Vieweg ist eine Marke von Springer DE. Springer DE ist Teil der Fachverlagsgruppe Springer Science+BusinessMedia
www.springer-vieweg.de

Vorwort

Die Vernetzung im und mit dem Automobil ist unaufhaltsam. Der Anstieg der Fahrzeugfunktionen hat schon vor Jahren dazu geführt, dass die Komplexität nur dann zu beherrschen ist, wenn elektronische Systeme miteinander vernetzt werden. Umweltschutz, Sicherheit und Komfort standen bisher im Vordergrund. Jetzt erhalten immer mehr Assistenz- und Infotainmentsysteme Einzug ins Fahrzeug. Einher geht die Verbindung nach außen und in der Folge zum Internet. Die Mensch-Maschine-Interaktion hat damit eine neue Dimension erreicht. Die neuen Entwicklungen treiben die Vernetzung nach stärker an als das bisher vorauszusagen war.

Die Motivation für diesen Band aus der ATZ/MTZ-Reihe von Springer Vieweg war, die in den Zeitschriften ATZ und ATZelektronik veröffentlichten Entwicklungsarbeiten hinsichtlich ihrer Zukunftsfähigkeit einem breiteren Fachpublikum zu vermitteln. Im ersten Teil stehen Themen der Sicherheit im Mittelpunkt. Hier können zum Beispiel Assistenzsysteme mit der Kommunikation der Fahrzeuge untereinander einen nachweislich wichtigen Beitrag zur Vision des unfallfreien Fahrens leisten.

Aus dem Blickwinkel der Car-IT werden im zweiten Teil Fragen der Infrastruktur, der IT-Sicherheit bei Elektrofahrzeugen, der Software und der Architekturintegration behandelt. Für Automobilhersteller und Zulieferer eröffnet die Fahrzeug-IT große Chancen, aber viele Aufgaben warten noch auf eine praxisgerechte Lösung. Die beschriebenen Ergebnisse sind Anregungen dafür, die Durchdringung der Fahrzeugtechnik mit diesem Thema voranzutreiben.

Im dritten Teil dieses Bandes liegt der Schwerpunkt auf den Konzepten. Hier fließen Themen zusammen, deren Wissen eine unumgängliche Voraussetzung ist, um die vielfältige Aufgliederung der Vernetzung im Automobil ganzheitlich zu verstehen. Im Detail erlaubt sie einen Einblick in die Zusammenführung der Einzelsysteme zu einem wirkungsvollen Gesamtsystem.

Stuttgart, Dezember 2013

Wolfgang Siebenpfeiffer

Autorenverzeichnis

Teil 1: Sicherheit

Das Vernetzte Auto – nur mit offenen Architekturen gelingt es
Hans-Georg Frischkorn
Executive Vice President Automotive Division, ESG Elektroniksystem- und Logistik-GmbH

Vernetzung zwischen Airbag und ESP zur Vermeidung von Folgekollisionen
Dipl.-Ing. Alexander Häusser
ist Abteilungsleiter Engineering Systems Vehicle Motion and Safety im Bereich Chassis Systems Control bei der Robert Bosch GmbH in Stuttgart.

Dipl.-Ing. Ralf Schäffler
ist Entwicklungsingenieur bei Engineering Systems Vehicle Motion and Safety im Bereich Chassis Systems Control bei der Robert Bosch GmbH in Stuttgart.

Dipl.-Ing. Andreas Georgi
ist Gruppenleiter in der Abteilung für Fahrzeugsicherheits- und Assistenzsysteme im Zentralbereich Forschung und Vorausentwicklung der Robert Bosch GmbH in Stuttgart.

Dr.-Ing. Stephan Stabrey
ist Entwicklungsingenieur für Fahrzeugsicherheits- und Assistenzsysteme im Zentralbereich Forschung und Vorausentwicklung der Robert Bosch GmbH in Stuttgart.

Testsystem für integrierte, hochvernetzte Sicherheitssysteme
Dipl.-Ing. (FH) Kathrin Sattler
ist Wissenschaftliche Mitarbeiterin am Institut für angewandte Forschung der Hochschule Ingolstadt.

Dipl.-Ing. (FH) Andreas Raith
ist wissenschaftlicher Mitarbeiter am Institut für angewandte Forschung der Hochschule Ingolstadt.

Dipl.-Ing. Daouda Sadou
ist Leiter der Abteilung Test und Functional Safety Management, Insassenschutz und Inertialsensorik bei der Continental Automotive GmbH in Regensburg.

Dr.-Ing. Christian Schyr
ist Produktmanager Testsysteme bei der IPG Automotive GmbH in Karlsruhe.

Mehr Sicherheit durch Positionsbestimmung mit Satelliten und Landmarken
Dr.-Ing. Dipl.-Ing. Roland Krzikalla
ist Koordinator von Forschungsprojekten zu Infrastruktursensorik und Umfelderfassung in Fahrzeugen mit Laserscannern bei der Sick AG in Hamburg. Im Forschungsprojekt Ko-PER leitet er die Arbeitsgruppe Fahrzeug-Eigenlokalisierung.

Dipl.-Inf. Andreas Schindler
ist Wissenschaftlicher Mitarbeiter für die Gebiete der Umgebungsperzeption und landmarkenbasierten Fahrzeug-Eigenlokalisierung am Institut Forwiss der Universität Passau.

Dipl.-Ing. Matthias Wankerl
ist Wissenschaftlicher Mitarbeiter mit dem Schwerpunkt GNSS/INS-Datenfusion zur Fahrzeug-Eigenlokalisierung am Institut für Theoretische Elektrotechnik und Systemoptimierung (ITE) des Karlsruher Instituts für Technologie (KIT).

Dr. rer. nat. Dipl.-Phys. Reiner Wertheimer
war Referent für technische Perzeption, Fahrerassistenz und präventive Sicherheit bei der BMW Group Forschung und Technik in München. Er ist Leiter des Forschungsprojekts Ko-PER auch nach seiner Pensionierung in 2011.

Wirkungsanalyse von Abstandsregelung und Abstandswarnung

Dipl.-Ing. Mohamed Benmimoun
ist Teamleiter Aktive Sicherheit FAS am Institut für Kraftfahrzeuge (ika) der RWTH Aachen University.

Dipl.-Ing. Andreas Pütz
ist Wissenschaftlicher Mitarbeiter am Institut für Kraftfahrzeuge (ika) der RWTH Aachen University.

Dr.-Ing. Adrian Zlocki
ist Leiter des Geschäftsbereichs Fahrerassistenz am Institut für Kraftfahrzeuge (ika) der RWTH Aachen University.

Prof. Dr.-Ing. Lutz Eckstein
ist Leiter des Instituts für Kraftfahrzeuge (ika) der RWTH Aachen University.

Fahrerunterstützung beim Ein- und Ausfädeln

Dipl.-Ing. Sascha Knake-Langhorst
ist Wissenschaftlicher Mitarbeiter im Bereich Situationserfassung und Datenmanagement am Institut für Verkehrssystemtechnik des Deutschen Zentrums für Luft- und Raumfahrt (DLR) in Braunschweig.

Dipl.-Ing. Christian Löper
ist Wissenschaftlicher Mitarbeiter im Bereich der Funktionsentwicklung für Assistenz- und Automationssysteme am DLR-Institut für Verkehrssystemtechnik in Braunschweig.

Dipl.-Ing. Norbert Schebitz
ist Wissenschaftlicher Mitarbeiter im Bereich der menschzentrierten Entwicklung von Fahrerassistenz am DLR-Institut für Verkehrssystemtechnik in Braunschweig.

PD Dr. Frank Köster
leitet die Abteilung Automotive im DLR-Institut für Verkehrssystemtechnik in Braunschweig.

Automatische Manöverentscheidungen auf Basis unsicherer Sensordaten

Dr.-Ing. Robin Schubert
war Wissenschaftlicher Mitarbeiter an der Professur für Nachrichtentechnik der TU Chemnitz und ist nun geschäftsführender Gesellschafter der Baselabs GmbH in Chemnitz.

Satellitenbasiertes Kollisionsvermeidungssystem

Dipl.-Ing. Frederic Christen
leitet das Team „Simulation Verkehr und FAS" in der Abteilung Fahrerassistenz der Forschungsgesellschaft Kraftfahrwesen mbH Aachen.

Univ.-Prof. Dr.-Ing. Lutz Eckstein
ist Leiter des Instituts für Kraftfahrzeuge der RWTH Aachen.

Dipl.-Inf. Alexander Katriniok
ist Wissenschaftlicher Mitarbeiter am Institut für Regelungstechnik der RWTH Aachen.

Univ.-Prof. Dr.-Ing. Dirk Abel
ist Leiter des Instituts für Regelungstechnik der RWTH Aachen.

„Keine unüberwindbaren Hürden beim automatisierten Fahren"

Interview von Markus Schöttle mit Prof. Dr. Ralf G. Herrtwich, Daimler AG

Teil 2: Car-IT

Echtzeitfähige Car-to-X-Kommunikationsabsicherung und E/E-Architekturintegration
Dr. Ing. Benjamin Glas
war Wissenschaftlicher Mitarbeiter des Instituts für Technik der Informationsverarbeitung (ITIV) am Karlsruher Institut für Technologie (KIT) und ist nun Mitarbeiter Embedded Security der Robert Bosch GmbH in Stuttgart.

Dr.-Ing. Oliver Sander
war Wissenschaftlicher Mitarbeiter des ITIV am KIT und ist dort verantwortlich für die Forschungsgruppe Automobiltechnik am KIT in Karsruhe.

Prof. Dr.-Ing. Klaus D. Müller-Glaser
ist Teil der kollegialen Institutsleitung des ITIV am KIT und Direktor des Forschungsbereichs Embedded Systems and Sensors Engineering (ESS) am Forschungszentrum Informatik (FZI) in Karlsruhe.

Prof. Dr.-Ing. Jürgen Becker
ist Teil der kollegialen Institutsleitung des ITIV am KIT, Chief Higher Education Officer des KIT und Direktor des Forschungsbereichs ESS des FZI in Karlsruhe.

Ladetechnik und IT für Elektrofahrzeuge
Knut Hechtfischer
ist Mitbegründer und Geschäftsführer von Ubitricity, Gesellschaft für verteilte Energiesysteme mbH in Berlin.

Dr. Norbert Zisky
ist Leiter der Arbeitsgruppe Datenkommunikation und -sicherheit in der Abteilung Medizinphysik und Metrologische Informationstechnik an der Physikalisch-Technischen Bundesanstalt (PTB) in Berlin.

Markus Hauser
ist Projektleiter Softwareentwicklung im Bereich Komponentenentwicklung bei Gigatronik in Stuttgart.

Dirk Grossmann
ist Gruppenleiter für Embedded Software bei der Vector Informatik GmbH in Stuttgart.

Pretended Networking Migrationsfähiger Teilnetzbetrieb
Jörg Speh
arbeitet im Bereich E/E-Architektur bei der Volkswagen AG in Wolfsburg.

Dr. Marcel Wille
arbeitet im Bereich VW-Fahrzeugvernetzung und ist Autosar-Projektleiter für die Volkswagen AG in Wolfsburg.

IT-Sicherheit in der Elektromobilität
Prof. Dr.-Ing. Christof Paar
führt den Lehrstuhl Eingebettete Sicherheit an der Fakultät für Elektrotechnik und Informationstechnik der Ruhr-Universität Bochum.

Dr.-Ing. Marko Wolf
ist Senior Security Engineer der Escrypte GmbH – Embedded Security in Bochum.

Dipl.-Ing. Ingo von Maurich
ist Mitarbeiter der Arbeitsgruppe Sichere Hardware an der Fakultät für Elektrotechnik und Informationstechnik der Ruhr-Universität Bochum.

System-on-Chip-Plattform verbindet Endgeräte- und Automobiltechnik
Andreas Burkert, ATZ-Korrespondent

Perspektiven softwarebasierter Konnektivität
Andreas Burkert, ATZ-Korrespondent

„Wir gehen unseren Weg"
Interview von Markus Schöttle mit Dipl.-Ing. Ralf Lamberti, Leiter Vorentwicklung und Infotainment, Daimler AG

Sichere Botschaften – Moderne Krypto-graphie zum Schutz von Steuergeräten
Dr. Marko Wolf
ist Technischer Leiter der Escrypt GmbH
in München.

André Osterhues
ist Niederlassungsleiter der Escrypt
GmbH in Bochum.

Fahrerassistenzsysteme – Effizienter Entwurf von Softwarekomponenten
Dr. Robin Schubert
ist Geschäftsführer der Baselabs GmbH
in Chemnitz.

Chiplösungen für Fahrerassistenzsysteme
Philipp Hudelmaier
ist System Engineer im Bereich Business
Development und System Solutions
bei Fujitsu Semiconductor Europe in
München.

Dr. Karsten Schmidt
ist System Engineer im Bereich Business
Development und System Solutions
bei Fujitsu Semiconductor Europe in
München.

Head-up-Display – Die nächste Generation mit Augmented-Reality-Technik
Dr. Jochen Blume
ist Leiter der Basisentwicklung Elektro-mechanik im Bereich Instrumentation &
Driver HMI bei Continental in Baben-hausen.

Dr. Thorsten Alexander Kern
ist Leiter der Head-up-Display-Ent-wicklung im Bereich Instrumentation &
Driver HMI bei Continental in Baben-hausen.

Dr. Pablo Richter
ist Head-up-Display-Experte im Bereich
Instrumentation & Driver HMI bei
Continental in Babenhausen.

Teil 3: Konzepte

Assistenzsystem für mehr Kraftstoff-effizienz
Philip Markschläger
ist Entwicklungsingenieur Energie-management bei der Porsche AG in
Weissach.

Hans-Georg Wahl
ist Doktorand des Instituts für Fahr-zeugtechnik am Karlsruher Institut für
Technologie (KIT) in Karlsruhe.

Dr. Frank Weberbauer
ist Leiter Konzepte & Funktionen
Energiemanagement bei der Porsche AG
in Weissach.

Dr. Matthias Lederer
ist Leiter Energiemanagement bei
der Porsche AG in Weissach.

Teilnetzbetrieb – Abschaltung inaktiver Steuergeräte
Stephan Esch
ist Leiter E/E Fahrzeugvernetzung bei
der Audi AG in Ingolstadt.

Jürgen Meyer
arbeitet im Projekt Teilnetzbetrieb und
WakeUp-Sleep-Konzepte bei der Audi
AG in Ingolstadt.

Günter Linn
arbeitet im Bereich Physical Layer Flex-ray und Hardware-Teilnetzbetrieb bei
der Audi AG in Ingolstadt.

Vollautomatische Kamera-zu-Fahrzeug-Kalibrierung
Dipl.-Inf. Juri Platonov
ist Systemberater Computer Vision bei
ESG in München.

Pawel Kaczmarczyk (M.Sc.)
ist Systemingenieur Computer Vision
bei ESG in München.

Dipl.-Ing. Thomas Gebauer
ist Systemingenieur Computer Vision
bei ESG in München.

Apps nutzen offene Telematikplattform für Flottenfahrzeuge
Thomas Rösch
ist Geschäftsführer Openmatics s.r.o. in Pilsen (Tschechien).

Simuliertes GPS-Space-Segment und Sensorfusion zur spurgenauen Positionsbestimmung
Dipl.-Ing. Tobias Butz
ist Applikationsingenieur Testsysteme & Engineering bei IPG Automotive GmbH in Karlsruhe.

Dipl.-Ing. Uwe Wurster
ist Leiter Testsysteme & Engineering bei IPG Automotive GmbH in Karlsruhe.

Prof. Dr. Ing. Gert F. Trommer
ist Professor am Institut für Theoretische Elektrotechnik und Systemoptimierung des Karlsruhe Institut für Technologie (KIT).

Dipl.-Ing. Matthias Wankerl
ist Wissenschaftlicher Mitarbeiter am Institut für Theoretische Elektrotechnik und Systemoptimierung des Karlsruhe Institut für Technologie (KIT).

Reichweitenprognose für Elektromobile
Dr.-Ing. Peter Conradi
ist Geschäftsführer der All4IP Technologies GmbH & Co. KG in Darmstadt.

Funktionen vereint – Kombiinstrument, Infotainment und Flottenmanagement
Philipp Hudelmaier
ist Systems Engineer bei Fujitsu Semiconductor Europe in München.

Stabile Satellitenverbindung durch flüssigkristallbasierte, phasengesteuerte Gruppenantennen
M. Sc. Onur Hamza Karabey
ist Wissenschaftlicher Mitarbeiter und Doktorand am Institut für Mikrowellentechnik und Photonik an der TU Darmstadt.

Dipl.-Ing. (FH) Matthias Maasch
ist Wissenschaftlicher Mitarbeiter und Doktorand am Institut für Mikrowellentechnik und Photonik an der TU Darmstadt.

Prof. Dr.-Ing. Rolf Jakoby
ist Leiter des Fachgebiets Mikrowellentechnik und Photonik an der TU Darmstadt.

Erweiterung der Fahrzeug-zu-Fahrzeug-Kommunikation mit Funkortungstechniken
Dr.-Ing. Daniel Schwarz
ist Projektsprecher des Verbundprojekts Ko-TAG der Ko-FAS-Forschungsinitiative und arbeitet im Bereich Konzepte „Aktive und Integrale Sicherheit" bei der BMW Group in München.

Umfeldmodelle – standardisierte Schnittstellen für Assistenzsysteme
Dipl.-Ing. Ralph Grewe
ist zuständig für die Umfeldmodellierung für Fahrerassistenzsysteme bei Continental Chassis & Safety, Advanced Engineering und externer Doktorand am Institut für Fahrzeugtechnik (FZD) der Technischen Universität Darmstadt.

Dr.-Ing. Andree Hohm
ist Systemarchitekt für Fahrerassistenzsysteme Chassis & Safety, Advanced Engineering bei Continental in Frankfurt am Main.

Dr.-Ing. Stefan Lüke
ist Leiter ADAS & Contiguard bei Continental Chassis & Safety, Advanced Engineering in Frankfurt am Main.

Prof. Dr. rer. nat. Hermann Winner
leitet das Fachgebiet Fahrzeugtechnik (FZD) der Technischen Universität Darmstadt.

Anforderungen an ein Referenzsystem für die Fahrzeugortung

Dipl.-Ing. Marco Wegener
ist Wissenschaftlicher Mitarbeiter am Institut für Verkehrssicherheit und Automatisierungstechnik der Technischen Universität Braunschweig.

Dipl.-Ing. Matthias Hübner
ist Wissenschaftlicher Mitarbeiter am Institut für Verkehrssicherheit und Automatisierungstechnik der Technischen Universität Braunschweig.

Dipl.-Ing. Mohamed Brahmi
ist Doktorand an der TU Braunschweig im Bereich Fahrerassistenzsysteme in Zusammenarbeit mit der Audi AG in Ingolstadt.

Dr.-Ing. Karl-Heinz Siedersberger
ist Gruppenleiter in der Vorentwicklung Fahrerassistenzsysteme bei der Audi AG in Ingolstadt.

Elektronischer Horizont – Vorausschauende Systeme und deren Anbindung an Navigationseinheiten

Jürgen Ludwig
verantwortet den Bereich Geschäftsentwicklung Fahrerassistenzsysteme bei Elektrobit in Erlangen.

Von der Straße ins Internet

Dr. Stephan Steglich
ist Webinos-Projektleiter und Leiter des Kompetenzzentrum FAME – Future Applications und Media am Fraunhofer-Institut für offene Kommunikationssysteme Fokus in Berlin.

Christian Fuhrhop
ist Leiter der Spezifikation im Webinos-Projekt und Forscher im Kompetenzzentrum FAME – Future Applications und Media am Fraunhofer-Institut für offene Kommunikationssysteme Fokus in Berlin.

Inhaltsverzeichnis

Teil 2: Car-IT

Teil 3: Konzepte

Teil 1

Sicherheit

Inhaltsverzeichnis

Das Vernetzte Auto – nur mit offenen Architekturen gelingt es

Hans-Georg Frischkorn

Der Begriff des „vernetzten Autos" wird zusehend stärker geprägt, und die Automobilindustrie ist mittlerweile Stammgast auf Messen wie der Consumer Electronics Show (CES) in Las Vegas oder der Cebit in Hannover. Auffällig ist aber, dass mit dem Begriff ganz unterschiedliche Inhalte verbunden werden. Das reicht von klassischen Infotainment-Funktionen über Online-Software-Updates im Auto, neue Mobilitätskonzepte, Smart Grid und Car-to-X-Kommunikation.

Ist das vernetzte Auto eine eierlegende Wollmilchsau? Natürlich nicht. Aber die Bandbreite der Systeme, die das Fahrzeug nun mit branchenfremden, technologieübergreifenden Systemen und dem Umfeld vernetzt, bedeutet einen regelrechten Quantensprung. Das betrifft vor allem den heute schon hohen Komplexitätsgrad, der alle Beteiligten vor gewaltige Herausforderungen stellt.

Wie können wir diesen Aufgaben begegnen? Zu den wichtigen Stellhebeln zählt die zielgerichtete Weiterentwicklung von Standards und offenen Schnittstellen. Initiativen wie Autosar, Genivi und CMMI/Spice sind richtungweisend, müssen aber auch konsequent umgesetzt und weiterentwickelt werden. Dazu gilt es, zu einem offenen und kooperativen Austausch mit anderen Branchen zu kommen, mit gezieltem Transfer von Prozess- und Methoden-Know-how. Beispiel dafür

sind Ansätze für integrierte modulare Architekturen im Luftfahrtbereich. Wir müssen beginnen, eine offene Architektur für die entstehende vernetzte Welt zu definieren, und bereit sein, dafür gemeinsam neue Wege zu gehen.

Grundlage einer neuen Architekturinitiative muss ein klares Verständnis der Basisanforderungen sein. Dabei spielen Safety und Security eine ganz besonders wichtige Rolle. Aber auch Personalisierung und Individualisierung gewinnen an Bedeutung. Entscheidend ist die sichere Beherrschung der Integration von komplexen und hochvernetzten System- und Kundenfunktionen, verschiedenartiger Sensortechnologien und Aktoren, neuen Kommunikationsstandards und – nicht zuletzt – der Flexibilität im Umgang mit der Vielzahl unterschiedlicher und einem raschen Wandel unterliegender Endgeräte.

Durchgreifende Interoperabilität ist hier eine Grundanforderung an die Architektur, ebenso modulare Hardware- und Softwarekomponenten. Die Trennung von Hardware und Software ist eine weitere wesentliche Voraussetzung. Erst dadurch wird eine effiziente und kostensparende Wiederverwendung von softwarebasierten Funktionen ermöglicht. Ich bin davon überzeugt, dass wir auch bei Embedded Systems die heutige enge Verzahnung von Hardware und Software schrittweise lösen werden.

Der Begriff Cyber Physical Systems mag abschrecken: Sie sind aber die Realität von morgen. Wenn die Autoindustrie von dieser nicht überrollt werden will, muss sie endlich beginnen, sich damit systematisch auseinanderzusetzen. Unsere Erfahrungen mit offenen Architekturen und konsequent umgesetzten Systems-Engineering-Prozessen bieten eine gute Basis dafür.

Vernetzung zwischen Airbag und ESP zur Vermeidung von Folgekollisionen

DIPL.-ING. ALEXANDER HÄUSSER | DIPL.-ING. RALF SCHÄFFLER | DIPL.-ING. ANDREAS GEORGI | DR.-ING. STEPHAN STABREY

Mit der geschickten Vernetzung von Airbag und ESP gelang es Bosch, ein Notbremssystem zu integrieren, mit dem verheerende Folgekollisionen nach Unfällen teils vermieden werden. Das Assistenzsystem Secondary Collision Mitigation (SCM) basiert auf der Sensorfusion, greift automatisch ein und bricht nicht ab, wenn die Datenübertragung durch den Erstaufprall gestört wird.

Unfallfreies Fahren

Mit dem Ziel des unfallfreien Fahrens entwickelt die Automobilindustrie immer leistungsfähigere Fahrerassistenzsysteme, die den Fahrer in kritischen Situationen unterstützen und somit Unfälle vermeiden helfen. Bereits während einer normalen Fahrt lassen sich Faktoren überwachen, die die Fahrsicherheit beeinflussen können. Beispielsweise erkennen aktuelle Assistenzsysteme eine zunehmende Schläfrigkeit des Fahrers und empfehlen eine Pause.

Kritischere Fahrsituationen wie eine drohende Kollision können entsprechende Assistenzsysteme frühzeitig über Umfeldsensoren erkennen. In Stufen wird der Fahrer zunächst durch Warnhinweise und dann gegebenenfalls auch durch eine automatische Notbremsung sowie einen Ausweichassistenten unterstützt. Darüber hinaus kann das aktive Sicherheitssystem ESP das Fahrzeug während eines kritischen Fahrmanövers innerhalb der physikalischen Grenzen stabilisieren. Kommt es dennoch zu einer Kollision, unterstützen bislang nur die passiven Sicherheitssysteme wie beispielsweise Airbags.

Wie Untersuchungen zeigen, ziehen viele dieser Erstkollisionen weitere Folgekollisionen nach sich, die maßgeblich durch den Fahrer beeinflusst werden können. Allerdings ist jeder Unfall für den Fahrer ein seltenes Ereignis und führt nach einem Erstanprall in der Regel zu einer verlängerten Schrecksekunde. In dieser ist der Fahrer kaum handlungsfähig und durch einhergehende Verletzungen oftmals weiter beeinträchtigt. Hier setzt die Funktion Secondary Collision Mitigation (SCM, Verminderung des zweiten Aufpralls) an.

Durch die Vernetzung der Airbaginformationen mit dem ESP wird eine automatische Verzögerung nach der Erstkollision eingeleitet. Folgekollisionen lassen sich dadurch vermeiden oder deren Unfallfolgen zumindest deutlich reduzieren. Ein wesentlicher Bestandteil bei der Entwicklung dieser Funktion war eine detaillierte Analyse von Unfalldaten im Rahmen der Unfallforschung. Hierbei wurde eine Auswertung statistisch relevanter Situationen (Wirkfeldanalyse) mit anschließender Nutzen- und Risikoanalyse durchgeführt, deren Erkenntnisse in die Funktionsentwicklung eingeflossen sind.

Von der Wirkfeldanalyse zur Nutzen- und Risikobewertung

Das reale Unfallgeschehen zeigt, dass in rund jedem vierten Unfall mit Personenschaden Pkw in mehrere Kollisionen verwickelt werden. Besonders bei primären Kollisionen, bei denen die Airbagauslöseschwellen erreicht werden, ist die unterstützende Wirkung einer Funktion zur Vermeidung von Folgekollisionen (SCM) von großer Hilfe. Im deutschen Unfallgeschehen mit Personenschaden entspricht das einem Wirkfeld von 15 % (46.000 Unfällen pro Jahr). Die Unfalldatenbank Gidas (German In-depth Accident Study) [1] bietet die Möglichkeit, solche Funktionen hinsichtlich des genannten Wirkfelds, des Nutzens und des Risikos systematisch zu bewerten.

Eine exakte Ermittlung des Funktionsnutzens bei Pkw konnte für etwas mehr als die Hälfte der relevanten Gidas-Unfälle durchgeführt werden. Hier wurde die Wegänderung durch den systeminitiierten Bremseingriff berechnet. Bei der Berechnung wurden beispielsweise die jeweiligen Straßenverhältnisse, eventuelle Fahrerreaktionen oder eine Fahrzeugrotation berücksichtigt. Wie Bild 1 zeigt, führt der Bremseingriff in 2,6 % aller Unfälle zu einer Vermeidung der Folgekollision und in 3,6 % zu einer deutlichen Geschwindigkeitsreduktion. In 1,8 % aller Unfälle hat die Funktion kei-

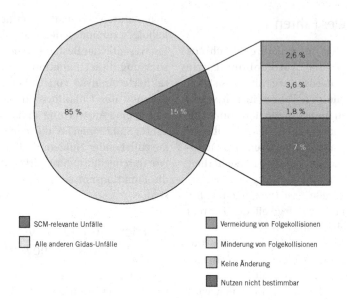

Bild 1
SCM-Nutzenanalyse
für Pkw auf Basis
von 3148 repräsen-
tativen Unfällen
aus der Gidas-
Datenbank

nen Nutzen; das heißt, hier hat der Fahrer optimal gebremst oder der Weg zwischen den Kollisionen war nur sehr gering.

In etwa der Hälfte der durch SCM adressierbaren Unfälle (7 % aller Unfälle) konnte der Nutzen nicht exakt berechnet werden. Hier hatten die Fahrzeuge entweder in der primären Kollision die Fahrbahn verlassen oder es kam zu einer Folgekollision gegen ein weiteres sich bewegendes Fahrzeug. Die Auswirkung von SCM in den sogenannten Abkommensunfällen ist gering, da hier durch die Bremsung der Räder auf losem Untergrund nur wenig zusätzliche Verzögerung aufgebaut werden kann. Weitere detaillierte Einzelfalluntersuchungen zeigten bei Unfällen mit Folgekollisionen gegen fahrende Fahrzeuge, dass auch hier ein nennenswerter Funktionsnutzen zu erwarten ist.

Da SCM mit Erreichen der Auslöseschwelle auch bei Unfällen mit lediglich einer Kollision pro Fahrzeug aktiviert und die Fahrzeuge entsprechend verzögert werden, musste dieser Effekt auch hinsichtlich potenzieller Risiken untersucht werden. Dazu wurden mehr als

2700 weitere Unfälle aus der Gidas Datenbank hinsichtlich der Auswirkungen der Wegänderung nach einer Erstkollision untersucht. Die Risikobetrachtung führte zu dem Ergebnis, dass in fast allen Anprallsituationen eine Vollbremsung sinnvoll ist. Lediglich bei Frontalkollisionen empfiehlt sich eine Reduzierung der Bremsverzögerung, um ein optimales Nutzen/Risiko-Verhältnis realisieren zu können.

Funktionsauslegung

Die Funktionsauslegung basiert im Wesentlichen auf der im Rahmen der Unfallforschung durchgeführten Nutzen- und Risikoanalyse. Aus dieser wurde die zur Auslösung erforderliche Aufprallstärke sowie abhängig von der Anprallsituation die aufzubauende Bremsverzögerung abgeleitet. Die Funktionsteile zur Auswertung von Aufprallstärke und Anprallsituation sind im Airbag-Steuergerät umgesetzt. Der Bremsdruck, der zum Erreichen der Bremsverzögerung erforderlich ist, wird im ESP-Steuergerät berechnet.

Die aufgebaute Bremsverzögerung bestimmt entsprechend den Richtlinien für die funktionale Sicherheit (ISO 26262) die Sicherheitsanforderungen an das Gesamtsystem. Diese werden aus der Wahrscheinlichkeit und der Auswirkung eines fehlerhaften Verhaltens der Funktion abgeleitet und müssen bei der Integration der SCM-Funktionen in den beiden Steuergeräten berücksichtigt werden. Zur sicheren Übertragung des Auslösesignals vom Airbag-Steuergerät zum ESP-Steuergerät muss beachtet werden, dass das Fahrzeugnetzwerk unfallbedingt gestört sein kann. Tritt eine solche Störung nach der SCM-Auslösung auf, kann die eingeleitete Bremsverzögerung vom Airbag-Steuergerät nicht mehr abgebrochen werden. Das Auslösesignal muss deshalb vor Einleiten der Bremsverzögerung ausreichend gegen Übertragungsfehler verifiziert werden.

Dies kann beispielsweise durch einen gesonderten Handshake-Mechanismus zwischen Airbag-Steuergerät und ESP-Steuergerät erreicht werden, bei dem SCM im ESP-Steuergerät erst dann ausgelöst wird, wenn die Steuergeräte wechselseitig eine Prüfsumme richtig berechnet haben.

Für die Akzeptanz von Fahrerassistenzsystemen sind neben der funktionalen Sicherheit ein für den Fahrer transparentes Systemverhalten sowie die Möglichkeit, automatische Systemeingriffe überstimmen zu können, von zentraler Bedeutung. Das Wechselspiel zwischen einem automatischen Bremseingriff durch SCM und dem Fahrerverhalten nach einer Initialkollision wurde daher in einer Probandenstudie [2] ausführlich untersucht.

Obwohl die auf das Fahrzeug wirkenden Kräfte bei dem dabei zur gefahrlosen Simulation einer Initialkollision eingesetzten Lenkeingriff deutlich kleiner waren als bei einer realen Kollision, wurden zum Teil erhebliche Probleme bei der Bewältigung der überraschend auftretenden Situation beobachtet.

Vor dem Hintergrund der Entwicklung einer intuitiven Überstimmstrategie lieferte die Auswertung der Fahr- und Bremspedalbetätigung wichtige Erkenntnisse. So wurden neben der erwarteten Reaktion „Fuß vom Gas und bremsen" auch das in Bild 2 (a) gezeigte „Durchtreten" des Fahrpedals, also ein Kickdown, sowie die in Bild 2 (b) dargestellte gleichzeitige Betätigung von Fahr- und Bremspedal beobachtet. Mit Hilfe der Videoaufnahmen einer im Fußraum verbauten Kamera lässt sich dieses unerwartete Verhalten auf die wirkenden Trägheitskräfte zurückführen. Die Auswertung der Bewegungsabläufe zeigt deutlich, dass die betreffenden Probanden durchaus den Fuß vom Fahrpedal nehmen und bremsen wollten, aufgrund der Wirkung der Trägheitskräfte jedoch den Fuß nicht bis zum Bremspedal bewegen konnten. Für die Überstimmung eines SCM-Eingriffs durch den Fahrer, also die Been-

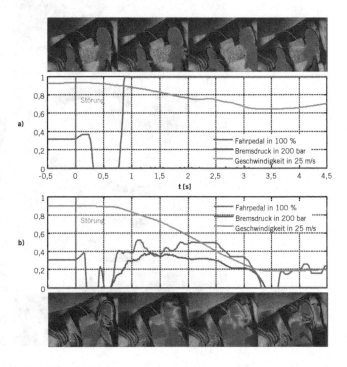

Bild 2
Fahrerreaktionen bei durch Lenkimpuls simulierter Initialkollision; „Durchtreten" des Fahrpedals (a), gleichzeitige Betätigung von Fahr- und Bremspedal (b)

dung der automatisch ausgelösten Verzögerung, ist die bloße Betätigung des Fahrpedals daher kein geeignetes Kriterium. Anhand des zeitlichen Verlaufs von Fahr- und Bremspedalbetätigung lässt sich die bereits beschriebene Fehlbedienung jedoch erkennen, sodass ein Abbruch des SCM-Eingriffs bei einem Fahrwunsch nur nach beabsichtigter Fahrpedalbetätigung erfolgt.

Von einem Fahrwunsch kann ebenfalls ausgegangen werden, wenn ein zunächst mit einer starken Bremsung reagierender Fahrer den Bremsdruck nach Wiedererlangen der Kontrolle wieder reduziert. Ein in diesem Fall aufgrund des SCM-Eingriffs trotz Rücknahme des Bremspedals weiter verzögerndes Fahrzeug könnte den Fahrer erheblich irritieren. Um ein solches unerwartetes Fahrzeugverhalten zu vermeiden, wird ein SCM-Eingriff auch bei einer vom Fahrer ausgeführten starken Bremsung beendet.

Bild 3
Rekonstruktion eines konkreten Realunfalls aus der Gidas-Datenbank in der Simulation (obere Zeile) und in einem Fahrversuch (untere Zeile): ohne Eingriff des SCM (a), mit Eingriff des SCM (b)

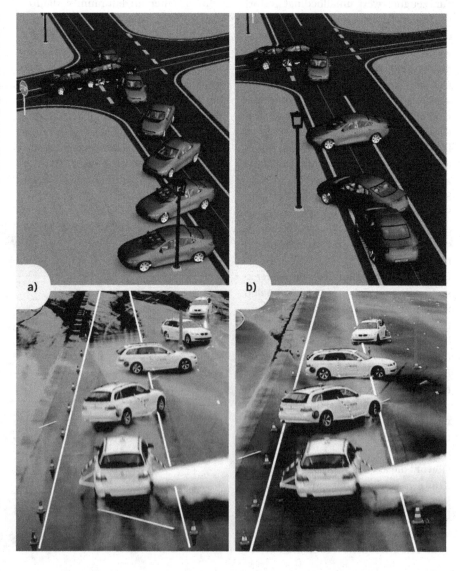

Validierung der Funktion

Zur Analyse der Potenziale von Fahrsicherheitsfunktionen, die wie SCM nach einer Initialkollision in die Fahrzeugbewegung eingreifen, hat die zentrale Forschung der Robert Bosch GmbH ein spezielles Versuchsfahrzeug aufgebaut. Mit Hilfe einer im Fahrzeug integrierten Heißwasserrakete lassen sich für eine Dauer von etwa 100 ms am Fahrzeugheck äußere Kräfte bis zu 45 kN in Querrichtung aufbringen. Dieser Aufbau ermöglicht die zerstörungsfreie, wiederholbare Untersuchung der Auswirkungen von Seitenkollisionen am Heck auf die Fahrzeugbewegung und das Fahrerverhalten sowie den Nachweis der Wirksamkeit von Funktionsprototypen.

Um den Nutzen von SCM im realen Fahrversuch zu verdeutlichen, wurden exemplarisch die Unfallbedingungen eines konkreten in der Gidas-Datenbank erfassten Kreuzungsunfalls nachgestellt. Das am Heck getroffene Fahrzeug geriet bei diesem Unfall ins Schleudern, kam von der Fahrbahn ab, kollidierte im Bereich der Fahrertür mit einer Straßenlaterne und überschlug sich. Die Rekonstruktion des Unfalls in der Simulation sowie die Trajektorie des Fahrzeugs ohne SCM im Fahrversuch, bei dem die Position der Straßenlaterne mit einem Pylon markiert wurde, sind in Bild 3 (a) dargestellt.

Die Fahrversuche zeigten sehr deutlich, dass selbst erfahrene und vorbereitete Fahrer die induzierte Gierbewegung durch sofortiges schnelles Gegenlenken nicht stabilisieren konnten. In solchen unkontrollierbaren Bewegungszuständen kommt dem Abbau kinetischer Energie zur Minderung der Schwere potenzieller Folgekollisionen besondere Bedeutung zu. Der in Bild 3(b) gezeigte Bewegungsablauf des mit SCM ausgestatteten Fahrzeugs verdeutlicht, dass die Folgekollision mit der Straßenlaterne

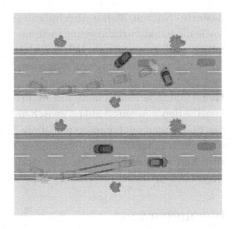

Bild 4
Die unzureichende Reaktion des Fahrers nach einem Unfall kompensiert die Elektronik (Bild © Volkswagen)

durch eine unmittelbar nach der Initialkollision automatisch eingeleitete Vollverzögerung hätte vermieden werden können. Die unzureichende Reaktion des Fahrers nach einem Unfall kann die Elektronik des SCM somit kompensieren, Bild 4.

Zusammenfassung und Ausblick

Aus einer systematischen Unfalldatenanalyse geht hervor, dass es in vielen Unfällen zu mehreren Kollisionen kommt, sodass durch eine gezielte Beeinflussung der Fahrzeugbewegung nach der Initialkollision eine Minderung der Gesamtunfallschwere möglich ist. Als erster Ansatz für derartige Fahrsicherheitsfunktionen ermöglicht die intelligente Vernetzung von Airbag- und ESP-System in Fahrzeugen mit Secondary Collision Mitigation (SCM) von Bosch ein automatisches Verzögern nach der Initialkollision. Wenngleich dadurch Folgekollisionen nicht in allen Unfallsituationen vermieden werden können, führt der erzielte Geschwindigkeitsabbau doch in aller Regel zu einer Minderung des Verletzungsrisikos.

Darüber hinaus erweitert die verlängerte Zeitspanne zwischen Initial- und Folgekollision die Eingriffsmöglichkeiten des Fahrers. Eine auf realen Unfalldaten basierte Nutzen/Risiko-Abschätzung sowie die Funktionsvalidierung in Simulation und Fahrversuch belegen das Potenzial zur Minderung von Personen- und Sachschäden im Straßenverkehr. Weiterführende Fahrsicherheitsfunktionen, die den Bewegungsablauf zwischen den Kollisionen mit komplexeren fahrdynamischen Eingriffen beeinflussen, versprechen weitere Potenziale und sind Gegenstand aktueller Forschung [3, 4].

Literaturhinweise

[1] Georgi, A.; Brunner, H.; Scheunert, D.: Gidas – German In-Depth Accident Study, Fisita Congress 2004, Barcelona, Spain, 2004, www.gidas.org

[2] Stabrey, S.; Georgi, A.; Blank, L.; Marchthaler, R.: Minderung der Schwere von Unfällen mit Mehrfachkollisionen durch automatische Bremseingriffe. In: VDI-Bericht 2009: Autoreg 2008 Steuerung und Regelung von Fahrzeugen und Motoren, Baden-Baden. Düsseldorf: VDI Verlag, 2008

[3] Derong Yang: Post Impact Vehicle Path Control in Multiple Event Accidents. Technical Report, Department of Applied Mechanics, Chalmers University of Technology, Goteborg, Sweden, ISSN 1652–8565, 2011

[4] Salfeld, M.; Stabrey, S.; Trächtler, A.: Optimal Control Inputs to Affect Vehicle Dynamics in Various Driving States. In: IFAC Proceedings Volumes (IFAC Papers Online), pp. 151, 2007

Testsystem für integrierte, hochvernetzte Sicherheitssysteme

Dipl.-Ing. (FH) Kathrin Sattler | Dipl.-Ing. (FH) Andreas Raith | Dipl.-Ing. Daouda Sadou | Dr.-Ing. Christian Schyr

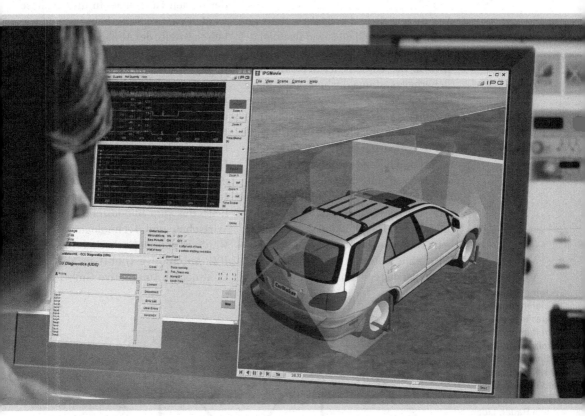

Die rasante Entwicklung verschiedenster neuer Sicherheitssysteme im Automobilbereich sowie der zunehmende Vernetzungsgrad dieser Systeme innerhalb des Fahrzeugs führen unweigerlich zu einer steigenden Testkomplexität. Im aktuellen Forschungsprojekt Visaps wird das bisher entwickelte Testsystem von der Hochschule Ingolstadt, IPG und Continental um einige Neuerungen erweitert und optimiert.

Motivation

In den letzten Jahren ist ein sprunghafter Anstieg der Komplexität im Testbereich zu verzeichnen. Dieser Trend wird sich künftig fortsetzen und noch weiter verstärken. Bereits jetzt stößt man beim Testen der verschiedenen, miteinander vernetzten Sicherheitssysteme an die Grenzen der aktuellen Vorgehensweisen, Bild 1.

Aus diesem Grund müssen neuartige Testsysteme aufgebaut sowie Testmethoden und -strategien entwickelt werden, um das Zusammenspiel der einzelnen Sicherheitssysteme, insbesondere auch während einer kritischen Fahrsituation beziehungsweise eines Unfallszenarios, zeitlich durchgängig zu testen. Dazu wird das Testszenario, wie in Bild 2 dargestellt, in die drei Phasen Normalfahrt, Precrash und Incrash unterteilt. In der Normalfahrt-Phase wird das Verhalten von Fahrerassistenzsystemen in einer normalen, unkritischen Fahrsituation getestet, etwa beim Fahren im fließenden Stadtverkehr. Wird eine kritische Fahrsituation erreicht, bei der eine Kollision unvermeid-

bar ist, zum Beispiel das Annähern des eigenen Fahrzeugs an ein vorausfahrendes Fahrzeug, werden mithilfe von aktiven Sicherheitssystemen in der Precrash-Phase erste Maßnahmen zur Minderung der Unfallschwere eingeleitet. Dazu zählt die Aktivierung eines reversiblen Gurtstraffers oder das Einsetzen einer automatischen Notbremsung. Die Incrash-Phase beginnt ab dem Kontaktzeitpunkt der beiden Fahrzeuge. In dieser Phase werden passive Sicherheitssysteme wie beispielsweise der Airbag ausgelöst.

Um den gesamten durchgängigen Verlauf testen zu können, wurde ein neuartiges Testsystem entwickelt, das aus einer leistungsfähigen Fahrdynamik-Simulationsumgebung kombiniert mit einer automatischen Einspeisung von Crashdaten besteht.

Im Forschungsprojekt Visaps (Vernetzung und Integration von Sicherheitssystemen der aktiven und passiven Sicherheit), das vom Bundesministerium für Wirtschaft und Technologie gefördert wurde, ist von der Hochschule Ingolstadt, IPG Automotive GmbH in Karlsruhe, Continental Automotive GmbH in Re-

Bild 1
Verschiedene Systeme kommunizieren innerhalb eines integrierten Sicherheitssystems miteinander: durch die Erweiterung der Umwelterkennung werden verschiedene Sensorstrategien wie Radar, Lidar oder Ultraschall verfolgt (Sehen); durch Messungen der Strukturvibrationen wird der Körperschall hörbar (Hören); Fahrdynamik (Fühlen) und Car2Car-Kommunikation über mobile und drahtlose Netzwerke (Kommunizieren) gehören ebenfalls dazu

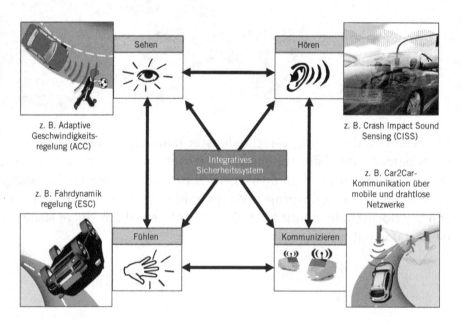

z. B. Adaptive Geschwindigkeitsregelung (ACC)

Sehen

Hören

z. B. Crash Impact Sound Sensing (CISS)

Integratives Sicherheitssystem

z. B. Car2Car-Kommunikation über mobile und drahtlose Netzwerke

z. B. Fahrdynamikregelung (ESC)

Fühlen

Kommunizieren

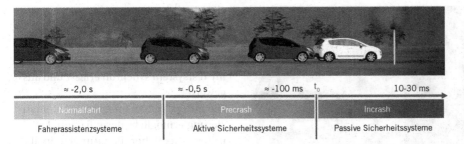

Bild 2
Fahrszenarios werden in die drei Phasen Normalfahrt, Precrash und Incrash unterteilt

gensburg, Berner & Matter Systemtechnik GmbH in München sowie der Otto-von-Guericke-Universität Magdeburg ein erster Schritt hin zu solch einem innovativen Testsystem gemacht worden [1, 2, 3].

Testsystem

Der Kern des in Bild 3 dargestellten Hardware-in-the-Loop (HiL)-Testsystems ist eine echtzeitfähige und dreidimensionale Simulation des Fahrzeugs und seines Umfelds. Während komplexer Testmanöver kommuniziert diese Simulationsplattform über die entsprechenden intelligenten I/O mit dem angebundenen

Steuergerät (Safety Control Unit). Alle Signale werden durch virtuelle Sensoren in konsistenter Weise auf Basis der aktuell simulierten Fahr- und Umfeldsituation erzeugt, Bild 4. Das bedeutet, dass im Unterschied zu herkömmlichen am Markt befindlichen Testsystemen eine komplexe zeitbasierte Signalaufbereitung der einzelnen Testfälle nicht mehr notwendig ist.

Neben herkömmlichen I/O wie Analog, CAN, LIN und FlexRay wurden spezielle Module für SPI (Serial Peripheral Interface) und PSI5 (Peripheral Sensor Interface) entwickelt. Alle I/O sind mit schnellen und zeitlich exakt definierbaren Manipulationsmöglichkeiten zur elektri-

Bild 3
Das HiL-Testsystem, das mit CarMaker eine Fahrdynamik- und Umfeldsimulation und eine Crash-Datenbank enthält, kommuniziert durch intelligente I/O mit der Safety Control Unit

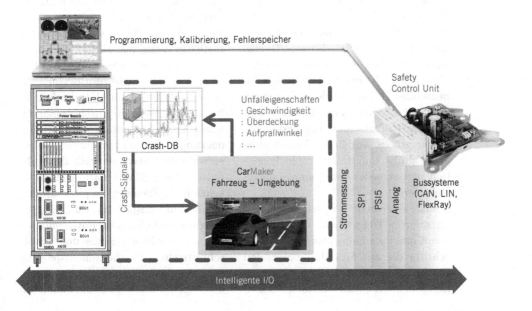

Bild 4
Echtzeitfähige
Visualisierung von
Fahrzeug und
Umfeld vor und
während des
simulierten Crashs

sistent eingespeist. Zeitgleich zu den simulierten Signalen werden über eine entsprechende Applikationsschnittstelle die internen Signale aus dem Steuergerät im Testsystem synchron erfasst und ausgewertet.

Die im Testsystem integrierte Automatisierung ermöglicht das effiziente Laden unterschiedlicher Bedatungen in das Steuergerät sowie das Auslesen und Auswerten der Fehlercodes entsprechend dem durchgeführten Fahrmanöver und den eingespeisten Fehlerzuständen.

Testmethoden und -strategie

Wesentlich für das effiziente Testen eines solch hochvernetzten Sicherheitssystems ist auch die intelligente Kombination verschiedener Testmethoden zur optimalen Abdeckung des Testraums. Ein hauptsächlicher Forschungsteil des vorliegenden Projekts ist die Ausarbeitung und Evaluierung einer Teststrategie für den Systemtest hochvernetzter Sicherheitssysteme. Diese in Bild 5 dargestellte Teststrategie beruht auf vier verschiedenen Arten von Testmethoden: systematisch ermittelte Tests, manöverbasiertes Testen, evolutionäres Testen sowie Zufalls- und statistische Tests.

Die wichtigste Säule stellt das systematische Testen dar. Mithilfe der durch ISO 26262 [4] für den Systemtest empfohlenen Methoden wie zum Beispiel Requirements-based-, Back-to-back- oder Interface-Tests kann durch systematisches Vorgehen eine gute Testüberdeckung erzielt werden. Das im Projekt entwickelte Testsystem stellt dafür alle notwendigen Manipulationsmöglichkeiten und Fehlereinspeisepfade zur Verfügung. Zum Beispiel sind Trace-Einspeisung mit und ohne Datenmanipulation über die verschiedenen Bus- und Sensorschnittstellen, Crashdateneinspeisung zum durchgängigen Test von Unfallhergängen sowie Restbussimulation mit

schen Fehlereinspeisung wie zum Beispiel Unterspannung, Kurzschluss oder Sensorfehler ausgestattet. Mithilfe von speziellen elektrischen Messkarten können auch die Ausgangssignale des Steuergeräts, etwa die Zündkreise der Airbags, überwacht und ihre korrekte Arbeitsweise in den jeweiligen Fahrsituationen überprüft werden.

Im Bereich der angeschlossenen Bussysteme ist es über die intelligente I/O möglich, Fehler sowohl auf physikalischer Ebene, bei CAN zum Beispiel Checksummen- oder Timeout-Fehler, als auch auf inhaltlicher Signalebene zu erzeugen. So können Fehlerzustände von peripheren Steuergeräten, zum Beispiel von Motor- oder Fahrdynamiksteuergeräten, konsistent zum aktuellen Fahrmanöver dargestellt werden.

Mithilfe eines in die Fahrzeugsimulation integrierten Triggers wird ein Crash erkannt und innerhalb eines Simulationsschritts die zur Situation passenden Crashdaten aus einer Datenbank importiert und in die entsprechenden I/O kon-

Datenmanipulation möglich. Durch diese sich in Entwicklung befindliche Testmetrik kann auch zukünftig eine Aussage über den Testfortschritt getroffen werden.

Eine weitere zunehmend wichtigere Testmethode stellt das manöverbasierte Testen dar. Durch die Anbindung von CarMaker an das Testsystem, können sowohl Fahrdynamik- als auch Umfelddaten der Simulation in die Safety Control Unit eingespeist werden. Dies führt dazu, dass sowohl Normalfahrten als auch kritische Situationen bis hin zu Unfällen vollständig abgebildet werden können, und zwar ohne die Zuhilfenahme von realen Fahrversuchen. Damit können bereits in einer frühen Entwicklungsphase des Steuergeräts, wenn noch kein Versuchsfahrzeug zur Verfügung steht, umfassende Tests mit komplexen Szenarien durchgeführt werden, Bild 6.

Als dritte Säule wird evolutionäres Testen in der Teststrategie verankert [5]. Mit dieser Methode werden mithilfe von Suchalgorithmen, die sich an den biologischen Abläufen der Rekombination und Mutation von Genen orientiert, optimierte Testfälle gefunden. Eine Initialpopulation, im hier vorstellten Fall han-

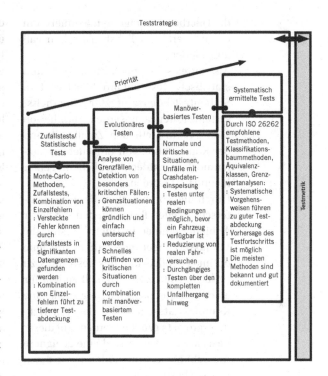

delt es sich dabei um den Parametersatz für einen Testfall in der Simulationsplattform CarMaker, wird so lange optimiert, bis sich eine gewünschte Zielgröße einstellt. Zum Beispiel wird bei einem Bremsmanöver mit Lenkradeinschlag

Bild 5
Innovative Testmethoden werden für den Systemtest hochvernetzter Sicherheitssysteme wie die Safety Control Unit eingesetzt

Bild 6
Konsistente manöverbasierte Simulation von komplexen Fahr- und Crashszenarios

die Querbeschleunigung maximiert, um einen lateral möglichst kritischen Fall aufzufinden.

Als viertes sollen noch Zufallstests und statistische Tests auf ihre Effektivität im Systemtest hochvernetzter Sicherheitssysteme untersucht werden. Mithilfe von Monte-Carlo-Methoden, Zufallstests und der Kombination von Einzelfehlern sollen noch unentdeckt gebliebene Fehler identifiziert werden.

Durch die Kombination dieser vier unterschiedlichen Testmethoden – in enger Anbindung einer Testmetrik – sind die Voraussetzungen geschaffen, um eine optimale Abdeckung des Testraums zu erzielen. Die Testmetrik soll zudem für eine Fehlerratenabschätzung sowie eine Komplexitätsschätzung des Entwicklungsprojekts genutzt werden. Auf dieser Basis lassen sich sowohl eine geeignete Auswahl der Testmethoden sowie deren Umfang bestimmen.

Ausblick

Im aktuellen Forschungsprojekt Visaps, ebenfalls gefördert durch das Bundesministerium für Wirtschaft und Technologie, wird das bisher entwickelte Testsystem von der Hochschule Ingolstadt,

der IPG Automotive GmbH, Karlsruhe, und der Continental Automotive GmbH, Regensburg, um einige Neuerungen erweitert und optimiert. Gerade die Erzeugung von Crashdaten zur Laufzeit bildet einen Schwerpunkt der Weiterentwicklung. Mithilfe der leistungsfähigen Fahrdynamiksimulation CarMaker von IPG können eine Vielzahl verschiedenster Unfallszenarien simuliert und die Sicherheitssysteme daraufhin getestet werden. Daher wird eine sehr breite Basis an Crashdaten benötigt. Die Generierung dieser Crashdaten, egal ob real, durch Aufzeichnung der Sensorsignale bei Crashtests oder künstlich generiert, beispielsweise durch FEM-Simulation, ist bislang sehr zeit- und somit auch sehr kostenintensiv. Daher wird im Forschungsprojekt Visaps ebenfalls ein neuartiges Verfahren entwickelt, das aus bereits vorhandenen, realen Crashdaten durch Skalierung und Interpolation einen neuen Datensatz mit der gewünschten Unfallkonfiguration generiert. Dazu werden im Falle eines Unfalls aus der CarMaker-Simulation zum Aufprallzeitpunkt t=0 die benötigten Unfallparameter wie beispielsweise Aufprallwinkel und -geschwindigkeit oder Überdeckung der beiden Fahrzeuge zueinander berechnet. Mit diesen Konfigurationsdaten wird in der an das Testsystem angebundenen Datenbank nach Datensätzen gesucht, deren Konfiguration nahe an der berechneten liegt. Diese werden in den neu entwickelten Algorithmus eingespeist. Durch gezielte Skalierung und Interpolation der Ausgangsdaten erzeugt dieser Algorithmus einen neuen Datensatz. Die Signale des künstlich erzeugten Datensatzes entsprechen denen eines durch Aufzeichnung der Sensorsignale während eines realen Crashtests. Dabei ist die Unfallkonfiguration identisch mit der aus der CarMaker-Simulation. Die so erzeugten Verläufe der Crashsignale werden zum Testen der Sicherheitssysteme

DANKE

Die Autoren danken Dipl.-Ing. (FH) Rudolf Ertlmeier und Prof. Dr.-Ing. Thomas Brandmeier vom Institut für angewandte Forschung an der Hochschule für angewandte Wissenschaften, Ingolstadt, für ihre Mitarbeit an dieser Veröffentlichung. Ebenso gilt der Dank dem Bundesministerium für Wirtschaft und Technologie als Fördermittelgeber.

in das Testsystem eingespeist. Zum Abschluss des Förderprojekts Visaps steht die Zertifizierung des entwickelten Testsystems nach ISO 26262.

Literaturhinweise

[1] Raith, A.; Sattler, K.; Ertlmeier, R.; Brandmeier, T.: Networking and Integration of Active and Passive Safety Systems. Proceedings of the 9th Workshop on Intelligent Solutions in Embedded Systems (WISES 2011), IEEE Conference Proceedings, S. 75–80, Hochschule Regensburg, Regensburg, Juli 2011

[2] Raith, A.; Sattler, K.; Schyr, C.; Sadou, D.; Brandmeier, T.: Test system including crash data feeding for maneuver-based testing of integrated safety systems. crash.tech 2012, Conference Proceedings, lecture number 23, TÜV Süd, München, April 2012

[3] Sattler, K.; Raith, A.; Brandmeier, T.: Efficient test methods for the system test of highly networked safety systems. 10th Workshop on Intelligent Solutions in Embedded Systems (WISES 2012), Alpen-Adria-Universität, Klagenfurt, Juli 2012

[4] International Organization for Standardization, ISO 26262: Road vehicles – Functional safety. November 2011

[5] Reiner, J.; Meyer, J.: Evolutionäres Testen von Steuergeräten. Elektronik automotive, September 2010

Mehr Sicherheit durch Positionsbestimmung mit Satelliten und Landmarken

Dr.-Ing. Dipl.-Ing. Roland Krzikalla | Dipl.-Inf. Andreas Schindler | Dipl.-Ing. Matthias Wankerl | Dr. rer. nat. Dipl.-Phys. Reiner Wertheimer

Verkehrsunfälle in einfachen Situationen kommen dank moderner Assistenzsysteme wie ACC, ESP und elektronischem Bremsassistent zunehmend seltener vor. Um auch die Anzahl komplexerer Unfälle an Kreuzungen oder bei Verdeckung und Nichteinsehbarkeit zu reduzieren, untersuchen KIT, Sick und Universität Passau zusammen mit anderen Partnern im Forschungsprojekt Ko-PER (Kooperative Perzeption) Ansätze, die auf einer besseren Auswertung und Verknüpfung von fahrzeuglokaler Umfelderfassung, Satellitennavigation, digitaler Onboard-Karte und Landmarkenerkennung basieren.

Anteil komplexer Unfälle nimmt zu

Die zunehmende Marktdurchdringung von Systemen der aktiven und präventiven Fahrzeugsicherheit wie etwa ESP (ESC oder DSC), ACC und EBA bewirkt eine deutliche Reduktion der Unfälle in den zugeordneten Klassen der Alleinbeziehungsweise Auffahrunfälle, also in Szenarien vergleichsweise geringer Komplexität. Folglich nimmt die relative Häufigkeit von Unfällen in komplexeren Situationen stetig zu. Sowohl im Folge- als auch im Kreuzungsverkehr betrifft dies Szenarien, bei denen Verdeckungen, Nichteinsehbarkeit und unerwartetes Verhalten anderer Verkehrsteilnehmer eine wichtige Rolle spielen. Beispielsweise liegt der Anteil der schweren Unfälle an Kreuzungen in Deutschland bereits bei über 35 % – Tendenz steigend. Im Förderprojekt Ko-PER wird daher untersucht, inwieweit sich das Gefährdungspotenzial komplexerer Szenarien durch Integration der sensorischen Wahrnehmungen mehrerer benachbarter Fahrzeuge und – kreuzungslokal – auch der Ergebnisse infrastrukturgebundener Sensornetzwerke verringern lässt. Dazu werden lokale Perzeptionsausgaben drahtlos kommuniziert und in den jeweiligen Empfängerfahrzeugen zu einem dynamischen Gesamtbild fusioniert, um im Anschluss die aktuell vorliegende Verkehrssituation zu analysieren. Bild 1 zeigt die für diesen Ansatz erforderlichen Bausteine, wobei die Basis der Pyramide den sensornahen, die Spitze den sensorfernen Schichten der Informationsverarbeitungskette entspricht.

Eine grundsätzliche Voraussetzung für die Fusion der Wahrnehmungen individueller Beobachter ist deren zuverlässige Eigenlokalisierung (Position, Orientierung und Zeit). Die Darstellung der sensorischen Wahrnehmung in relativen Koordinaten ist hierzu nicht ausreichend: Die Aussage „In 42 m Entfernung, 31° linker Hand befindet sich ..." ist offenkundig nutzlos, sofern sie nicht durch die Angabe, wann und wo diese Beobachtung gemacht wurde, ergänzt wird.

Eine für die kooperative Sicherheit hinreichend genaue, und dabei schritthaltende Eigenlokalisierung der Fahrzeuge (Orientierung auf wenige Grad und Position zumindest fahrstreifengenau) stellt

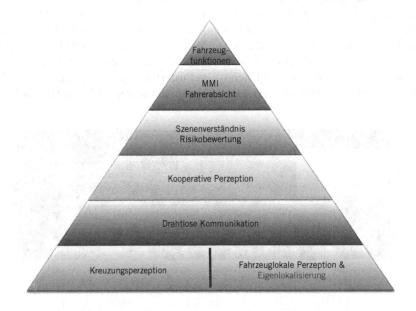

Bild 1
Die Ko-PER-Verarbeitungskette als Pyramide

eine erhebliche Herausforderung dar. Daher wird in Ko-PER das Potenzial unterschiedlicher Ansätze untersucht, von denen einige in diesem Beitrag kurz vorgestellt werden.

Eng gekoppeltes GNSS/INS

Die Güte und Verfügbarkeit von Positions- und Geschwindigkeitsinformationen, die ein Globales Navigations-Satelliten-System (GNSS) ermittelt, zum Beispiel GPS, Galileo, Glonass oder deren Kombination, wird durch die lokalen Umgebungsbedingungen wesentlich beeinflusst. Mehrwegeausbreitung durch Signalreflexion kann die Qualität der Satellitensignale deutlich verringern, und die Anzahl an sichtbaren und damit nutzbaren Satelliten wird durch Abschattungen (Gebäude, Bäume) mitunter erheblich reduziert. Mit weniger als vier verfügbaren Satelliten kann ein GNSS-Empfänger allein keine Positionslösung bereitstellen.

Demgegenüber ermittelt ein inertiales Navigationssystem (INS) seine Position und Orientierung kurzzeitgenau durch Messung und Integration der Drehraten und Beschleunigungen und ist damit unabhängig von externen Informationen. Der differenziellen Natur der Messgrößen gemäß sind die so ermittelten Positionen und Orientierungen jedoch einer Drift unterworfen. Letztere ist entscheidend von der Qualität des INS abhängig. Eine

Sensordatenfusion der inertialen Messgrößen und der Satellitensignale über ein Kalman-Filter ermöglicht jedoch die Fehlerschätzung (zum Beispiel Skalierungsfaktor, Bias) und Stützung der verwendeten INS-Sensorik. Stehen nun keine sichtbaren Satelliten zur Verfügung (GNSS-Ausfall), kann das fusionierte System eine Lokalisierung über einen Zeitraum von wenigen Sekunden ausschließlich per Inertialsensorik sicherstellen.

Beim lose gekoppelten GNSS/INS-Ansatz (Loosely-Coupled System, LCS) wird das zunächst autark berechnete Positionsergebnis des GNSS-Empfängers anschließend zur Datenfusion verwendet. Bei weniger als vier sichtbaren Satelliten steht damit vom GNSS-Empfänger keine Information zur Stützung der INS-Position zur Verfügung.

Das in Ko-PER umgesetzte eng gekoppelte System (Tightly-Coupled System, TCS) fusioniert hingegen die Rohdaten einzelner Satelliten. Deren individuelle Einbeziehung ermöglicht nicht nur eine optimale Gewichtung der einzelnen GNSS-Messgrößen, sondern erlaubt insbesondere eine Stützung der Navigationslösung auch bei weniger als vier sichtbaren Satelliten.

Die Evaluierung des vorgestellten Systems, Bild 2 und Bild 3, liefert horizontale Positionsgenauigkeiten im Meterbereich. Dies entspricht noch nicht der eingangs geforderten Spurgenauigkeit. Durch Fusion mit fahrzeuglokalen Messgrößen

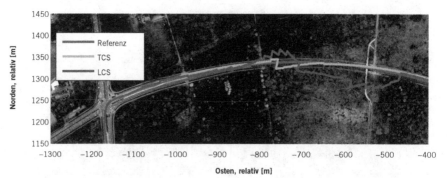

Bild 2
Auszug einer Messfahrt: Vergleich der TCS-Position mit einer LCS-geo-referenzierten Position (Kartenbasis mit freundlicher Genehmigung der Stadt Karlsruhe, Liegenschaftsamt)

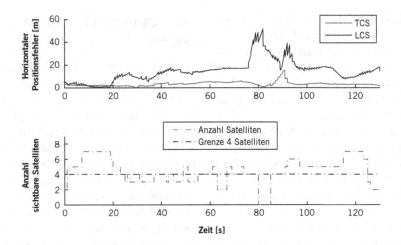

Bild 3
Positionsfehler und Anzahl sichtbarer Satelliten – siehe auch Bild 2

(Odometriedaten, Fahrzeugdynamikmodell) werden aber weitere Genauigkeitsverbesserungen erwartet.

Das kontinuierlich bereitgestellte TCS-Navigationsergebnis (3-D-Position, Geschwindigkeit und Lage) wird einerseits als eigenständige georeferenzierende Lokalisierungslösung genutzt und dient andererseits für eine präzisere und robustere Initialisierung hochgenauer relativer Lokalisierungsansätze (beispielsweise mittels Kartenabgleich), die in den folgenden Abschnitten beschrieben werden.

Kooperatives GNSS

Für viele Fahrzeugfunktionen der präventiven Sicherheit ist eine relative Positionsbestimmung zwischen den Verkehrsteilnehmern ausreichend, sofern deren korrekte Assoziation gewährleistet ist. Nun enthalten die für die GNSS-Positionierung verwendeten Signallaufzeiten (Pseudoranges) systematische Messfehler (zum Beispiel aufgrund variierender Signallaufzeit in der Ionosphäre), die sich auf die Empfangsdaten benachbarter GNSS-Empfänger ähnlich auswirken und sich bei der Relativpositionierung folglich eliminieren lassen müssten. Durch den Austausch von GNSS-Rohda-

ten wird daher untersucht, unter welchen Bedingungen sich Genauigkeitsverbesserungen erzielen lassen. Zu den in Entwicklung befindlichen Arbeiten liegen derzeit noch keine experimentellen Ergebnisse vor.

Ko-TAG-Transponder an Kreuzungen

Über die infrastrukturgestützte Eigenlokalisierung mit Ko-TAG-Transpondern wurde bereits in [1] berichtet. Ein Hauptziel dieses Forschungsprojekts ist es, dass ein Automobil herannahende Personen samt ihrer Position anhand der von ihnen mitgeführten aktiven RFID-Transponder, die beispielsweise in Mobiltelefone oder in Schulranzen eingebaut sind, erkennen kann. An Kreuzungen stationär verbaute Transponder können folglich auch zur Fahrzeug-Eigenlokalisierung genutzt werden.

Hochgenaue digitale Karten

Eine Reihe von Anwendungen, wie die landmarkenbasierte Eigenlokalisierung und Spurzuordnung von Fahrzeugen, die Situationsanalyse und die Kreuzungsassistenz, setzen hochpräzises digitales Kartenmaterial voraus. Daher enthält die digitale Karte in Ko-PER detaillierte Informationen über individuelle Fahrstreifen, Fahrbahnmarkierungen und sogenannte Punktlandmarken wie zum Beispiel Leitpfosten, Verkehrszeichen oder Bäume. Diese Karte weist folgende Besonderheiten auf:

- Innovative Kurvenmodellierung: Fahrstreifen und Fahrbahnmarkierungen sind als glatte Kreisbogensplines (KBS) hinterlegt, also als Kurven, die aus Geraden- und Kreisbogensegmenten bestehen. Diese Modellierung erfordert deutlich weniger Speicherbedarf als ein Streckenzugmodell. Durch Hinzunahme eines KBS-Höhenprofils ist eine vollständige 3-D-Repräsentation verfügbar.

- Hocheffiziente Berechnung von Abständen: Die schnelle Berechnung von Abständen zu Fahrstreifen und Fahrbahnmarkierungen ist Grundlage für viele verschiedene Aufgabenstellungen (Spurzuordnung, Kreuzungsassistenz, Fahrzeug-Eigenlokalisierung). Durch die Verwendung von Kreisbogensplines können die nötigen Abstände direkt und effizient ermittelt werden.

- Minimalitätseigenschaft: Die Algorithmik zur Erstellung der Karte liefert für jeden Kreisbogenspline bei vorgegebener Genauigkeit die minimale Segmentzahl. Die resultierende Repräsentation führt somit zu einem minimalen Speichervolumen bei garantierter Genauigkeit.

- Offenes Kartenformat: Um Austauschbarkeit und Erweiterbarkeit zu gewährleisten, sind die Kartendaten im sogenannten OpenStreetMap-Format hinterlegt [2].

- Hohe Genauigkeit: Die Präzision der Karte wurde mit Hilfe hochgenauer Referenzmessungen evaluiert. Dabei wurde eine globale Genauigkeit der Fahrbahnmarkierungen von circa 10 cm nachgewiesen.

Laserscanner und fahrbahnbegleitende Landmarken

Landmarkenbasierte Lokalisierungsmethoden im industriellen Umfeld setzen in der Regel spezielle Objekte voraus, die sich signifikant von ihrer Umgebung unterscheiden, zum Beispiel spezielle Schachbrett- oder Strichmuster beim Einsatz von Kameras oder retroreflektierende Objekte bei Laserscannern. Diese sogenannten Landmarken werden an den Stellen installiert, an denen Lokalisierungen stattfinden sollen. Im Straßenverkehr ist die Montage solcher Objekte nicht praktikabel. Zur Bestimmung der Fahrzeugposition mittels Landmarken sind daher bereits vorhandene Objekte, wie zum Beispiel Straßenschilder, Leitpfosten oder Laternenpfähle zu nutzen.

Speziell für den Fahrzeugeinsatz entwickelte Laserscanner bieten die Möglichkeit, solche in Bild 4 schematisch dargestellten fahrbahnbegleitenden Landmarken in der Umgebung eines Fahrzeugs zuverlässig zu detektieren. Steht eine digitale Karte im Fahrzeug zur Verfügung, welche die globalen Koordinaten der Landmarken beinhaltet, werden die mit dem Laserscanner erfassten Kandidaten mit den hinterlegten Referenzdaten der Karte assoziiert, und die Fahrzeugposition kann berechnet werden.

Den Kern dieser Berechnung bildet ein erweitertes Kalman-Filter (EKF), welches mit einer vorhandenen GNSS-Position (Genauigkeit circa 5 bis 15 m) initialisiert wird. Der Abstand und der Winkel der erfassten natürlichen Landmarken in Bezug auf die assoziierten Landmarken der digitalen Karte sind die Eingangsdaten für das EKF. Die Prädiktion im EKF wird unter Nutzung der Geschwindigkeit und Gierrate des Fahrzeugs durchgeführt. Der aktuelle Zustand des Kalman-Filters beschreibt die Position sowie die Orientierung des Fahrzeugs.

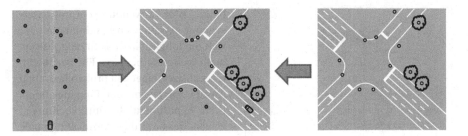

Die zu erwartende Gesamtgenauigkeit dieses Lokalisierungsansatzes liegt – bei bestmöglichen Umgebungsbedingungen (ausreichende Anzahl korrekt assoziierter Landmarken) – im Bereich der Messgenauigkeit der verwendeten Karte beziehungsweise der Laserscanner, das heißt in der Größenordnung >10 cm. Entsprechende Genauigkeitsgrenzen sind bei gegebenen Voraussetzungen im Straßenverkehr sowohl an den Kreuzungen als auch im Überlandbereich zu erwarten. Wird die Schätzgenauigkeit des Algorithmus schlechter als die der verfügbaren GNSS-Position, wird der Schätzfehler auf die GNSS-Genauigkeit begrenzt.

Landmarken und Fahrstreifen – Laserscanner und Kamera

Unter Zuhilfenahme der hochgenauen digitalen Karte wurde im nächsten Schritt ein noch weitergehender landmarkenbasierter Lokalisierungsansatz entwickelt. Die Fahrzeugperzeption erlaubt unter

Bild 4
Fahrbahn begleitende Landmarken, die von einem Laserscanner des Fahrzeugs erfasst werden (links); durch assoziierte Landmarken kann die Fahrzeugposition berechnet werden, was unter anderem eine spurgenaue Fahrzeugzuordnung erlaubt (Mitte); digitale Karte mit eingetragenen Landmarken (rechts)

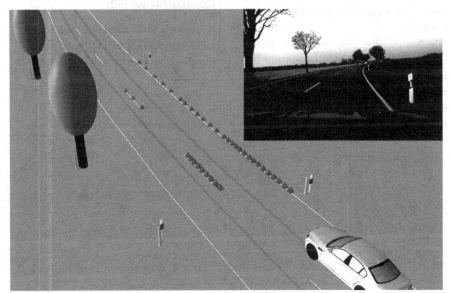

Bild 5
Assoziation von Landmarken mittels digitaler Karte; dargestellt sind: berechnete Fahrstreifenmitte, Fahrbahnmarkierungen mit Korrespondenzen aus der Fahrspurerkennung, erfasste Baumstämme und Leitpfosten als Punktlandmarken samt Korrespondenzen aus der Karte; oben rechts: Kamerabild der realen Szene (Bild © BMW Group Forschung und Technik)

DANKE

Das Projekt Ko-PER und die hier vorgestellten Arbeiten werden vom Bundesministerium für Forschung und Technologie (BMFT) teilweise gefördert (Kennzeichen 19 S 9022). Die Autoren bedanken sich bei der BMW Group Forschung und Technik für die Durchführung der Messfahrten zur Erstellung und Evaluierung der hochpräzisen digitalen Karte sowie der landmarkenbasierten Lokalisierungsansätze.

bahn. Unter Verwendung der mit Laserscanner extrahierten Landmarken lässt sich die longitudinale Fahrzeugposition noch weiter verbessern. Ein Partikelfilter realisiert dabei den probabilistischen Ansatz zur Fusion der Eingangsdaten. Erste experimentelle Untersuchungen zeigen, dass mit diesem Ansatz globale Positionsgenauigkeiten lateral unter 0,5 m und longitudinal unter 1 m erreicht werden. Der Orientierungsfehler liegt bei unter 1°.

Um die jeweiligen Stärken der einzelnen Lokalisierungsansätze zu nutzen, werden deren Ergebnisse künftig durch einen geeigneten Fusionsansatz integriert. Damit lassen sich Ausreißer beziehungsweise Aussetzer in der Positionsschätzung einzelner Verfahren weitgehend eliminieren. Vertiefende Informationen und weitere Literaturangaben zum Projekt Ko-PER und seinen Lokalisierungsansätzen finden sich in [3].

Einbeziehung einer Videokamera zusätzlich zur Detektion erhabener Objekte wie Leitpfosten, Verkehrszeichen oder Baumstämmen auch die Extraktion flächiger Elemente wie zum Beispiel Fahrbahnmarkierungen. All diese Objekte werden mit Einträgen in der digitalen Karte assoziiert, Bild 5, um aus den Korrespondenzen auf die Position des Fahrzeugs zu schließen.

Die Assoziation der per Video detektierten Fahrbahnmarkierungen mit den in der digitalen Karte hinterlegten Informationen ermöglicht eine sehr gute Schätzung der lateralen Position und Orientierung des Fahrzeugs zur Fahr-

Literaturhinweise

[1] Schwarz, D.: Erweiterung der Fahrzeug-zu-Fahrzeug-Kommunikation mit Funkortungstechniken. In: ATZelektronik 7 (2012), Nr. 5, S. 323–329
[2] http://www.openstreetmap.org/
[3] http://ko-fas.de/deutsch/ko-per-kooperative-perzeption.html

Wirkungsanalyse von Abstands-
regelung und Abstandswarnung

Dipl.-Ing. Mohamed Benmimoun | Dipl.-Ing. Andreas Pütz | Dr.-Ing. Adrian Zlocki |
Prof. Dr.-Ing. Lutz Eckstein

Im Rahmen des ersten europäischen Feldversuchs euroFOT wurde die Wirkung
von acht verschiedenen Fahrerassistenzsystemen im öffentlichen Straßenverkehr untersucht. Neben der Umsetzung der kompletten Prozesskette zur Daten-
erhebung und -verarbeitung wurde am Institut für Kraftfahrzeuge der RWTH
Aachen University eine Wirkungsanalyse für die Abstandsregelung (Adaptive
Cruise Control, ACC) und die Abstandswarnung (Forward Collision Warning,
FCW) an 100 Pkw durchgeführt. Die Ergebnisse der Wirkungsanalyse zeigen positive Effekte auf die Verkehrssicherheit und den Kraftstoffverbrauch.

Einführung

Die Reduzierung der Anzahl von Verkehrstoten ist eine wesentliche Herausforderung im Straßenverkehr. Weltweit sterben jährlich mehr als 1,2 Millionen Menschen bei Verkehrsunfällen [1].

Zur Identifizierung möglicher Lösungsansätze wurden in Europa verschiedene Initiativen zur Steigerung der Verkehrssicherheit ergriffen. Einer dieser Lösungsansätze ist den Fahrer bei der Bewältigung der Fahraufgabe durch Fahrerassistenzsysteme (FAS) zu unterstützen. Durch den Einsatz von FAS bei alltäglichen Routinefahraufgaben soll das Fahren komfortabler, sicherer sowie effizienter in Bezug auf Verkehrsfluss und Kraftstoffverbrauch gestaltet werden. Neben unterschiedlichen Studien [2] können insbesondere Feldversuche (Field Operational Test, FOT) die positive Wirkung der Systeme belegen. Diese beleuchten Kurz- und Langzeiteffekte der Systeme im öffentlichen Straßenverkehr.

Innerhalb des 7. Rahmenprogramms der Europäischen Kommission wurde der erste groß angelegte Feldversuch zur Untersuchung der Wirkung von FAS durch verschiedene Projektpartner in Europa gestartet. Im euroFOT-Feldversuch wurden acht verschiedene FAS getestet und ihre Wirkung auf Fahrverhalten, -sicherheit, Verkehrseffizienz und Kraftstoffverbrauch bewertet. Die getesteten FAS sind Serienapplikationen, die als solche in den Fahrzeugen verbaut sind. Insgesamt wurden etwa 1000 Fahrzeuge mit verschiedenen FAS im Rahmen des Feldversuchs eingesetzt. In diesem Beitrag werden die Ergebnisse der Auswertung der erhobenen Daten von 100 Pkw vorgestellt, die mit den Fahrerassistenzsystemen ACC und FCW ausgestattet sind.

Stand der Technik

Feldversuche gehören zu Testmethoden in realer Umgebung und stellen aufgrund der sehr geringen Beeinflussung des Nutzerverhaltens eine wichtige Methode zur Untersuchung der Wirkung von FAS im öffentlichen Verkehr dar. Durch die geringe Beeinflussung während des Experiments kann das natürliche Fahrverhalten im realen Verkehr untersucht werden, was für die Bewertung von FAS von entscheidender Bedeutung ist. Mithilfe der aufgezeichneten Daten wird die Wirkung der untersuchten FAS durch die Beantwortung der zu Beginn definierten Forschungsfragen bewertet. Um genügend Daten für die Auswertung zu erheben, werden in Feldversuchen Fahrzeuge für einen Zeitraum über mehrere Monate beobachtet.

In den USA werden groß angelegte Feldversuche seit 1996 als Evaluationsmethode zur Bewertung von Fahrerassistenzsystemen eingesetzt [3]. Neben Feldversuchen für die Untersuchung von Systemen bezüglich Geschwindigkeitsadaption (Intelligent Speed Adaptation, ISA) [4], FCW [5], Fahrstreifenverlassen (Lane Departure Warning, LDW) [6] und ACC [7] wurden auch naturalistische Feldstudien zur Untersuchung des natürlichen Fahrerverhaltens ohne den Fokus auf ein System durchgeführt [8]. In Europa ist ebenfalls eine Zunahme bei der Durchführung von groß angelegten Feldversuchen im Rahmen von Forschungsaktivitäten zu verzeichnen. Die ersten Aktivitäten in Europa wurden zunächst auf nationaler Ebene in Schweden 1999 [4] und Großbritannien 2000 [9] initiiert. Schwerpunkt dieser Feldversuche war die Untersuchung des Sicherheitspotenzials von ISA-Systemen. Später wurden die Aktivitäten als Gemeinschaftsprojekte zwischen verschiedenen Partnern aus dem europäischen Raum ausgeweitet (zum Beispiel euroFOT).

	Getestete Systeme	Anzahl Fahrzeuge	Anzahl Teilnehmer	Dauer [MOnate]	Fahrleistung [km]
NHTSA ICC FOT (1996–1998)	ICC	10	108	13	108.000
VOLO IVI FOT (2001–2004)	ACC, CWS, AdvBS	100	>1000	>24	16.300.000
ACAS FOT (2003–2004)	ACC, FCW	14	66	9	158.000
Mack IVI FOT (2004–2005)	LDW	22	31	12	1.400.000
IVBSS FOT (2008–2010)	FCW, LDW, CSW, LCM	26	108	10	1.394.000
ISA Sweden (1999–2002)	ISA	5000	10.000	12	75.000.000
ISA GB (2001–2008)	ISA	20	20	5	570.000
The assisted driver (2006–2007)	ACC, LDW	20	20	5	–
SeMiFOT (2008–2009)	ACC, FCW, LDW, BLIS	14	39	6	171.440
euroFOT (2008–2012)	ACC, CSW, FCW, LDW, SRS, BLIS, FEA, IW	971	1083	12	34.868.000
TeleFOT (2008–2012)	NAV, SL, SA, SC, GD, TI, eCall, FCW, ACC, LKA, LDW	–	2986	12	–

Weiterentwickeltes Bremssystem (Advanced Braking System, AdvBS), Kollisionswarnsystem (Collision Warning System, CWS), Kurvengeschwindigkeitswarnung (Curve Speed Warning, CSW), Umweltbewusstes Fahren (Green Driving, GD), Assistenz für den effizienten Kraftstoffeinsatz (Fuel Efficiency Advisor, FEA), Außerplanmäßige Ereignisse (Impairment Warning, IW), Intelligente Geschwindigkeitsregelung (Intelligent Cruise Control, ICC), Intelligente Geschwindigkeitsanpassung (Intelligent Speed Adaptation, ISA), Spurwechselwarnung (Lane Change Merge, LCM), Spurhalteassistent (Lane Keeping Assist, LKÀ), Navigationssystem (Navigation System, NAV), Geschwindigkeitsalarm (Speed Alert, SA), Geschwindigkeitskamera (Speed Camera, SC), Geschwindigkeitsbegrenzer (Speed Limiter, SL), Geschwindigkeitsregelungssystem (Speed Regulation System, SRS), Verkehrsinformation (Traffic Information, TI)

Bild 1
Übersicht Feldversuche in Europa und USA

Auf europäischer Ebene wurde 2008 neben dem euroFOT-Projekt das Tele-FOT-Projekt [10] gestartet. In Bild 1 ist eine Übersicht ausgewählter Feldversuche in Europa und den USA dargestellt.

Methodik

Im Folgenden wird das Vorgehen zur Bewertung der ACC- und FCW-Funktion im Rahmen des euroFOT-Feldversuchs dargestellt. Hierzu wird zunächst das für die beiden Systeme entworfene Versuchsdesign erläutert und anschließend das Vorgehen der Datenanalyse dargestellt.

Versuchsdesign

Die Teilnehmer des Feldversuchs sind keine professionellen Fahrer, sondern Kunden, die zu Beginn des Projekts von verschiedenen Autohäusern in Deutschland rekrutiert wurden. Die Kunden wurden kontaktiert, nachdem diese ein Fahrzeug des entsprechenden Herstellers

ausgestattet mit ACC und FCW erworben hatten. Alle 100 Fahrzeuge wurden mit Datenloggern ausgerüstet, mit denen alle relevanten Daten (CAN- und GPS-Daten) aufgezeichnet, temporär gespeichert und anschließend zu einem zentralisierten Server übertragen wurden. Insgesamt beinhaltete die Aufzeichnung circa 100 CAN-Signale. Neben Signalen von Fahrdynamiksensoren (zum Beispiel Geschwindigkeit, Beschleunigung, Gierrate, Lenkwinkel und Raddrehzahl) wurden auch Statusinformationen von verschiedenen, im Fahrzeug verbauten Systemen aufgezeichnet (beispielsweise Status von Fahrtrichtungsanzeiger, Scheibenwischer und FAS). Um Modifikationen an den Kundenfahrzeugen zu vermeiden und den Fahrer nicht durch Messtechnik zu beeinflussen, wurden fahrzeugseitig keine weiteren Datenquellen (zum Beispiel Kamerasysteme) eingesetzt.

Für die Wirkungsanalyse in Feldversuchen sind neben den Fahrten mit aktivem

System auch Referenzdaten aus Fahrten ohne die Benutzung des Systems erforderlich. Die Gegenüberstellung der während der beiden Phasen (System-aktiv-Phase, Referenzphase) aufgezeichneten Daten liefert die Grundlage für das Testen der definierten Hypothesen (wie zum Beispiel: „Die Verwendung der ACC reduziert die Anzahl kritischer Ereignisse"). Basierend auf den Ergebnissen der Hypothesentests können die Forschungsfragen des Feldversuchs beantwortet werden.

Die Versuchsdauer des Feldversuchs für die Fahrzeugflotte von 100 Pkw im Rahmen des Feldversuchs betrug 12 Monate. Hierbei wurden die ersten drei Monate zur Erfassung des natürlichen Fahrverhaltens der Fahrer verwendet. In dieser Referenzphase wurden die zu testenden FAS nicht verwendet. In der anschließenden System-aktiv-Phase wurden die Systeme aktiviert und den Fahrern überlassen, die Systeme nach Belieben zu nutzen. Die Fahrer erhielten weder weitere Instruktionen noch erfolgte eine Begleitung durch Aufsichtspersonen. Sie nutzten die Fahrzeuge im normalen Alltag (zum Beispiel Fahrt zur Arbeit). In Bild 2 ist die experimentelle Versuchsgestaltung für die Fahrzeugflotte von 100 Pkw dargestellt.

Neben der Auswahl relevanter Fahrsituationen (beispielsweise kritische Ereignisse, Fahrstreifenwechsel) sind für die Wirkungsanalyse weitere Indikatoren notwendig. Insbesondere für das Testen der Hypothesen werden sogenannte Leistungsindikatoren (zum Beispiel Anzahl von kritischen Ereignissen, Durchschnittsgeschwindigkeit) für die statistische Auswertung benötigt. Darüber hinaus werden Situationsvariablen (beispielsweise Wetterbedingungen, Straßentyp) definiert. Mithilfe dieser Situationsvariablen wird sichergestellt, dass der Vergleich von Referenzphase und System-aktiv-Phase unter gleichen Rahmenbedingungen stattfindet, um Effekte externer Einflüsse zu vermeiden. Zusätzlich zu den objektiven CAN-Bus-Fahrzeugdaten werden subjektive Daten für die Bewertung der Fahrerakzeptanz berücksichtigt. Die subjektiven Daten werden mithilfe von vier zeitabhängigen Fragebögen erhoben. Die ersten beiden Fragebögen (Zeit 1 und 2, Bild 2) wurden während der Referenzphase ausgeteilt. Die verbleibenden Fragebögen (Zeit 3 und 4) wurden zur Halbzeit der System-aktiv-Phase und am Ende des Versuchs ausgeteilt.

Datenanalyse

Die benötigten Signale wurden kontinuierlich mit definierten Abtastraten aufgezeichnet. Die verbauten Datenlogger sind in der Lage, parallel zur Aufzeichnung alle Daten drahtlos zu einem zentralisierten Serversystem am ika zu übertragen, Bild 3. Nach Übermittlung der Daten an den Server erfolgte deren Weiterverarbeitung (Datenmanagement und -verarbeitung). Während der Datenverarbeitung wurden die erhobenen Daten auf

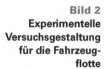

**Bild 2
Experimentelle
Versuchsgestaltung
für die Fahrzeug-
flotte**

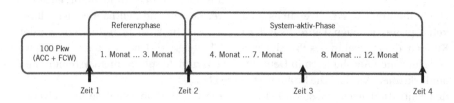

	Referenzphase	System-aktiv-Phase	
100 Pkw (ACC + FCW)	1. Monat … 3. Monat	4. Monat … 7. Monat	8. Monat … 12. Monat

Zeit 1   Zeit 2   Zeit 3   Zeit 4

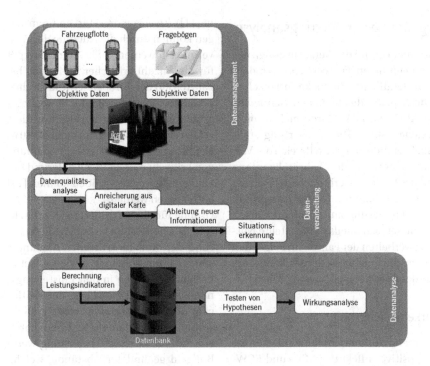

Bild 3
Prozessschritte von der Datenaufzeichnung bis zur Wirkungsanalyse

ihre Qualität geprüft. Die Datenqualitätsanalyse beinhaltet unter anderem die Bewertung fehlender Daten und die Plausibilitätsprüfung der Signale. Die erhobenen Daten wurden mit zusätzlichen Attributen aus einer digitalen Karte (zum Beispiel Straßentyp, Geschwindigkeitsbegrenzung) basierend auf den GPS-Informationen angereichert. Darüber hinaus wurden weitere Informationen (beispielsweise Zeitlücke zum vorausfahrenden Fahrzeug, Kollisionszeit, Durchschnittsgeschwindigkeit) bestimmt. Abschließend wurden mittels einer automatisierten Situationserkennung die Fahrsituationen klassifiziert und Situationsvariablen detektiert [11].

Im Rahmen der Datenanalyse erfolgte die Berechnung der zum Testen der vordefinierten Hypothesen benötigten Leistungsindikatoren. Diese wurden in einer Datenbank für die Auswertung abgelegt. Die Ergebnisse der Hypothesentests wurden im Anschluss als Grundlage für die Wirkungsanalyse genutzt. Die Verarbeitung der Rohdaten führt durch die Anreicherung von Informationen zu einer Erhöhung der Datenmenge. Insgesamt liegt nach der Vorbereitung der Wirkungsanalyse durch die Datenverarbeitung knapp 1 TByte an Daten vor, Bild 4.

	Fahrleistung [km]	Anzahl der Fahrer	Anzahl der Fahrten	Datenmenge
Rohdaten	1.954.329	98	144.280	493 GB
Datenverarbeitung	1.954.329	98	144.280	990 GB
Wirkungsanalyse				
Referenzphase	233.071	84	6048	100 GB
System-Aktiv-Phase	747.296	84	18.268	293 GB

Bild 4
Übersicht über den Datenumfang für 100 Pkw

Ergebnisse der Wirkungsanalyse

Der Umfang und das Versuchsdesign des durchgeführten Feldversuchs ermöglichen detaillierte Einblicke in verschiedene Aspekte des täglichen Gebrauchs der ACC und FCW durch nicht-professionelle Fahrer. Die Auswertung stellt dabei Veränderungen im Bereich der Verkehrssicherheit, der Fahrerakzeptanz und des Kraftstoffverbrauchs bei Fahrten auf der Autobahn in den Vordergrund. Die Fokussierung auf Autobahnfahrten begründet sich auf das festgestellte Nutzungsverhalten der Fahrer. Im Folgenden werden die Ergebnisse der Wirkungsanalyse dargestellt.

Verkehrssicherheit

Basierend auf den erhobenen Daten ist ein positiver Effekt der ACC- und FCW-Nutzung für die Verkehrssicherheit feststellbar. Dieser Effekt kann auf Veränderungen im Abstandsverhalten (Zeitlücke) bei der Verwendung von ACC und FCW zurückgeführt werden. Während keine Reduzierung der durchschnittlichen Geschwindigkeit festgestellt werden konnte (ein Indikator, der in früheren Studien [12] mit erhöhter Verkehrssicherheit assoziiert wurde), bewirkt die Erhöhung der durchschnittlichen Zeitlücke zum vorausfahrenden Fahrzeug um 16 % ein höheres Sicherheitspotenzial bei der Nutzung der ACC, Bild 5. Durch die vordefinierten Einstellmöglichkeiten der ACC-Zeitlücke wird die Anzahl der (beabsichtigten und unbeabsichtigten) dichten Auffahrsituationen reduziert und somit kritische Abstandsituationen verringert. Auf Autobahnen mindert sich so die Anzahl kritischer Abstände (Zeitlücke kleiner 0,5 s) um 73 %. Als Folge des sichereren Abstandsverhaltens ist auch die geringere Frequenz von starken Bremsvorgängen (−67 %) festzustellen (Definition starker Bremsverzögerungen

in [11]). Zwei von drei starken Bremsungen können durch die Nutzung der ACC vermieden werden, Bild 6. Ähnliches gilt für die Anzahl kritischer Ereignisse bei Fahrten auf der Autobahn. Die kritischen Ereignisse, die aufgrund der Bewegungsgrößen des Fahrzeugs detektiert wurden, zeigen einen Rückgang um mehr als 80 %. Details zur automatisierten Erkennung von kritischen Ereignissen aufgrund der Fahrzeugbewegungsgrößen können [13] entnommen werden.

Gründe für die Vergrößerung der durchschnittlichen Zeitlücke und die Reduzierung der Anzahl kritischer Abstände, starker Bremsvorgänge sowie kritischer Ereignisse können in den Einstellungsmöglichkeiten (Einstellung der Zeitlücke) der ACC gefunden werden. Diese verhindern das dauerhafte Unterschreiten mit Verwarnungs- beziehungsweise Bußgeld geahndeter Abstände, welche von Fahrern im alltäglichen Verkehr nicht immer eingehalten werden. Aus den größeren Abständen zum vorausfahrenden Fahrzeug ergibt sich des Weiteren eine größere Reaktionszeit, um (ungewolltes) dichtes Auffahren (zum Beispiel bei stark verzögernden vorausfahrenden Fahrzeugen) zu verhindern. Erfordert eine Fahrsituation eine Abbremsung, die das maximale Bremsvermögen der ACC übersteigt, so erhöht die ausgegebene Warnung für den Fahrer die Zeit, um angemessen auf die Situation zu reagieren. Bei der Analyse wurde festgestellt, dass dieser Effekt hauptsächlich der Verwendung der ACC zugeschrieben werden kann, indem Phasen, in denen lediglich eine der beiden Funktionen aktiv war, verglichen wurden.

In den ACC-aktiv-Phasen (unabhängig vom FCW-Status) kann ein deutlicher Rückgang der starken Bremsvorgänge beobachtet werden. Ist die ACC aus und die FCW an, ist dieser Rückgang nicht mehr festzustellen. Um den Beitrag der beiden Funktionen näher zu spezifizie-

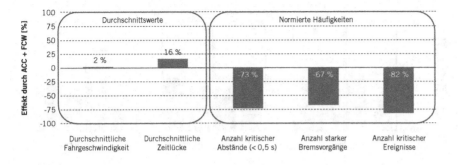

Bild 5
Überblick über die Sicherheitseffekte durch die ACC- und FCW-Nutzung auf Autobahnen

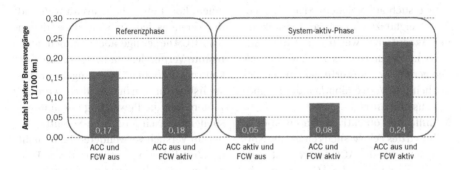

Bild 6
Anzahl starker Bremsvorgänge in verschiedenen Versuchsphasen

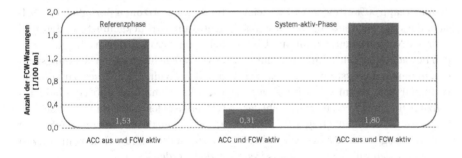

Bild 7
Anzahl von FCW-Warnungen in verschiedenen Versuchsphasen

ren, werden die Veränderungen der Anzahl der ausgegebenen Abstandswarnungen verglichen. In Bild 7 ist zu erkennen, dass die größte Reduzierung innerhalb der System-aktiv-Phase in den Abschnitten festgestellt werden kann, in denen die ACC aktiv die Fahrzeuglängsbewegung regelt. Die Anzahl der ausgegebenen Warnungen wurde dabei signifikant um knapp 80 % reduziert. Hieraus kann gefolgert werden, dass die Verwendung der ACC zu einer Verringerung der FCW und so auch zu einer Reduzierung starker Bremsvorgänge (als Reaktion auf diese Warnungen) führt.

Fahrerverhalten

Die Auswertung der subjektiven Daten (Fragebögen) zeigt, dass die Erwartungen der Fahrer an die ACC erfüllt wurden. Hierzu konnte gezeigt werden, dass die Bewertungen bezüglich Zufriedenheit und Verwendbarkeit vor und nach dem

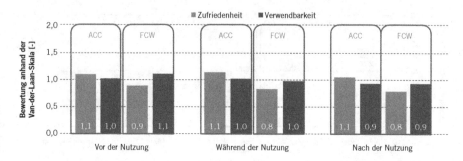

Feldversuch auf gleichem Niveau liegen. Bild 8 zeigt dazu die geringe Schwankung der Akzeptanzbewertung auf der Van-der-Laan-Skala (–2 bis +2), die sich aus den gemittelten Bewertungen für Zufriedenheit und Verwendbarkeit der Fragbögen zusammensetzt.

Mithilfe der objektiven Daten konnte während des Feldversuchs eine hohe Nutzungsrate für die ACC festgestellt werden. Fahrer nutzen die ACC hauptsächlich auf der Autobahn, wo der Anteil der gefahrenen Kilometer mit aktivem ACC-System knapp 50 % erreicht. Zudem zeigt sich, dass die Verwendung des Systems über der Nutzungsdauer zunimmt. Über den betrachteten Zeitraum von 9 Monaten, in denen das System für die Nutzer verfügbar war, nahm die zeitbezogene Nutzung um circa 31 % zu. Die Anzahl der Systemaktivierungen stieg im selben Zeitraum sogar um 53 % an. Die Fahrer gewöhnen sich mit der Zeit an das System und nutzen es häufiger und länger, obgleich sie diese Veränderung nicht in den Fragebögen angeben. Allerdings steigt das durch die Fahrer bewertete Sicherheits- und Komfortempfinden, was sich jedoch nicht in der Bewertung der Vertrauenswürdigkeit widerspiegelt.

Der Großteil der Fahrer (knapp 70 %) empfindet die FCW als sicherheitsfördernd und am hilfreichsten auf Autobahnen unter normalen Verkehrsbedingungen. Die Werte der Zufriedenheits- und Verwendbarkeitsbewertung liegen auf einem konstant hohen Niveau während des Versuchs, jedoch leicht unter denen der ACC. Die geringe, aber dennoch signifikante Verminderung in der Bewertung kann auf die hohen Erwartungen vor Versuchsbeginn zurückgeführt werden. Zudem fällt die Bewertung der audiovisuellen Mensch-Maschine-Schnittstelle der im Versuch verwendeten FCW nicht bei allen Fahrern positiv aus. Einige Fahrer berichten, dass sie den Zeitpunkt der Warnung als zu früh und daher störend empfunden haben. Dies kann auf variierende Komfortzonen bezüglich des Folgeabstands zurückgeführt werden und bekräftigt das Bedürfnis nach neuen, kreativen Möglichkeiten, den Warnungszeitpunkt individuell anpassen zu können. Die Akzeptanz und Zufriedenheit des Nutzers ist elementar, da Fahrer bei Unzufriedenheit dazu tendieren, das System auszuschalten und somit kein Nutzen erzielt werden kann.

Kraftstoffverbrauch

Basierend auf einer homogeneren Geschwindigkeitsverteilung, die durch die Auswertung von Geschwindigkeitsprofilen in Phasen der ACC-Nutzung festgestellt wurde, wird ein positiver Effekt auf den Kraftstoffverbrauch und die CO_2-Emissionen erwartet. Bei der Auswertung der Daten für Autobahnfahrten wurde eine signifikante Reduzierung des Kraftstoffverbrauchs um 2,77 % festge-

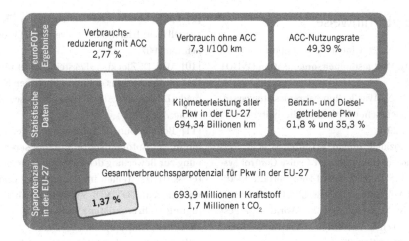

Bild 9
**Kraftstoffspar-
potenzial für
Autobahnfahrten
durch die ACC-
Nutzung**

stellt. Diese Reduzierung wurde zusammen mit dem durchschnittlichen Kraftstoffverbrauch von 7,3 l/100 km der untersuchten Fahrzeugflotte und der Nutzungsrate von 49,4 % genutzt, um das Kraftstoffsparpotenzial auf europäischer Ebene zu bestimmen, Bild 9.

Für die europäische Pkw-Flotte mit einer Zusammensetzung von circa 62 % benzin- und 35 % dieselbetriebenen Fahrzeugen ergäbe sich basierend auf den Daten des Feldversuchs eine Verbrauchsminderung von 1,37 % für Autobahnfahrten, was umgerechnet knapp 700 Millionen l Kraftstoff und 1,7 Millionen t CO_2 entspricht. Die statistischen Eckdaten über die Flottenzusammensetzung sowie die jährlich auf Autobahnen zurückgelegten Kilometer, die für diese Hochrechnung genutzt wurden, können in [14, 15] gefunden werden.

Zusammenfassung und Ausblick

Im Rahmen des euroFOT-Feldversuchs wurden Daten von etwa 1000 Fahrzeugen erhoben. Mithilfe der erhobenen Daten wurde die Wirkungsanalyse von acht verschiedenen FAS durchgeführt. Die Untersuchung der Wirkung von ACC und FCW zeigt einen positiven Effekt auf die Verkehrssicherheit, Fahrerverhalten, Fahrer-

akzeptanz sowie den Kraftstoffverbrauch.

Ein wesentlicher Indikator für den Rückgang starker Bremsvorgänge, kritischer Ereignisse etc. lässt sich durch das geänderte Abstandsverhalten erklären. Die Auswertung zeigt, dass die durchschnittliche Zeitlücke um etwa 16 % gestiegen ist. Neben einer hohen Nutzungsrate von circa 50 % konnte im Rahmen der Fahrerakzeptanzuntersuchung eine positive Bewertung von ACC und FCW festgestellt werden. Durch das geänderte Fahrverhalten konnte des Weiteren eine Kraftstoffreduktion von circa 2,8 % beobachtet werden. Diese resultiert in reduzierten CO_2-Emissionen.

Mithilfe der gewonnenen Erkenntnisse können Anforderungen an FAS bezüglich Nutzungsverhalten näher spezifiziert werden. Die positiven Ergebnisse werden zudem dazu verwendet, dass öffentliche Bewusstsein für den Nutzen von FAS zu sensibilisieren und einen Impuls für den vermehrten Erwerb und Einsatz von FAS zu geben. Durch höhere Penetrationsraten kann somit ein signifikanter Beitrag zur Verbesserung der Verkehrssicherheit erreicht werden.

Literaturhinweise

[1] N. N.: 2nd Global Status Report On Road Safety. Weltgesundheitsorganisation (WHO), 2012

[2] N. N.: Was leisten Fahrerassistenzsysteme? Deutscher Verkehrssicherheitsrat e. V., Bonn, 2010

[3] Koziol, J.; Inman, V.; Carter, M. et al.: Evaluation of the Intelligent Cruise Control System. U. S. Department of Transportation National, Volume I – Study Results, Oktober 1999

[4] N. N.: Results of the World´s Largest ISA Trial. Swedish National Road Administration, 2002

[5] Sayer, J. R.; LeBlanc, D.; Bogard, S. et al.: Integrated Vehicle-Based Safety Systems. U. S. Department of Transportation National, Field Operational Test, Final Program Report, Juni 2011

[6] Alkim, T.; Bootsma, G.; Looman, P.: Roads to the Future – The Assisted Driver. Rijkswaterstaat, Roads to the Future, April 2007

[7] Sayer, J.; LeBlanc, D.; Bogard, S. et al.: Automotive Collision Avoidance System Field Operational Test. U. S. Department of Transportation, Report: Methodology and Results, August 2005

[8] Neale, L. V.; Dingus, T. A.; Klauer, S. G.; Sudweeks, J.: An Overview of the 100-car Naturalistic Study and Findings. 19th International Technical Conference on the Enhanced Safety of Vehicles (ESV), Juni 2005

[9] Lai, F.; Chorlton, K.; Carsten, O.: ISA-UK – Overall Field Trial Results. University of Leeds, Februar 2007

[10] Will, D.; Zlocki, A.; Eckstein, L.: Detailed FOT for the Analysis of Effects Bbetween Nomadic Devices and ADAS. Transport Research Arena, April 2012

[11] Benmimoun, M.; Fahrenkrog, F.; Benmimoun, A.: Automatisierte Situationserkennung zur Bewertung des Potenzials von Fahrerassistenzsystemen im Rahmen des Feldversuchs euroFOT. VDI/VW-Gemeinschaftstagung Fahrerassistenz und Integrierte Sicherheit, Wolfsburg, Oktober 2010

[12] Nilsson, G.: The Effects of Speed Limits on Traffic Accidents in Sweden. Proceedings, International Symposium on the Effects of Speed Limits on Traffic Crashes and Fuel Consumption, 1981

[13] Benmimoun, M. et al.: Incident Detection Based on Vehicle CAN-data Within the Large Scale Field Operational Test „euroFOT". 22nd Enhanced Safety of Vehicles Conference, Washington, DC/USA, 2011

[14] N. N.: EU Energy and Transport. Europäische Kommission, Statistical pocketbook 2010

[15] N. N.: The Automobile Industry, Pocket Guide 2011. European Automobile Manufacturers' Association (ACEA), Brussels, 2011

Fahrerunterstützung beim Ein- und Ausfädeln

DIPL.-ING. SASCHA KNAKE-LANGHORST | DIPL.-ING. CHRISTIAN LÖPER | DIPL.-ING. NORBERT SCHEBITZ |
PD DR. FRANK KÖSTER

Das Institut für Verkehrssystemtechnik des Deutschen Zentrums für Luft- und Raumfahrt hat im Rahmen eines Förderprojekts eine Fahrerassistenzfunktion entwickelt, die bei der Durchführung von Ein- und Ausfädelvorgängen unterstützt. Damit hilft das System, kritische Situationen und Unfälle zu vermeiden. Der Umfang der Unterstützung reicht dabei von einer Information und Warnung bis hin zu einer Automatisierung der Längsführung.

Motivation

Das Ein- und Ausfädeln gehört zu den komplexesten Fahraufgaben, die im Straßenverkehr zu bewältigen sind. Maßgeblich für eine erfolgreiche Durchführung sind dabei koordinierte Längs- und Querführungsprozesse, die stets unter zeitlichen und räumlichen Einschränkungen erfolgen müssen, was unter anderem zu hohen kognitiven Belastungen der Fahrer führt [1]. Die hohen Anforderungen können nicht von allen Fahrern gleichermaßen gut bewältigt werden, wodurch es zu kritischen Situationen und Unfällen kommen kann. Dabei wird die Komplexität der Situation maßgeblich durch die Verkehrsbelastung auf den befahrenen Streckenelementen mitbestimmt. Nach aktuellen Prognosen wird zukünftig ein Anstieg des Verkehrsaufkommens erwartet [2]. Die damit einhergehende Steigerung der Manöverkomplexität durch die stärkere Streckenauslastung führt zu einer weiteren Erhöhung der zu erwartenden Fahrfehler [3]. Hierdurch wird die Unfallwahrscheinlichkeit für diese Fahraufgaben zukünftig weiter zunehmen.

Verschiedene Assistenzfunktionen, die unter anderem der Unterstützung des Fahrers beim Ein- und Ausfädeln dienen, sind bereits Gegenstand wissenschaftlicher Arbeiten oder im Markt erhältlich. Hier sind zunächst Fahrstreifenwechselassistenten zu nennen, welche dem Fahrer Informationen darüber geben, ob die Durchführung eines Fahrstreifenwechsels möglich ist. Sie überwachen dazu einen definierten Manöverbereich auf dem Nachbarfahrstreifen und informieren den Fahrer, falls sich ein anderes Fahrzeug in diesem Bereich aufhält und somit ein Fahrstreifenwechsel nicht möglich ist [4, 5]. Erweiterte Assistenzausführungen unterstützen den Fahrer bei der Entscheidung auf dem ursprünglichen Fahrstreifen zu verbleiben oder den Fahrstreifenwechsel durchzuführen [6] sowie durch Differenzierung zwischen dem Wechsel vor oder hinter einem benachbarten Fahrzeug [7]. Bisher fehlt jedoch eine umfassende Assistenz, die den Fahrer bei sämtlichen Aufgaben des Ein- und Ausfädelprozesses integriert unterstützt und dabei die besonderen Anforderungen gezielt adressiert. Besonders hervorzuheben ist dabei die Betrachtung sämtlicher vom Fahrer potenziell einsehbarer Lücken, da nur so eine optimale Fahrerunterstützung erbracht werden kann. Im Rahmen des vom BMWi geförderten Projekts Famos [8] wurde mit dem Ein- und Ausfädelassistenten (EA-FAS) ein Fahrerassistenzsystem entwickelt, welches den Fahrer im Bereich von Autobahnknotenpunkten und -anschlussstellen unterstützt und somit die Sicherheit in diesen Situationen erhöht.

Konzeption des Ein- und Ausfädelassistenten

Das Ziel der Konzeption war der Entwurf eines Assistenten, der gezielt die potenziellen Probleme bei der Ausführung eines Ein- oder Ausfädelprozesses durch den Fahrer adressiert. Die weiteren Ausführungen dieses Beitrags erfolgen exemplarisch anhand einer Einfädelsituation gemäß Bild 1. In einem ersten Schritt wurde der Einfädelvorgang in die maßgeblichen, aufeinanderfolgenden Fahrsituationen unterteilt. Darauf aufbauend wurden die vom Fahrer zu erfüllenden Teilaufgaben bestimmt und mögliche auftretende Fehler in der Bearbeitung identifiziert. In einem abschließenden Schritt erfolgte die Ableitung von Unterstützungsformen und deren Zusammenführung in ein integrales Konzept in Form von vier durch den Fahrer auswählbaren Ausbaustufen, Bild 2.

Die Basisfunktionen bilden die grundlegende Ausbaustufe. Sie warnen den Fahrer vor der Möglichkeit des unbeabsichtigten Verlassens des Fahrstreifens,

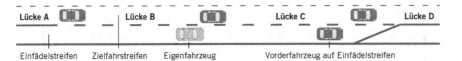

vor kritischen Abständen zum Vorderfahrzeug sowie vor einer möglichen Belegung des Zielfahrstreifens während des Wechselvorgangs. Außerdem geben sie Informationen über eine optimale Geschwindigkeitswahl bezogen auf die Fahrstreifengeometrie. Damit werden bekannte Assistenzfunktionen integriert, um häufig beim Einfädeln auftretende Fahrfehler zu vermeiden. Diese Stufe stellt vergleichsweise geringe Anforderungen an die Datenbasis und eignet sich damit insbesondere als Rückfallebene bei sensorisch anspruchsvollen Umgebungsbedingungen. Der Kern der weiteren Ausbaustufen wird durch die neuartige Betrachtung sämtlicher vom Fahrer potenziell einsehbarer Lücken auf dem Zielfahrstreifen gebildet. Die Stufe Lückenfinder erweitert die genannte Funktionalität um eine Detektion und Bewertung aller verfügbaren Lücken auf dem Zielfahrstreifen. Diese Information wird dem Fahrer innerhalb des Fahrstreifenwechselbereichs präsentiert, um ihn bei der Teilaufgabe der Orientierung im Verkehrsgeschehen zu unterstützen. Die Stufe Lückenführer umfasst zusätzlich die Priorisierung der Lücken und unterstützt die Handlungsplanung durch eine Empfehlung der anzuvisierenden Position innerhalb der höchstpriorisierten Lücke. Zudem erfolgt eine Beschleunigungsempfehlung, um das Fahrzeug auf die Höhe der entsprechenden Zielposition innerhalb der Lücke zu führen. Die höchste Stufe erweitert den Lückenführer um eine übersteuerbare automatisierte Längsführung. Diese übernimmt die Regelung der Fahrzeuggeschwindigkeit mit dem Ziel, das Eigenfahrzeug

unter Berücksichtigung der Situation auf dem eigenen Fahrstreifen auf die Höhe der vom System ausgewählten Lücke zu bringen. Sie unterstützt so die Ebene der Handlungsausführung. Die Fahraufgabe des Fahrers konzentriert sich auf die manuelle Querführung des Fahrzeugs. Die vier Ausbaustufen staffeln sich somit sowohl in der Menge der einbezogenen Anforderungen als auch in der technischen Komplexität.

Ein Schwerpunkt der Entwicklung war die Realisierung der Lückenanalyse, welche den zentralen Bestandteil der höheren drei Ausbaustufen darstellt. Deren

Aufgabe ist die optimale Unterstützung des Fahrers durch die Adressierung sämtlicher von ihm zu erfüllender Teilaufgaben bei der Erkennung, Bewertung und Auswahl von Lücken sowie der Auswahl der für den Fahrstreifenwechsel anzuvisierenden Position innerhalb der ausgewählten Lücke.

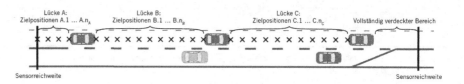

**Bild 3
Zielpositionen
innerhalb der
Lücken**

Lückenanalyse als Kernelement des Ein- und Ausfädelassistenten

Die Grundidee der Lückenanalyse ist die Betrachtung einzelner Zielpositionen in sämtlichen erfassbaren Lücken, Bild 3, um eine differenzierte Bewertung bezüglich der anzuvisierenden Positionen innerhalb der Lücken zu ermöglichen. Bei der Bewertung ist insbesondere die Erreichbarkeit der Lücken zu berücksichtigen, da ausgeschlossen werden muss, dass eine nicht erreichbare Lücke oder Zielposition von der Funktion priorisiert wird. Daher steht diese im Zentrum der Lückenanalyse, Bild 4. Basierend auf Prädiktionen von Eigenfahrzeug- und Zielpositionszuständen wird dabei die zukünftige Erreichbarkeit der Zielpositionen in Längsrichtung ermittelt. Die abschließend für die erreichbaren Zielpositionen durchgeführte Zielpositionsbewertung basiert auf der Prädiktion des Eigenfahrzeug- und Lückenzustands zum Zeitpunkt des Erreichens einer Zielposition. Das Ziel der Bewertung ist die Ermittlung der Zielposition, die zur Durchführung des Fahrstreifenwechsels

anvisiert werden soll. Im Folgenden werden die einzelnen in Bild 4 gezeigten Module der Lückenanalyse detaillierter erläutert. Ein tiefergehender Einblick in die Funktion wird in [9] gegeben.

Die sich in der Umgebung des Eigenfahrzeugs auf dem Zielfahrstreifen befindenden Lücken werden mittels der von der Sensordatenfusion zur Verfügung gestellten Objektinformationen detektiert. Darauf aufbauend können die Zielpositionen innerhalb der Lücken in äquidistanter Verteilung festgelegt werden, Bild 4. Vollständig durch Objekte verdeckte Bereiche werden dabei nicht berücksichtigt, da für diese Bereiche keine Aussagen hinsichtlich der Belegung möglich sind. Die für die Erreichbarkeitsanalyse benötigte Prädiktion der Zielpositionszustände wird durch die Planung von zu den Lücken passenden Bewegungen der Zielpositionen erzeugt, die durch die Zieltrajektorien beschrieben werden, Bild 5. Dies erfolgt unter der Annahme von konstanten Geschwindigkeiten der Objekte auf dem Zielfahrstreifen. Die Geschwindigkeiten werden dabei so bestimmt, dass bis zum Prädiktionshorizont eine gleichmäßige Verteilung der Zielpositionen

**Bild 4
Überblick der
Module der
Lückenanalyse**

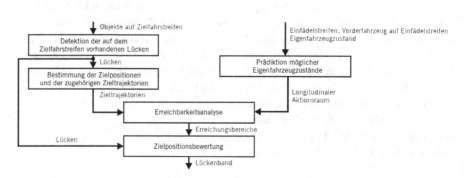

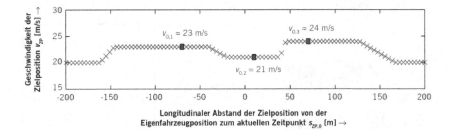

innerhalb der Lücke unter Einhaltung der festgelegten Reihenfolge vorliegt. Als Geschwindigkeit der Zielpositionen in den Randbereichen der Lücken wird die Geschwindigkeit des jeweiligen nächsten Objekts auf dem Zielfahrstreifen verwendet. Parallel zur Ermittlung der Prädiktionen der Zielpositionszustände erfolgt die Prädiktion der zukünftig erreichbaren Eigenfahrzeugzustände in Längsrichtung bis zum Prädiktionshorizont, Bild 4. Diese werden im longitudinalen Aktionsraum dargestellt, Bild 6. Die Grenzfläche des longitudinalen Aktionsraums wird durch die Menge der gerade noch erreichbaren Eigenfahrzeugzustände gebildet. Für die Modellierung des Eigenfahrzeugzustands werden der zurückgelegte Weg seit dem aktuellen Zeitpunkt sowie die longitudinale Geschwindigkeit verwendet. Bei Betrachtung eines Schnitts durch den longitudinalen Aktionsraum an einem bestimmten Zeitpunkt wird deutlich, dass die erreichbaren Zustände bei einer bestimmten Geschwindigkeit durch einen minimal und einen maximal zurückgelegten Weg begrenzt werden, Bild 6. Zur Berechnung dieser Grenzzustände und damit des longitudinalen Aktionsraums werden Geschwindigkeitsprofile erzeugt, die ausgehend von dem aktuellen Eigenfahrzeugzustand zur Erreichung dieser Grenzzustände führen. Ein Geschwindigkeitsprofil, das zur Zurücklegung eines maximalen Wegs führt, weist zunächst eine Beschleunigungsphase mit einer maximal möglichen positiven Beschleunigung auf.

Nachdem einige Zeit eine Maximalgeschwindigkeit gehalten wurde, folgt eine Verzögerungsphase mit der maximalen negativen Beschleunigung. Das Bilden des Geschwindigkeitsprofils zur Zurücklegung eines minimalen Weges erfolgt nach vergleichbarem Schema. Da der Aufbau der Geschwindigkeitsprofile schrittweise durch die Bestimmung von einzelnen Geschwindigkeiten für diskrete Zeitpunkte erfolgt, können gezielt Beschleunigungs- und Geschwindigkeitsrestriktionen berücksichtigt werden. Diese ergeben sich unter anderem aus den längsdynamischen Möglichkeiten des Eigenfahrzeugs, der verkehrlichen und baulichen Situation auf dem Einfädelstreifen und dem im Allgemeinen durch einen Fahrer bewirkten maximalen längsdynamischen Fahrverhalten. Es gilt die Annahme, dass das Eigenfahrzeug bis zum Prädiktionshorizont dem aktuellen Fahrstreifen (also dem Einfädelstreifen) folgt.

Basierend auf den Zieltrajektorien und dem longitudinalen Aktionsraum kann

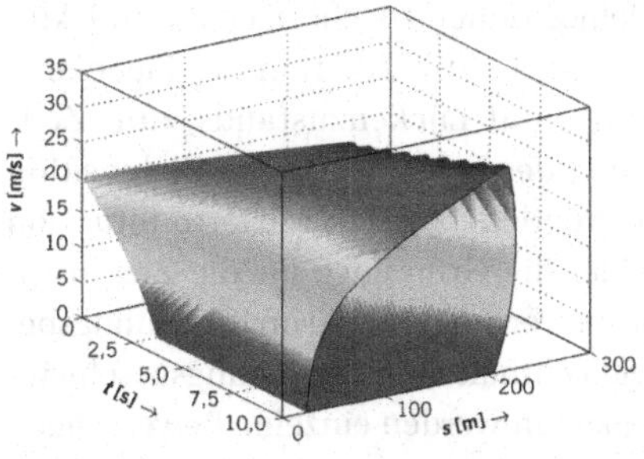

Bild 5
Zielpositionen mit zugeordneten Geschwindigkeiten zur Erzeugung der Zieltrajektorien in einer Beispielsituation mit drei Objekten auf dem Zielfahrstreifen (Geschwindigkeiten $v_{0,1}$, $v_{0,2}$, $v_{0,3}$)

Bild 6
Beispiel eines longitudinalen Aktionsraums

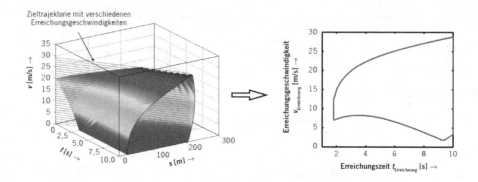

Bild 7
Ermittlung der Schnittpunkte einer Zieltrajektorie mit einem longitudinalen Aktionsraum für verschiedene Erreichungsgeschwindigkeiten (links) und der daraus folgende Erreichungsbereich dieser Zieltrajektorie (rechts)

die Erreichbarkeitsanalyse erfolgen, Bild 4. Diese ermittelt für jede Zielposition den Zeit- und Geschwindigkeitsbereich (Erreichungsbereich), in dem es für das Eigenfahrzeug möglich ist, die einer Zielposition zugehörige Zieltrajektorie in Längsrichtung zu erreichen. Zur Bestimmung dieses Erreichungsbereichs werden die Schnittpunkte einer Zieltrajektorie mit der Grenzfläche des longitudinalen Aktionsraums für sämtliche mögliche Erreichungsgeschwindigkeiten bis zum Prädiktionshorizont ermittelt. Die Erreichungsgeschwindigkeit ist die Geschwindigkeit, die das Eigenfahrzeug bei Erreichen der Zieltrajektorie aufweist. Bild 7 zeigt dieses Vorgehen sowie den als Ergebnis vorliegenden Erreichungsbereich für eine beispielhafte Zieltrajektorie.

Um zu ermitteln, welche Zielposition zur Durchführung des Fahrstreifenwechsels anvisiert werden soll, erfolgt abschließend einzeln die Zielpositionsbewertung für die Zielpositionen sämtlicher Lücken, Bild 3. Der Erreichungsbereich der den Zielpositionen zugehörigen Zieltrajektorien wird zur Prädiktion des Eigenfahrzeug- und Lückenzustands zum Zeitpunkt des Erreichens einer Zielposition verwendet. Diese prädizierte Situation bildet die Grundlage für die Zielpositionsbewertung. Für die im Erreichungsbereich enthaltenen Erreichungsgeschwindigkeiten werden einzelne Bewertungen mittels einer Bewertungsfunktion erstellt

und durch die Bildung des Maximums zu einer Zielpositionsbewertung für diese Zielposition zusammengefasst. Dieses Vorgehen wird für sämtliche vorhandene Zielpositionen durchgeführt, sodass als Ergebnis für jede Zielposition eine Zielpositionsbewertung vorliegt. Das Lückenband stellt diese Zielpositionsbewertungen in Abhängigkeit des longitudinalen Abstands der Zielposition von der Eigenfahrzeugposition zum aktuellen Zeitpunkt dar, Bild 8.

Die Bewertungsfunktion bezieht die Durchführbarkeit des Fahrstreifenwechsels bei Erreichen der Zielposition, die Erreichbarkeit der Zielposition und die Belegungswahrscheinlichkeit der Zielposition ein. Die Durchführbarkeit des Fahrstreifenwechsels beschreibt, inwieweit die Eigenschaften der jeweils prädizierten Situation die Durchführung des Fahrstreifenwechsels für einen Fahrer ermöglichen. Die Bewertung der Erreichbarkeit der Zielposition zielt unter anderem darauf ab, wie sicher das Erreichen der Zielposition ist und wie komfortabel sich das dafür notwendige Manöver für den Fahrer darstellen würde. Zur Ermittlung der Sicherheit des Erreichens werden die Zeit bis zum ersten möglichen Erreichen der Zielposition sowie die Distanz bis zum Ende des Einfädelstreifens zu diesem Zeitpunkt bewertet. In die Bewertung fließt außerdem der Erreichungszeitraum der jeweiligen Errei-

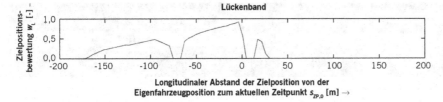

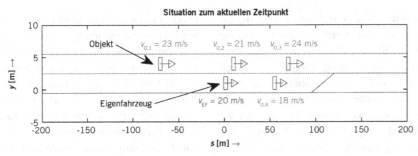

Bild 8
Berechnetes
Lückenband

chungsgeschwindigkeit ein, um den Komfort des Fahrmanövers zur Erreichung der Zielposition zu beurteilen. Die Belegungswahrscheinlichkeit der Zielposition adressiert die Wahrscheinlichkeit, mit der die Zielposition zum aktuellen Zeitpunkt durch ein Objekt belegt ist. Damit erfolgt die Berücksichtigung der Unsicherheiten der Abstands- und Geschwindigkeitsmessung sowie der Längenschätzung der Objekte, der Unsicherheit über die Belegung in für die Sensoren verdeckten Bereichen, der Existenzwahrscheinlichkeiten der Objekte sowie der Aufenthaltswahrscheinlichkeiten der Objekte auf dem Zielfahrstreifen. Als Ergebnis der Lückenanalyse steht das Lückenband mit einer Priorisierung sämtlicher verfügbarer Zielpositionen und damit auch Lücken zur Fahrerunterstützung zur Verfügung, welches ständig aktualisiert wird.

Umsetzung und Ergebnisse

Nach der Implementierung der einzelnen Ausbaustufen wurde zuerst die Funktionalität systematisch im Fahrsimulator getestet und verifiziert. Bild 9 zeigt das Ergebnis der Lückenanalyse in der Simu-

lation für eine Beispieleinfahrt auf die Autobahn in der Ausbaustufe des Lückenführers. Zur Visualisierung wird das berechnete Lückenband mithilfe eines Farbverlaufs auf den Zielfahrstreifen projiziert. Dabei werden Zielpositionen mit hohen Bewertungen in grün und solche mit niedrigeren Bewertungen in gelb beziehungsweise rot dargestellt (die am besten bewertete Zielposition wird zusätzlich durch einen Pfeil hervorgehoben). Im Gegensatz zu im Markt verfügbaren Systemen (zum Beispiel Totwinkel-Assistent) beschränkt sich der Detektions- und Bewertungsbereich der Funktion nicht nur auf den Manöverraum unmittelbar neben beziehungsweise seitlich hinter dem Eigenfahrzeug, sondern erstreckt sich über den gesamten einsehbaren Bereich des Nachbarfahrsteifens. Wie Bild 9 zeigt, geht der durch die Funktion zur Verfügung gestellte Informationsumfang somit deutlich über die Angabe der Belegung des Manöverraums neben dem Eigenfahrzeug hinaus. Es werden vielmehr sämtliche erreichbaren Lücken einschließlich ihrer Detaillierung in die Zielpositionen hinsichtlich des Einfädelns bewertet und die bestmögliche Alternative für den

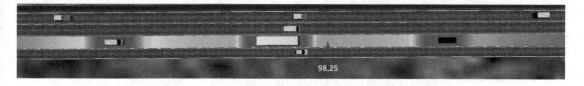

98,25

Bild 9
Ergebnis der
Lückenanalyse in
der simulierten
Umgebung auf der
Autobahn

Fahrstreifenwechsel herausgestellt. Zudem wird nicht erst unmittelbar vor der Durchführung des Fahrstreifenwechsels eine Rückmeldung dargeboten, ob gefahrlos auf den benachbarten Fahrstreifen eingefädelt werden kann. Vielmehr gibt die Funktion bereits während der Orientierungsphase zu Beginn des Einfädelvorgangs eine Empfehlung, welche Zielposition bei Prädiktion der aktuellen Bedingungen die optimale für den Fahrer ist und wie diese Zielposition erreicht werden kann. Dabei berücksichtigt die Funktion bei vollständiger Datenbasis insbesondere die Auswahlkriterien eines Fahrers, wodurch für einen Fahrer nachvollziehbare und akzeptable Entscheidungen erreicht werden können. Aufgrund der zyklischen Aktualisierung der Berechnungen kann während des gesamten Manöververlaufs auf sich ändernde verkehrliche Bedingungen reagiert werden. Dies reicht bis zur Änderung der Fahrstrategie, zum Beispiel durch einen Wechsel der priorisierten Lücke.

DANKE

Das in diesem Artikel beschriebene Projekt Famos wurde finanziert vom Ministerium für Wissenschaft und Technologie (BMWi). Der besondere Dank der Autoren gilt Dipl.-Inf. Timo Krehle für seine umfangreiche Unterstützung bei der Entwicklung des Ein- und Ausfädelassistenten.

Das System wurde zur Validierung in realen Verkehrsszenarien in ein projekteigenes Testfahrzeug (VW Golf VI) integriert. Dies erforderte ein umfassendes Sensorkonzept, welches die notwendige Datenbasis bereitstellt. Verantwortlich für die Eigenpositionierung innerhalb des Fahrstreifens ist eine Ortungsplattform, welche die absoluten Ortungsinformationen eines GNSS-Moduls mit relativen Sensorinformationen eines Fahrstreifenerkennungssystems, Odometriedaten und einer digitalen Kartenbasis fusioniert. Informationen über die zulässige Höchstgeschwindigkeit des Streckenabschnitts sind in der Karte hinterlegt und werden zusätzlich durch eine Verkehrszeichenerkennung gestützt. Mithilfe eines Multi-Radar-Systems, bestehend aus 77-GHz- und 24-GHz-Radaren, werden die Anforderungen an die Detektion umliegender Objekte erfüllt.

Die Validierung des Systems unter realen Bedingungen im öffentlichen Straßenverkehr verdeutlichte dessen Potenzial zur Fahrerunterstützung insbesondere auch bei nicht optimaler sensorischer Datenbasis. Bild 10 zeigt exemplarisch das Ergebnis der Lückenanalyse in der Ausbaustufe Lückenführer unmittelbar vor dem Fahrstreifenwechsel in einer realen Verkehrssituation. Die Lückenanalyse liefert bei entsprechender Datengrundlage eine adäquate Bewertung des Verkehrsgeschehens hinsichtlich des Einfädelns. Die genutzten Bewertungsfunktionen erscheinen somit für die Aufgabe geeignet. Das adäquate Ergebnis in der aus Sicht des Eigenfahrzeugs durch eine hohe Dynamik geprägten verkehrlichen Situation beim Einfädeln kann insbeson-

Bild 10
Ein- und Ausfädel-
assistent mit der
Visualisierung des
Lückenbands in
einer realen
Einfädelsituation
auf der Autobahn

dere durch den der Lückenanalyse zugrunde liegenden prädiktiven Ansatz erreicht werden. Die aus der Bewertungsfunktion abgeleiteten Empfehlungen eignen sich zur Unterstützung des Fahrers bei der Auswahl der für ihn optimalen Lücke und sind durch den Fahrer umsetzbar, im Beispiel durch eine entsprechende Erhöhung der Geschwindigkeit. Selbst bei ungenügender Datenbasis kann das System durch eine Degradierung der Ausbaustufe zumindest eine Grundfunktionalität bereitstellen, die dem aktuellen Stand der Technik entspricht.

Zusammenfassung

Der Ein- und Ausfädelassistent ermöglicht eine angepasste Unterstützungsform von einem Informations- und Warnkonzept bis in den Bereich einer Automatisierung der Längsführung. Die entwickelte Funktionalität ist nicht nur auf Ein- und Ausfädelvorgänge beschränkt, sondern kann den Fahrer in beliebigen Fahrstreifenwechselmanövern unterstützen. Der Grad der Unterstüt-

zung geht dabei über den bisher bekannter Assistenzsysteme hinaus. Mit der Lückenanalyse ist die technische Voraussetzung geschaffen, in zukünftigen Arbeiten auch weitere Anforderungen, wie beispielsweise höhere Automationsgrade oder kooperative Ansätze, abbilden zu können.

Literaturhinweise

[1] Schießl, C.: Subjective strain estimation depending on driving manoeuvres and traffic situation. In: IET Intelligent Transport Systems 2 (2008), Nr. 4, S. 258–265

[2] BMVBS: Prognose der deutschlandweiten Verkehrsverflechtungen 2025 (2005). FE-Nr. 96.0857/2005

[3] Waard, D.; Kruizinga, A.; Brookhuis, K. A.: The consequences of an increase in heavy goods vehicles for passenger car drivers' mental workload and behaviour: a simulator study. In: Accident Analysis and Prevention 40 (2008), Nr. 2, S. 818–828

[4] Bartels, A.; Steinmeyer, S.; Brosig, S.; Spichalsky, C.: Fahrstreifenwechselassistenz. Handbuch Fahrerassistenzsysteme. Wiesbaden: Vieweg + Teubner, 2009, S. 562–571

[5] Freyer, J.; Winkler, L.; Held, R. et al.: Assistenzsysteme für die Längs- und Querführung. In: ATZextra Der neue Audi A6 (2011), S. 181–187

[6] Amiditis, A.; Bertolazzi, E.; Bimpas, M. et al.: A Holistic Approach to the Integration of Safety Applications: The INSAFES Subproject Within the European Framework Programme 6 Integrating Project PReVENT. In: IEEE Transactions on Intelligent Transportation Systems (2010), Nr. 3, S. 554–566

[7] Habenicht, S.; Winner, H.; Bone, S. et al.: A Maneuver-based Lane Change Assistance System. In: IEEE Intelligent Vehicles Symposium (2011), S. 375–380

[8] www.famos-project.eu

[9] Löper, C.; Knake-Langhorst, S.; Schebitz, N.; Schießl, C.; Köster, F.: Eine Assistenzfunktion zur Unterstützung des Fahrers bei der Auswahl geeigneter Lücken für Ein- und Ausfädelvorgänge. 6. VDI-Tagung Der Fahrer im 21. Jahrhundert, Düsseldorf, 2011

Automatische Manöver-
entscheidungen auf Basis
unsicherer Sensordaten

DR.-ING. ROBIN SCHUBERT

Die grundlegende Problematik jeglicher Sensorsignalverarbeitung im Bereich der Fahrerassistenzsysteme besteht in verschiedenen systeminhärenten Unsicherheiten: Zum einen unterliegen die Sensordaten selbst vielfältigen Störungen, zum anderen erfordern die meisten Assistenzsysteme eine Vorhersage der Verkehrssituation, woraus ebenfalls signifikante Unsicherheiten resultieren. An der TU Chemnitz wurde eine durchgehende Sensorsignalverarbeitungskette entwickelt, welche von den Sensordaten über das Umfeld- und Situationsmodell bis zur Bestimmung geeigneter Fahrmanöver Unsicherheiten mithilfe Bayes'scher Statistik beschreibt und in die Bestimmung des Ergebnisses mit einbezieht. Diese Entwicklung wurde 2011 mit dem Hermann-Appel-Preis in der Kategorie Elektronikentwicklung ausgezeichnet.

Einleitung

Die Erhöhung der Verkehrssicherheit ist ein vorrangiges Ziel zahlreicher Forschungs- und Entwicklungsaktivitäten in der Automobilindustrie. Aufgrund der Tatsache, dass die überwiegende Mehrheit von Verkehrsunfällen auf menschliches Versagen zurückzuführen ist, steht die Unterstützung des Fahrers bei seiner Fahraufgabe dabei häufig im Mittelpunkt der Betrachtungen. Als Ergebnis dieser Entwicklungen stehen heute in zahlreichen Fahrzeugen sogenannte Fahrerassistenzsysteme zur Verfügung. Derartige Systeme unterstützen den Fahrer in vielfältiger Weise bei der Quer- oder Längsführung seines Fahrzeugs, beispielsweise in Form von Spurhalteassistenten, Abstandsregeltempomaten oder Notbremssystemen. Die Gemeinsamkeit der verschiedenartigen Systeme besteht in der Ableitung automatischer Aktionen auf Grundlage von Sensordaten aus dem Fahrzeugumfeld. So bestimmt ein Spurhalteassistent beispielsweise aufgrund der Position und dem Kurswinkel des eigenen Fahrzeugs im aktuellen Fahrstreifen ein geeignetes Lenkmoment, um ein unbeabsichtigtes Verlassen der Fahrbahn zu vermeiden. Ein ähnliches Vorgehen ist auch beim Notbremsassistenten zu beobachten, der aufgrund einer Bewertung der Kollisionsgefahr zwischen dem eigenen Fahrzeug und Objekten in dessen Umfeld gegebenenfalls automatisch ein Bremsmanöver einleitet.

Aufgrund der Komplexität der betrachteten Sensordaten als auch der abzudeckenden Verkehrssituationen ist eine unmittelbare Ableitung von Aktionen aus den beobachteten Sensordaten im Allgemeinen nicht möglich. Daher werden üblicherweise abstrakte Zwischenstufen der Signalverarbeitung eingeführt, um die Komplexität des Problems zu zerlegen und dadurch besser zu beherrschen. Ein weiterer Vorteil dieser Vorgehens-

weise liegt in der potenziellen Wiederverwendbarkeit verschiedener Teile der Datenverarbeitungskette. Die erste häufig verwendete Zwischenschicht ist das sogenannte Umfeldmodell. Dieses enthält unter anderem die Schätzung von Positionen und kinematischen Parametern der detektierten Objekte im Fahrzeugumfeld (beispielsweise Fahrzeuge, Fußgänger oder Fahrstreifen). Auf dieser Stufe werden die einzelnen Objekte dabei üblicherweise unabhängig voneinander betrachtet. Der Prozess zur Generierung eines solchen Umfeldmodells auf Grundlage von Sensordaten wird nach dem JDL-Datenfusionsmodell als Objektbewertung bezeichnet [7]. Eine zweite Zwischenschicht der Sensorsignalverarbeitung ist das sogenannte Situationsmodell. Dieses enthält die Zusammenhänge der im Umfeldmodell enthaltenen Objekte. Üblicherweise werden auf dieser Stufe beispielsweise Fahrzeugen konkreten Fahrstreifen zugeordnet oder es erfolgt eine Bewertung der Kollisionsgefahr zwischen zwei Objekten. Der Prozess der Erzeugung eines solchen Situationsmodells wird als Situationsbewertung bezeichnet.

Die grundlegende Problematik jeglicher Sensorsignalverarbeitung im Bereich der Fahrerassistenzsysteme besteht in verschiedenen systeminhärenten Unsicherheiten: Zum einen unterliegen die Sensordaten selbst vielfältigen Störungen wie Rauschen, Detektionsfehlern oder systematischen Verzerrungen. Zum anderen erfordern die meisten Assistenzsysteme eine Vorhersage der Verkehrssituation, woraus ebenfalls signifikante Unsicherheiten resultieren. Dem gegenüber stehen jedoch sehr hohe Zuverlässigkeitsanforderungen an Fahrerassistenzsysteme, die aufgrund der Sicherheitsrelevanz faktisch keine funktionalen Störungen akzeptieren. Daraus ergibt sich für Signalverarbeitungsverfahren im Bereich der Fahrerassistenzsysteme die zwingende Anforderung, Unsicherheiten angemessen zu berücksichtigen und trotz dieser Unsicherheiten zuverlässige Aktionen zu bestimmen.

Im folgenden Beitrag wird eine durchgehende Sensorsignalverarbeitungskette beschrieben, welche von den Sensordaten über das Umfeld- und Situationsmodell bis zur Bestimmung geeigneter Fahrmanöver Unsicherheiten mit Hilfe Bayes'scher Statistik beschreibt und in die Bestimmung des Ergebnisses mit einbezieht. Hierfür werden verschiedene mathematische Werkzeuge wie Bayes'sche Filter, Bayes'sche Netzwerke und Entscheidungsnetze eingesetzt. Diese Algorithmen werden anhand einer exemplarischen Funktion zur Bestimmung von Fahrstreifenwechselmanövern auf Autobahnen illustriert.

Bayes'sche Signalverarbeitung

Objektbewertung

Die Hauptaufgabe bei der Ableitung des Umfeldmodells aus den zur Verfügung stehenden Sensordaten besteht in der simultanen Schätzung des Zustands sowie der Existenz einer unbekannten Anzahl von Objekten. Diese Aufgabe wird häufig als Mehrobjektverfolgung beziehungsweise Multi Objects Tracking (MOT) bezeichnet und lässt sich in verschiedene Teilkomponenten wie die Zustands- und Existenzschätzung sowie die Zuordnung von Sensordaten zu Objekthypothesen zerlegen. Zur Berücksichtigung der beschriebenen Unsicherheiten haben sich zur Objektbewertung Implementierungen des Bayes-Filters durchgesetzt [8]. Diese erlauben die Integration verschiedener systemabhängiger Modelle, welche beispielsweise die Fahrzeugdynamik oder die räumliche beziehungsweise kardinale Verteilung der Sensormessungen statistisch beschreiben. Für den Entwurf Bayes'scher Objektbe-

wertungsalgorithmen stehen mittlerweile leistungsfähige Softwarewerkzeuge zur Verfügung, welche eine Vielzahl Bayes'scher Filterverfahren zur Verfügung stellen sowie die Integration beliebiger Modelle und die automatische Bestimmung der Parameter ermöglichen [1]. Aus diesem Grund soll auf diese Stufe der Sensorsignalverarbeitung im Folgenden nicht näher eingegangen werden.

Situationsbewertung

Auf der Ebene des Situationsmodells besteht die häufigste Aufgabe in der Bewertung von Zusammenhängen verschiedener Objekte des Umfeldmodells, beispielsweise in Form einer Zuordnung von Objekten zu Fahrstreifen oder der Bewertung eines Kollisionsrisikos. Wurden für die Objektbewertung Bayes'sche Verfahren eingesetzt, so liegt das Umfeldmodell als Wahrscheinlichkeitsdichtefunktion vor, welche durch geeignete Algorithmen weiterverarbeitet werden muss. Für diesen Zweck erscheinen Bayes'sche Netze als passendes Werkzeug, da sie auf der gleichen Repräsentation von Unsicherheiten wie Bayes-Filter beruhen und daher eine einheitliche Beschreibung dieser Unsicherheiten ermöglichen. In [6] wird mit den sogenannten adaptiven Likelihoodknoten ein Verfahren zur direkten Anbindung von Bayes-Filtern an Bayes'sche Netze vorgestellt. Weitere Vorteile Bayes'scher Netze liegen in der Trennung von strukturellem und quantitativem Entwurf, der expliziten Modellierung statistischer Unabhängigkeiten sowie der Möglichkeit des Anlernens aus existierenden Daten. Im praktischen Einsatz können des Weiteren der einfache Entwurf sowie die Echtzeitfähigkeit genannt werden. Neben der in diesem Beitrag vorgestellten Fallstudie finden sich weitere Beispiele für die Anwendung Bayes'scher Netze auf dem Gebiet der Fahrerassistenzsysteme in [2] und [4].

Einflussbewertung

Unter Einflussbewertung versteht man im JDL-Datenfusionsmodells nach [7] die Schätzung und Vorhersage des Einflusses geplanter beziehungsweise geschätzter/vorhergesagter Aktionen der beteiligten Entitäten im Fahrzeugumfeld auf die Situation. Im hier behandelten Kontext erfordert dies eine Folgenabschätzung möglicher Manöver des Versuchsfahrzeugs mit dem Ziel, das für die aktuelle Situation unter Einbeziehung aller relevanten Unsicherheiten optimale Manöver zu identifizieren. Für diesen Verarbeitungsschritt sind im Bereich der Fahrerassistenzsysteme bisher keine Anwendungen Bayes'scher Statistik bekannt. In [6] wurde daher die Anwendung sogenannter Entscheidungsnetze auf das Problem der Manöverableitung unter Unsicherheit vorgeschlagen. Dies ermöglicht zum einen die explizite Berücksichtigung der bereits beschriebenen Unsicherheiten, zum anderen wird auch ein eigenständiges Unsicherheitsmaß für die Entscheidung selbst berechenbar. Somit wird es möglich, eine Manöverentscheidung in einer sehr eindeutigen Verkehrssituation von Fällen abzugrenzen, in denen Entscheidungen für eine bestimmte Alternative nur sehr knapp bestimmt werden können. Dies erlaubt es der nachfolgenden Funktion, Grenzwerte für die Eindeutigkeit einer Manöverentscheidung zu definieren und beispielsweise nur dann einen Fahreingriff auszulösen, wenn die entsprechende Entscheidung eine gewisse Fehlerwahrscheinlichkeit nicht überschreitet. Aufgrund der durchgängigen Verwendung Bayes'scher Statistik in allen Stufen der Datenverarbeitungskette wirkt sich eine Veränderung in der Unsicherheit der Sensordaten dabei unmittelbar auf das Eindeutigkeitsmaß der Manöverentscheidung aus.

Entscheidungsnetze

Im Folgenden soll das grundlegende Prinzip hinter Entscheidungsnetzen vorgestellt werden. Eine detaillierte Einführung kann [6] entnommen werden. Entscheidungsnetze bestehen aus drei Knotentypen: Entscheidungsknoten, Nutzenknoten und Wahrscheinlichkeitsknoten. Bild 1 zeigt ein entsprechendes Minimalbeispiel. Entscheidungsknoten enthalten diskrete Entscheidungsalternativen (in Bild 1 „Bremsen" und „Nicht bremsen"). Wahrscheinlichkeitsknoten beinhalten Variablen des Situationsmodells sowie deren Wahrscheinlichkeitsverteilung. Die Wahrscheinlichkeitsverteilung wird durch probabilistische Inferenz innerhalb des Netzes aufgrund bekannter Eingangsdaten (Evidenz) bestimmt [3]. In Bild 1 ist das Situationsmodell drastisch auf eine binäre Variable reduziert, welche die Belegung eines Fahrstreifens repräsentiert. Im Beispiel ist die Wahrscheinlichkeit für einen belegten Fahrstreifen zwei Drittel und für einen freien Fahrstreifen ein Drittel.

Den entscheidenden Knotentyp stellen Nutzenknoten dar. Diese beinhalten eine quantitative Bewertung der Entschei-

Bild 1
Minimalbeispiel eines Entscheidungsnetzes mit je einem Entscheidungs-, Nutzen- und Wahrscheinlichkeitsknoten sowie zugehörige Nutzentabelle für die Ableitung einer Manöverentscheidung

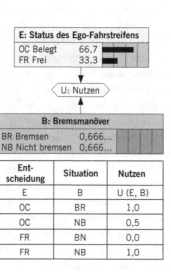

Ent-scheidung	Situation	Nutzen
E	B	U (E, B)
OC	BR	1,0
OC	NB	0,5
FR	BN	0,0
FR	NB	1,0

dungsalternativen bei Vorliegen aller möglichen Ausprägungen des Situationsmodells. Mit anderen Worten muss hier numerisch bewertet werden, ob eine bestimmte Entscheidung in einer vorgegebenen Situation als erstrebenswert angesehen wird. Da diese Bewertung durch verschiedene Kriterien repräsentiert werden kann (zum Beispiel Sicherheit, Komfort, Einhaltung von Verkehrsregeln etc.), wird hier das abstrakte mathematische Modell des Nutzens verwendet, das auf den Bereich von null bis eins normiert ist. Eine in der gegebenen Situation optimale Entscheidung wird also mit einem Nutzen von eins, die schlechteste Alternative hingegen mit null bewertet. Die Tabelle in Bild 1 zeigt eine exemplarische Quantifizierung des Nutzens für das eingeführte Minimalbeispiel. Aufgabe eines Entscheidungsnetzes ist die Berechnung des Erwartungswertes des Nutzens für jede Entscheidungsalternative. Anschließend kann die Alternative mit dem höchsten Erwartungsnutzen gewählt werden. Der relative Abstand zwischen den einzelnen Werten kann dabei als Grundlage eines Eindeutigkeitsmaßes verwendet werden. In [6] wird hierfür ein Wert analog der normierten Entropie vorgeschlagen.

Fahrstreifenwechselmanöver auf Autobahnen

Die in diesem Beitrag skizzierte durchgehend Bayes'sche Sensordatenverarbeitung soll anhand der prototypischen Umsetzung eines Fahrerassistenzsystems, welches dem Fahrer Empfehlungen zur optimalen Durchführung von Fahrstreifenwechselmanövern anbietet, illustriert werden. Im Folgenden wird dieses System als Fahrstreifenwechselassistent (FWA) bezeichnet. Aufgabe des FWA ist die messtechnische Erfassung des Fahrzeugumfelds – speziell die Detektion anderer Fahrzeuge und des Fahrbahnverlaufs – zur Bewertung der aktuellen Verkehrssituation und der darauf aufbauenden Ableitung einer geeigneten Manöverempfehlung. Die in [5] vorgestellte Entwicklungsstufe des FWA stellt dem Fahrer dieses Ergebnis – das heißt entweder die Empfehlung, auf dem aktuellen Fahrstreifen zu verbleiben, oder eine Fahrstreifenwechselempfehlung nach links beziehungsweise rechts – auf einer Mensch-Maschine-Schnittstelle (MMS) zur Verfügung. Bild 2 zeigt die Sensor-Konfiguration des Systems. Ein Long Range Radar (LRR) mit 77 GHz in Fahrtrichtung und zwei Medium Range Radars (MRR) in der entgegengesetzte Richtung erfassen die Fahrzeuge in der Umgebung des Versuchsfahrzeugs. Diese Aufgabe wird durch zwei Graustufen-Kameras (eine in jeder Richtung) unterstützt, die

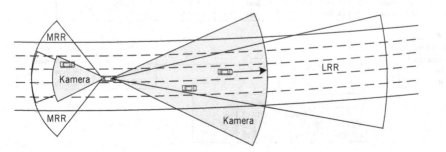

Bild 2
Sensorkonfiguration für die prototypische Umsetzung des Fahrstreifenwechselassistenten (nicht maßstabsgerecht)

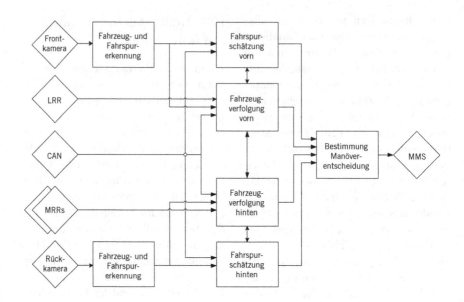

Bild 3
Funktionale
Architektur des
Fahrstreifen-
wechselassistenten

**Bild 3
Funktionale
Architektur des
Fahrstreifen-
wechselassistenten**

**Bild 4
Entscheidungsnetz
für die Ableitung
der Manöverent-
scheidung zum
Fahrstreifenwechsel**

auch zum Erfassen der Fahrspurmarkierungen auf der Straßenoberfläche verwendet werden. Darüber hinaus werden Bewegungsdaten aus dem Versuchsfahrzeug-CAN-Bus verwendet. Die modulare funktionale Architektur des Systems ist in Bild 3 dargestellt. Eine detaillierte Darstellung des Systems sowie der Algorithmen zur Ermittlung des Umfeldmodells kann [6] entnommen werden.

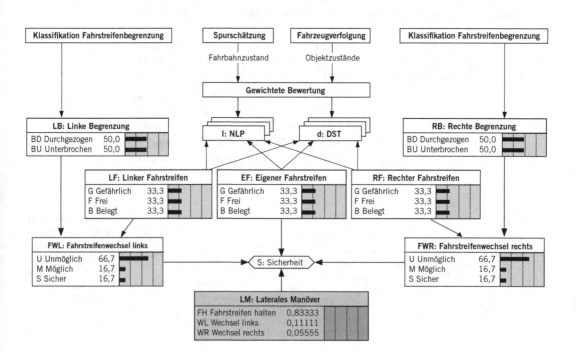

Für die Situations- und Einflussbewertung wurde das in Bild 4 gezeigte Entscheidungsnetz verwendet. Hauptbestandteil sind der Entscheidungsknoten „Laterales Manöver" (LM) sowie der Nutzenknoten „Sicherheit" (S). LM beinhaltet drei Entscheidungsalternativen: den Verbleib im aktuellen Fahrstreifen (FH), den Fahrstreifenwechsel nach links (WL) beziehungsweise nach rechts (WR). Die verbleibenden Wahrscheinlichkeitsknoten repräsentieren das Situationsmodell, auf das hier nicht im Detail eingegangen werden soll. Der Nutzen wird im vorgestellten System durch die Sicherheit des empfohlenen Manövers repräsentiert. Da vier Knoten mit jeweils drei Zuständen auf den Nutzenknoten S wirken, müssen insgesamt 81 Nutzenwerte definiert werden [6]. Dann kann aufgrund des aus den Sensordaten ermittelten Umfeldmodells die probabilistische Darstellung der aktuellen Verkehrssituation erfolgen, aus welcher wiederum der Erwartungsnutzen für jedes Manöver berechnet wird.

Bild 5 zeigt den exemplarischen Verlauf einer Verkehrssituation mit einem Überholvorgang auf einer Autobahn mit zwei Fahrstreifen pro Fahrtrichtung. Der Überholvorgang hat eine Dauer von etwa 22,5 s. Zu Beginn der Szene fährt vor dem Versuchsfahrzeug ein weiteres Fahrzeug auf der rechten Fahrspur der Autobahn. Während des Überholvorgangs führt das Versuchsfahrzeug einen Spurwechsel nach links durch, überholt das Fahrzeug, und wechselt danach wieder auf die rechte Fahrspur. Die Spurwechsel finden an t = 4,6 s und 20,6 s statt. Bild 6 zeigt den Erwartungsnutzen für jede Entscheidungsalternative. Es ist zu erkennen, wie zu Beginn der Szene (t < 4,6 s) die verringerte Distanz zum detektierten Fahrzeug zu einer Erhöhung des Erwartungsnutzens für das Fahrstreifenwechselmanöver nach links führt. Dies resultiert aus dem schrumpfenden Abstand zum verfolgten Objekt. Eine Besonderheit tritt bei t = 4,6 s auf, wenn das Fahrzeug die Fahrspuren wechselt: Ab diesem Zeitpunkt wird die linke Spur, die zuvor als Nachbarspur galt, nun als eigene Fahrspur interpretiert. Umgekehrt wird die rechte Spur nun als Nachbarspur betrachtet. Als Folge des Spurwechsels wird der erwartete Nutzen für einen Spurwechsel nach links fallen, während der erwartete Nutzen für Spur halten zunimmt. Bei t = 19,4 s, wird das verfolgte Fahrzeug überholt. Gemäß den deutschen Verkehrsregeln wird ein Spurwechsel nach rechts sofort immer das Manöver mit dem höchsten erwarteten Nutzen. Nachdem das eigene Fahrzeug t = 20,6 s die Fahrspuren wieder gewechselt hat, werden die Rollen der Fahrspuren wieder vertauscht.

Bild 5
Bilder der Front- und Rückfahrkamera während des untersuchten, exemplarischen Manövers (die Ergebnisse der Fahrspurerkennung und der Fahrzeugverfolgung sind durch Kurven und Ellipsen gekennzeichnet; die jeweils zusammengehörigen Bilder der Front- und Rückfahrkamera entsprechen den Zeitpunkten t = 4,7 s, 9 s, 18,5 s und 20,7 s)

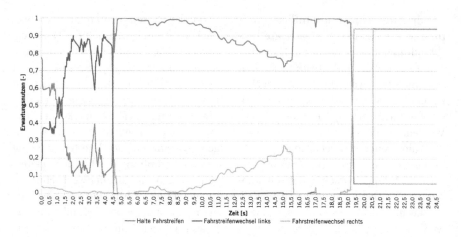

Bild 6
**Erwartungs-
nutzenwerte der
Fahrstreifenwech-
selmanöver (die
harten Übergänge
bei** *t* **= 4,5 s und
20,6 s resultieren
aus dem Übergang
des Versuchsfahr-
zeugs in einen
anderen Fahr-
streifen)**

Zusammenfassung

Es wurde ein einheitlich Bayes'sches Verfahren zur Sensorsignalverarbeitung auf
Umfeld- und Situationsebene sowie zur
Ableitung von Manöverentscheidungen
auf Grundlage unsicherer Sensordaten
vorgestellt. Die prinzipielle Eignung der
hierfür vorgeschlagenen Bayes'schen Entscheidungsnetze wurde exemplarisch
anhand des FWA demonstriert. Zukünftige Fahrerassistenzsysteme werden in
verstärktem Maße automatische Entscheidungen treffen müssen, um den
steigenden Anforderungen des Fahrers
und anderer Interessengruppen (zum
Beispiel des Gesetzgebers) zu berücksichtigen. Die hierbei potenziell auftretenden Zielkonflikte sowie das Vorhandensein mehrerer Entscheidungskriterien
stellen hohe Anforderungen an das entsprechende Entscheidungssystem. Auch
hierfür erscheinen Entscheidungsnetze
mit entsprechend angepassten Nutzen-
funktionen als geeignetes Verfahren [5].

Literaturhinweise

[1] Baselabs GmbH: Entwicklungssoftware für
Fahrerassistenzsysteme. www.baselabs.de,
29. Februar 2012

[2] Dagli, I.: Erkennung von Einscherer-Situa-
tionen für Abstandsregeltempomaten. Universität Tübingen, Dissertation, 2005

[3] Jensen, F. V.: Bayesian Networks and Decision Graphs. New York, USA: Springer-Verlag,
2001

[4] Schroven, F.: Probabilistische Situationsanalyse für eine adaptive automatisierte Fahr-
zeuglängsführung, Technische Universität
Braunschweig, Dissertation, 2011

[5] Schubert, R.: Evaluating the Utility of Driving: Toward Automated Decision Making
Under Uncertainty. In: Intelligent Transportation Systems, IEEE Transactions on 13 (2012),
No. 1, p. 354–364

[6] Schubert, R.: Integrated Bayesian Object
and Situation Assessment for Lane Change
Assistance. Shaker Verlag, 2011

[7] Steinberg, A. N.; Bowman, C. L.: Handbook
of Multisensor Data Fusion. CRC Press, chap-
ter Revisions to the JDL Data Fusion Model:
p. 2–1 to 2–19, 2001

[8] Thrun, S.; Burgard, W.; Fox, D.: Probabilistic Robotics. The MIT Press, 2005

Satellitenbasiertes Kollisionsvermeidungssystem

Dipl.-Ing. Frederic Christen | Univ.-Prof. Dr.-Ing. Lutz Eckstein | Dipl.-Inf. Alexander Katriniok |
Univ.-Prof. Dr.-Ing. Dirk Abel

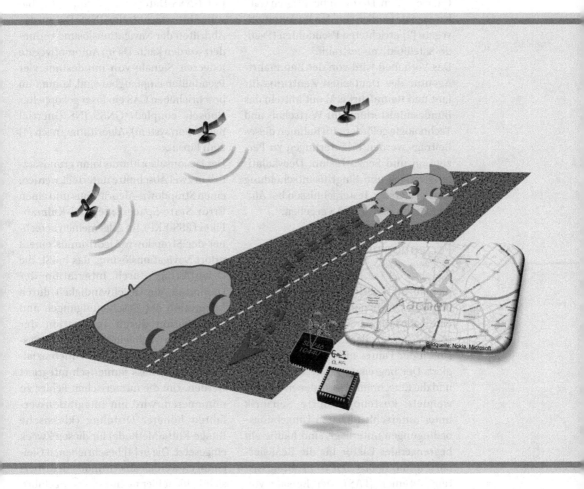

Bildquelle: Nokia, Microsoft

Aktive Sicherheitssysteme zur Kollisionsvermeidung können nur so gut sein wie
die zur Verfügung stehenden Informationen über eine etwaig bevorstehende
kritische Situation. Neben der fahrzeugeigenen Sensorik können dazu auch
Geodaten herangezogen werden. Ein Forschungsprojekt an der RWTH Aachen
will die Daten des europäischen Satellitensystems Galileo nutzen.

Hintergrund

Gegenwärtig entwickelt die RWTH Aachen im Rahmen des Projekts Galileo above (Anwendungszentrum für boden-gebundenen Verkehr [1]) ein Kollisions-vermeidungssystem (Collision Avoidance System, CAS) unter Einbeziehung von Galileo-Daten. Die dafür benötigten Galileo-Signale werden von den im Automotivegate [2] errichteten Pseudoliten (Pseudo-Satelliten) ausgestrahlt.

Das Vorhaben wird von der Raumfahrt-Agentur des Deutschen Zentrums für Luft und Raumfahrt e. V. mit Mitteln des Bundesministeriums für Wirtschaft und Technologie gefördert. Im Rahmen dieses Beitrags werden Erläuterungen zu Perzeption und Sensorfusion, Deeskalationsstrategie und Eingriffsentscheidung sowie zu ersten Testergebnissen bei Auffahrsituationen des CAS gegeben.

Perzeption und Sensorfusion

Ziel eines CAS ist, Fahrzeuge zu erkennen, die sich auf Kollisionskurs mit dem eigenen Fahrzeug befinden und automatisch eine kollisionsvermeidende Maßnahme (Bremsen und/oder Lenken) einzuleiten, sofern der Fahrer nicht rechtzeitig reagiert. Der begrenzte Erfassungsbereich und die Einschränkungen, denen die verwendete kostenoptimierte Sensorik unter unterschiedlichsten Umgebungsbedingungen unterliegt, sind häufig ein begrenzender Faktor für die Realisierbarkeit und Robustheit von Fahrerassistenzsystemen (FAS). Der Einsatz von GNSS (Global Navigation Satellite System) in Verbindung mit einer digitalen Karte und Fahrzeug-zu-Fahrzeug- beziehungsweise Fahrzeug-zu-Infrastruktur-Kommunikation bietet das Potenzial, den Erfassungsbereich der Sensorik deutlich zu erweitern und diese unter schwierigen Umgebungsbedingungen zu stützen.

Gängige GNSS-Lösungen stellen Navigationsinformationen mit einer Aktualisierungsrate von 1 bis 5 Hz zur Verfügung. Um sicherheitsrelevante FAS wie CAS mit 20 bis 100 Hz mit einer Navigationslösung zu versorgen, kommt eine modellbasierte Fusion von Inertialsensoren (Beschleunigungsaufnehmer und Drehwinkelgeber) mit GNSS-Daten zum Einsatz. [3] beschreibt, wie mittels GNSS-Daten das Abdriften der Navigationslösung verhindert werden kann. Da im Automotivegate jederzeit Signale von mindestens vier Pseudoliten empfangbar sind, kommt im beschriebenen CAS ein loser gekoppelter (loosely coupled) GNSS/INS (inertial navigation system)-Algorithmus nach [4] zum Einsatz.

Der Fusionsalgorithmus kann grundsätzlich in zwei Abschnitte unterteilt werden: einen Strapdown-Algorithmus und einen Error-State-Space-Extended-Kalman-Filter (ESS-EKF). Im Allgemeinen berechnet der Strapdown-Algorithmus eine a priori Navigationslösung, das heißt, die Orientierung durch Integration der Drehraten, die Geschwindigkeit durch Integration der Beschleunigungen und die Position durch Integration der geschätzten Geschwindigkeiten. Das System $\tilde{x}$, Gl. 1, nichtlinearer Differenzialgleichungen muss numerisch integriert werden. Um die numerischen Fehler zu minimieren, wird ein Integrationsverfahren höherer Ordnung (klassische Runge-Kutta-Methode) für diesen Zweck eingesetzt. Die in [4] beschriebenen Gleichungen werden aus Gründen der Übersichtlichkeit hier nicht weiter aufgeführt.

GL. 1 $\dot{\hat{x}}_{\square} = f_{sd}(\hat{x}_{\square}(t), u(t))$

In diesem Zusammenhang bezeichnet $\hat{\tilde{x}} = [p\ v_{eb}^n\ q_b^n]^T$ den a priori geschätzten Zustandsvektor (das heißt, die Position p, die Geschwindigkeit v_{eb}^n und das Orientierungsquaternion q_b^n) der Navigationslösung und u = $[a_{ib}^b \; \omega_{ib}^b]^T$ die Ausgaben der Inertialsensoren (das heißt, Beschleunigungen a_{ib}^b und Drehraten ω_{ib}^b). Die Notation $\{\cdot\}^-$ bezeichnet dabei den a priori Wert der Variablen $\{\cdot\}$, $\{\hat{\cdot}\}$ hingegen den einer geschätzten Variablen. Es sei angemerkt, dass die INS-Messungen immer im körperfesten Koordinatensystem stattfinden (Ursprung im Befestigungspunkt der INS mit Ausrichtung vorne-rechts-unten bezogen auf die Fahrzeugachsen), die Fahrzeuggeschwindigkeit und orientierung jedoch im Navigationsbezugssystem ausgegeben werden (Ursprung im Befestigungspunkt der INS mit Ausrichtung Nord-Ost-unten bezogen auf die Fahrzeugachsen). Die Fahrzeugposition hingegen ist im WGS-84-Koordinatensystem angegeben.

Während der Strapdown-Algorithmus eine a priori Navigationslösung ermittelt, schätzt das ESS-EKF anhand von GNSS-Messungen die Fehler, die durch die Vorwärtsintegration der Inertialsensoren entstehen. Das ESS-EKF wendet ein Zustandsraummodell an, Gl. 2 und Gl. 3, bei dem Φ_k die Transitionsmatrix, H_k die Messmatrix, Δx_k den Zustandsvektor und Δy_k den Messvektor bezeichnen. G_k beschreibt den Einfluss des Messrauschens w_k (das heißt, Sensorrauschen) auf den Schätzfehler. Des Weiteren wird für w_k und v_k ein mittelwertfreies, weißes gaußsches Rauschen angenommen, das heißt, $w_k \sim N(0, Q_k)$ und $v_k \sim N(0, R_k)$. Für GNSS-Positionsmessungen darf diese Annahme aufgrund der Messabweichung (unter anderem Ionosphären-, Troposphären- und Uhrenfehler) nicht getroffen werden [5]. Folglich kann die GNSS-Positionsmessung nur suboptimal im ESS-EKF behandelt werden. Daher wird R_k durch Optimierung der Sensorfusion für den Nominalfall ermittelt, während Q_k grundsätzlich anhand der Spezifikation der Inertialsensoren konfiguriert werden kann.

GL. 2
$$\Delta x_{k+1} = \Phi_k \Delta x_k + G_k w_k$$

GL. 3
$$\Delta y_k = H_k \Delta x_k + v_k$$

Zusammenfassend enthält die Navigationslösung:

- Position $p = [\varphi \; \lambda \; h]^T$ der INS mit Längen-, Breitengrad und Höhe (WGS-84 Koordinaten)
- Geschwindigkeit $v_{eb}^n = [v_{eb,n}^n \; v_{eb,e}^n \; v_{eb,d}^n]^T$ der INS mit Ausrichtung Nord-Ost-unten im Navigationsbezugssystem
- Orientierungsquaternion q_b^n, das die Orientierung des körperfesten Koordinatensystems zum Navigationsbezugssystem beschreibt.

Weitere Details zur Positionsbestimmung können [6] entnommen werden. Schlussendlich gibt die Perzeption und Sensorfusion folgende Werte aus:

- geschätzte Fahrzustandsgrößen wie zum Beispiel den Schwimmwinkel
- elektronischer Horizont auf Basis digitaler Karten (vorausliegende Krümmungswerte, Anzahl und Breite der Fahrstreifen etc.)
- zusammengeführte Objektliste durch Datenfusion aus Kamera, Radar und Fahrzeug-zu-Fahrzeug-Kommunikation.

Deeskalation und Eingriffsentscheidung

Um Auffahrunfälle zu vermeiden, sieht das System vier Deeskalationsstufen vor:

- Stufe 1: akustische Warnung
- Stufe 2: Teilbremsung
- Stufe 3: Unterstützung bei Fahrereingriff
- Stufe 4: automatischer Lenk- und/oder Bremseingriff.

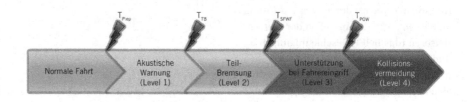

Bild 1
Deeskalationsstufen

Für jede Deeskalationsstufe ist ein Schwellwert beziehungsweise Zeitpunkt definiert, Bild 1: T_{Piep}, T_{TB} (Teilbremsung), T_{SFWF} (spätester Fahrstreifenwechsel durch Fahrer) und T_{POW} (Punkt ohne Wiederkehr). Ob ein Schwellwert beziehungsweise die entsprechende Deeskalationsstufe erreicht ist, hängt hauptsächlich von der Time-to-Collision (TTC) ab. Andere Parameter wie Fahreraktivitäten (Lenken, Betätigung von Gas oder Bremse) sind dabei ebenfalls von Bedeutung.

Stufe 1 und 2 werden als selbsterklärend angenommen. Stufe 3 befindet sich innerhalb der Zeitpunkte T_{SFWF} und T_{POW}, das heißt, dass auf der einen Seite der Zeitpunkt, an dem Fahrer typischerweise bei einem Überholmanöver spätestens einen Fahrstreifenwechsel starten, bereits überschritten ist. Auf der anderen Seite ist der Zeitpunkt für ein letztmögliches Unfallvermeidungsmanöver noch nicht erreicht.

In dieser Situation unterstützt das System den Fahrer lediglich in seiner Handlung: Wenn ein Bremsmanöver des Fahrers erkannt wird, assistiert das System mit einer angemessenen Notbremsung. Sofern ein Lenkmanöver des Fahrers erkannt wird, leitet das System den Fahrer entlang einer Ausweichbahn (zum Beispiel mittels radselektiver Bremseingriffe).

Falls der Fahrer keine Reaktion innerhalb der Stufe 3 zeigt, führt das System die in Stufe 2 begonnene Teilbremsung fort und tritt in Stufe 4 ein. Zu diesem Zeitpunkt (T_{POW}) initiiert das System ein autonomes Kollisionsvermeidungsmanöver: Voll-

bremsung und/oder Ausweichen in Abhängigkeit der Situation.

Unter Berücksichtigung der rechtlichen Rahmenbedingungen für FAS ist ein automatisches Ausweichmanöver in naher Zukunft jedoch nicht umsetzbar. Aus diesem Grund ist – ungeachtet der Situation – auch eine reine Vollbremsung zum Zeitpunkt T_{POW} denkbar. Allerdings wäre eine Kollisionsvermeidung dadurch nicht in jedem Fall möglich, lediglich eine Unfallfolgenminderung.

Die soeben beschriebenen Deeskalationsstufen hängen – wie bereits erwähnt – von der TTC ab. Die Berechnung der TTC wird im nachfolgenden Kapitel beschrieben.

Time-to-Collision

Der Schwerpunkt der Risikobewertung einer Verkehrssituation liegt auf der zuverlässigen Berechnung der TTC unter Berücksichtigung der Bewegung des eigenen Fahrzeugs und der der Umgebungsfahrzeuge. Derzeit beruht das Bewegungsmodell auf zwei Fahrmanövern, die zur Prädiktion der eigenen Bewegung und der der Umgebungsfahrzeuge herangezogen werden. Das Spurhaltemanöver basiert auf der Annahme, dass das Fahrzeug beziehungsweise der Fahrer weiterhin auf dem aktuellen Fahrstreifen fahren wird. Bei einem Kurswechselmanöver werden laterale Bewegungen berücksichtigt, zum Beispiel zur Abbildung eines Fahrstreifenwechsels. Das Kurswechselmanöver wird ebenfalls zur Analyse möglicher Ausweichmanöver zur Kollisionsvermeidung im Ego-

Fahrzeug verwendet. Für eine detailliertere Beschreibung dieser Manöver wird auf [7] verwiesen.

Sobald die Gierbewegungen eines Fahrzeugs (zum Beispiel im soeben beschriebenen Kurswechselmanöver) berücksichtigt werden, wird die Berechnung der TTC ein nichtlineares Problem. Somit ist eine analytische Lösung nicht möglich und es muss iterativ anhand eines geeigneten Lösers vorgegangen werden.

Ein nichtlinearer Löser basiert im Allgemeinen auf einem Minimierungsproblem über ein ein- oder mehrwertiges Funktional oder auf einer Nullstellensuche eines Funktionals. Aus diesem Grund wird ein geeignetes Funktional definiert, das den Anforderungen nichtlinearer Löser entspricht. Zusätzlich wird ein speziell auf das vorliegende Problem zugeschnittener Löser entworfen, der weniger Iterationen benötigt. Dies wird durch die Ausnutzung von Vorwissen über den Verlauf des Funktionals erreicht, das allgemein formulierte Löser nicht aufweisen können. Ein geeignetes Funktional muss zumindest stetig sein. Besser ist jedoch ein einmal stetig differenzierbares Funktional, das heißt, es sollte aus dem Funktionenraum C^1 stammen [8]. Das hier benutzte Funktional ist in Gl. 4 definiert. Dieses Funktional ist stetig und glatt, es ist daher aus C^1. Es gibt mindestens eine Nullstelle, die erste liegt genau bei $t = T_{ttc}$. Allerdings

ist es durchaus möglich, dass das Funktional lokale Minima aufweist. Dies muss bei der Anwendung des Lösers beachtet werden. Schlussendlich wird für die Minimumsuche das Funktional $G(t) = (F(t))^2$ verwendet.

Nachfolgend wird erläutert, wie das geforderte Funktional algorithmisch umgesetzt wird. Die Umsetzung wird, ebenfalls wie schon die Definition des Funktionals, in zwei Teile unterteilt: einen Teil bis $t = T_{ttc}$ und einen für $t > T_{ttc}$. Oder, geometrisch ausgedrückt, einen Teil, bei dem es keine Überschneidung zwischen beiden Polygonen, die die Fahrzeuge darstellen, gibt und einen, bei dem eine Überschneidung existiert.

Berechnung des minimalen Abstands

Die Berechnung des minimalen Abstands erfolgt über einen Algorithmus aus der Kollisionsdetektion, die in Computerspielen genutzt wird [9] und für die schnelle Algorithmen essenziell sind. Der Algorithmus arbeitet sehr effizient mit nur wenigen Skalarprodukten. Die Arbeitsschritte des Algorithmus werden im Folgenden kurz skizziert, Bild 2. Der Einfachheit halber werden Ego-Fahrzeug und Fremd-Fahrzeug umbenannt in Fahrzeug 1 und Fahrzeug 2.

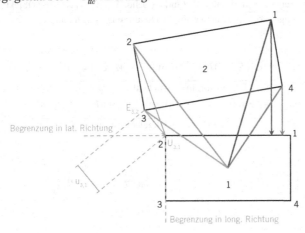

**Bild 2
Berechnung des minimalen Abstands**

Alle Eckpunkte $E_{i,2}$ von Fahrzeug 2 werden mit dem Mittelpunkt von Fahrzeug 1 verbunden. Die entstandenen Verbindungen werden sowohl in Fahrzeuglängsrichtung $\vec{e}_{t,1}$ als auch in -querrichtung $\vec{e}_{n,1}$ auf den Umriss von Fahrzeug 1 projiziert. Das heißt, dass der Verbindungsvektor in zwei Komponenten zerlegt wird: eine in die Längsrichtung von Fahrzeug 1 und eine in Querrichtung. Beide Komponenten werden auf die Fahrzeugmaße begrenzt und wieder zusammengesetzt. Es ergibt sich ein Punkt auf dem Umriss von Fahrzeug 1, Gl. 5. Der Punkt $U_{i,1}$ wird dann wieder mit dem entsprechenden Eckpunkt verbunden. Es ergibt sich die kürzeste Verbindung zwischen dem Eckpunkt $E_{i,2}$ und Fahrzeug 1, Gl. 6.

In Bild 2 ist dies exemplarisch mit einer grünen Linie dargestellt. Es sei bemerkt, dass die grüne Linie in beiden Richtungen die Fahrzeugmaße überschreitet und die Projektion deshalb auf den Eckpunkt führt. Die Projektionen der roten und der blauen Verbindung wären auf der Kante zu finden.

Danach wird der Vorgang mit Vertauschung von Fahrzeug 1 und Fahrzeug 2 wiederholt. Der kürzeste der acht ermittelten Abstände ist der minimale Abstand u_{min} beider Fahrzeuge, Gl. 7.

Berechnung der negativen Schnittfläche

Um Rechenzeit zu sparen, wird auch für diese Berechnung die Annahme getroffen, dass es sich bei der Fahrzeugkontur um ein Rechteck handelt. Zunächst wird die Art der Überschneidung der beiden Fahrzeuge klassifiziert. Dafür ist die Anzahl der Eckpunkte von Fahrzeug 1 innerhalb von Fahrzeug 2 und umgekehrt ausschlaggebend. So entstehen 12 relevante Fälle, die einzeln berechnet werden [10]. Es werden jeweils möglichst einfach zu ermittelnde geometrische Größen verwendet, um die nötigen arithmetischen Operationen pro Durchlauf signifikant zu reduzieren. Weitere Details zum nichtlinearen Löser können [10] entnommen werden.

Bewertung

Als Entwicklungs- und Testumgebung wird das Automotivegate genutzt, das auf dem Gelände des Aldenhoven-Testing-Center (ATC, [11]) eine Galileo-Infrastruktur zur Verfügung stellt. Anhand der dort von den Pseudoliten ausgestrahlten Galileo-Signalen lassen sich bereits vor dem offiziellen Start des Satellitensys-

GL. 4	$F(t) = \dfrac{\text{negativer minimaler Abstand zwischen Ego-Fahrzeug und Objekt}}{\text{negative Schnittmenge von EGO-Fahrzeug und Objekt}}$	$\begin{array}{l} t \le T_{ttc} \\ t > T_{ttc} \end{array}$

GL. 5	$\vec{U}_{i,1} = \vec{M}_1 + \underbrace{\text{sign}((\vec{E}_{i,2} - \vec{M}_1, \vec{e}_{t,1}))\min(\vec{E}_{i,2} - \vec{M}_1, \vec{e}_{t,1}), \frac{l_1}{2}) \cdot \vec{e}_{t,1}}_{\text{Begrenzung in longitudinaler Richtung}}$ $+ \underbrace{\text{sign}((\vec{E}_{i,2} - \vec{M}_1, \vec{e}_{n,1}))\min(\vec{E}_{i,2} - \vec{M}_1, \vec{e}_{n,1}), \frac{b_1}{2}) \cdot \vec{e}_{n,1}}_{\text{Begrenzung in lateraler Richtung}}$

GL. 6	$u_{i,1} = \| \vec{E}_{i,2} - \vec{U}_{i,1} \|$

GL. 7	$u_{min} = \min_{\substack{i = 1 \dots 4 \\ j = 1 \dots 2}} u_{i,j}$

tems selbst erste Galileo-basierte Anwendungen entwickeln und testen.

Da sich die Galileo-Infrastruktur noch im Aufbau befindet und die Nutzung ab Frühjahr 2013 geplant ist, wird für die ersten Tests auf GPS-Signale zurückgegriffen. Für die eingangs dargestellte Sensorfusion wird ein GPS-Empfänger (EVK-6T) von U-blox eingesetzt. Beschleunigungen und Drehraten werden von den in der RT3003 der OxTS GmbH verbauten Inertialsensoren (IMU) zur Verfügung gestellt. Neben den Inertialsensoren enthält die RT3003 auch einen L1/L2-RTK-GPS-Empfänger für Positionsmessungen und einen zweiten GPS-Empfänger für genaue Winkelmessungen. Aufgrund der erreichbaren Positionsgenauigkeit von unter 2 cm und Winkelgenauigkeit von bis zu 0,1 ° dient die RT3003 als Referenzsystem für die Navigationslösung.

Bild 3 zeigt die Positionslösung der RT3003 im Vergleich zur beschriebenen GPS/INS-Fusion. Dabei wurde mit dem Versuchsträger ein Abschnitt der Teststrecke abgefahren (mit identischer Start- und Stopp-Position) und beide Positionslösungen aufgezeichnet. Zur einfacheren Bewertung der Ergebnisse sind in Bild 3 anstelle der Längen- und

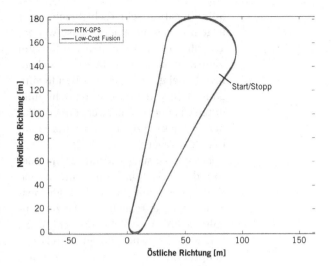

Breitengrade lokale UTM-Koordinaten dargestellt. Bild 4 stellt die Start-Stopp-Position detaillierter dar. Bei Betrachtung der Absolutwerte fällt auf, dass der eigene Fusionsansatz um circa 1 m in Nord- und circa 0,3 m in Ostrichtung verschoben ist. Da der eigene Fusionsansatz – im Gegensatz zur RT3003-Lösung – ohne Korrekturdaten arbeitet, ist dieses Ergebnis als sehr gut einzustufen. Das Ergebnis der relativen Betrachtung fällt auch sehr gut aus, da die Start- und

Bild 3
Vergleich der Positionslösungen

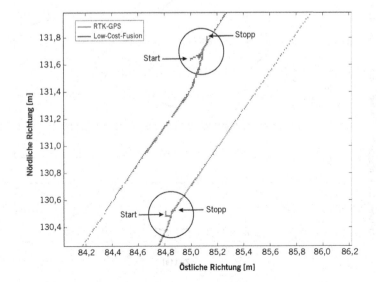

Bild 4
Vergleich der Positionslösungen – Zoom

Stopp-Position sehr dicht beieinander liegen. Es sei angemerkt, dass weitere Testfahrten unternommen werden, um diese Ergebnisse besser bewerten zu können. Dabei gilt es auch, die Randbedingungen zu variieren (Berücksichtigung unterschiedlicher Satellitenkonfigurationen, Berücksichtigung von Situationen mit Mehrwegausbreitung etc.).

Neben den Versuchsfahrten zur Optimierung der Navigationslösung wurden auch erste Ausweichmanöver zur Kollisionsvermeidung durchgeführt. Die zur Einhaltung der Ausweichbahn benötigten Lenkwinkelvorgaben werden mittels modellprädiktiver Regelung berechnet. Diese ist für dieses Problem sehr gut geeignet, da die Begrenzung der Stellgrößen explizit in der Berechnung berücksichtigt werden können und der Schräglaufwinkel auf den Haftbereich des Reifens limitiert werden kann. Des

Weiteren kann durch das Vorabwissen der Ausweichbahn der künftige Verlauf der Bahnkrümmung über den Prädiktionshorizont berücksichtigt werden.

Bild 5 stellt die Ergebnisse eines doppelten Fahrstreifenwechsels dar. Dabei bewegt sich der Versuchsträger mit 50 km/h auf ein stehende Ziel (Balloon-Car) zu. Die Soll-Ausweichbreite beträgt 3 m (roter Verlauf in Bild 5 ganz oben). Bei einer Querbeschleunigung von 6 m/s² beträgt die maximale laterale Abweichung zur Sollbahn 40 cm.

Das hier dargestellte Beispiel entstammt ersten Testfahrten. In weiteren Versuchen gilt es, die Regelung weiter zu optimieren, um geringe Abweichungen von der Sollbahn zu erzielen. Des Weiteren werden anstelle der GPS-Daten die Daten der Galileo-Pseudoliten verwendet, sobald diese einsatzbereit sind.

Bild 5
Ausweichmanöver

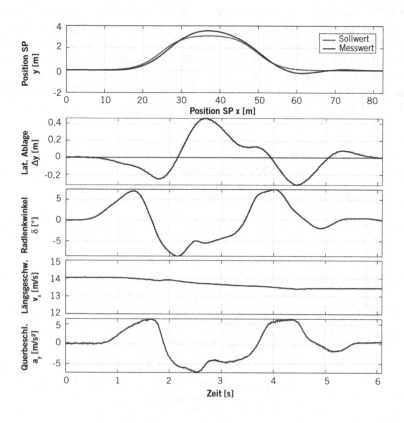

Literaturhinweise

[1] N.N.: Galileo above (Anwendungszentrum für bodengebundenen Verkehr), Internetpräsenz http://www.galileoabove.de, 2012

[2] N.N.: automotiveGATE (Galileo-Test- und Entwicklungsumgebung im Bereich Automotive). Internetpräsenz http://www.automotive-gate.de, 2012

[3] Titterton, D. H.; Weston, J. L.: Strapdown inertial navigation technology. London: Peter Peregrinus Ltd./IEE, 1997

[4] Wendel, J.: Integrierte Navigationssysteme. München: Oldenburger Wissenschaftsverlag GmbH, 2007

[5] Parkinson, B. W.; Spilker Jr., J. J.: Global Positioning System: Theory and Applications, Volume I/II. Progress in Astronautics and Aeronautics, Volume 163/164: Cambridge: American Institute of Aeronautics and Astronautics, 1996

[6] Katriniok, A.; Maschuw, J.; Abel, D.; Christen, F.; Eckstein, L.: Uncertainty Aware Sensor Fusion for a GNSS-based Collision Avoidance System. Portland: ION GNSS 2011, 2011

[7] Christen, F.; Ewald, C.; Eckstein, L.; Abel, D.; Katriniok, A.; Duysinx, P.: Traffic Situation Assessment and Intervention Strategy of a Collision Avoidance System based on Galileo Satellite Positioning. SAE Technical Paper 2012-01-0280, 2012, doi:10.4271/2012-01-0280

[8] Dahmen, W.; Reusken, A.: Numerik für Ingenieure und Naturwissenschaftler. Berlin: Springer-Verlag GmbH, 2006

[9] Ericson, C.: Real-Time Collision Detection. San Francisco: Morgan Kaufmann Publishers, 2004

[10] Ewald, C.: Entwicklung von Algorithmen für ein Kollisionsvermeidungssystem im Pkw. Aachen: Institut für Kraftfahrzeuge der RWTH Aachen University, Diplomarbeit, 2011

[11] N.N.: Aldenhoven Testing Center, Internetpräsenz http://www.atc.rwth-aachen.de, 2012

„Keine unüberwindbaren Hürden beim automatisierten Fahren"

INTERVIEW VON MARKUS SCHÖTTLE MIT RALF G. HERRTWICH

Prof. Dr. Ralf G. Herrtwich ist Leiter der Vorentwicklung von Fahrerassistenz- und Fahrwerksystemen bei der Daimler AG. Im Gespräch mit ATZelektronik nimmt er zu den anstehenden rechtlichen Maßnahmen Stellung, die den Weg zum vollautomatisierten Fahren ebnen müssen.

Ralf G. Herrtwich arbeitet seit 1998 in der Konzernforschung und Vorentwicklung der Daimler AG. Nach zehn Jahren als Leiter des Centers Infotainment und Telematik, ist er nun für den Bereich Fahrerassistenz- und Fahrwerksysteme und in dieser Funktion für künftige Sicherheits- und Komfortinnovationen bei Mercedes-Benz verantwortlich.

Von der Ausbildung her Diplom-Informatiker, begann Herrtwich seine Laufbahn zunächst im akademischen Bereich an der TU Berlin und der UC Berkeley. Er hatte dann leitende Positionen bei IBM und mehreren Telekommunikationsfirmen inne, bevor er zu Daimler kam. Seit 2009 ist er außerdem Honorarprofessor für Fahrzeuginformationstechnik an der TU Berlin.

Ralf G. Herrtwich

ATZelektronik _ Mit etwas Skepsis verfolge ich die sehr rege, fast überschwängliche Diskussion über automatisiertes Fahren. Denn die Gesetzgebungen und Verkehrsregeln, die dafür notwendig sind, lassen schon sehr lange auf sich warten. Bewegt sich auf diesen Ebenen überhaupt etwas?

Herrtwich _ Wie schnell das gehen kann, zeigen die Gesetzesinitiativen im US-Bundesstaat Nevada, auch mit einem gewissen Einfluss von Google. Hier hat die lokale Politik pragmatisch einige rechtliche Grundlagen geschaffen: Auf öffentlichen Straßen sind Erprobungsfahrten mit teil- und hochautomatisiert fahrenden Autos erlaubt. An dem Verhaltensrecht wird dort intensiv gearbeitet.

Erwarten Sie einen Schneeballeffekt für Europa und Asien?
Ja, sowie heute in den USA. Florida und Kalifornien ziehen nach, und längst ist es zur nationalen Aufgabe geworden, die Rahmenbedingungen zu schaffen. Andere Regionen der Erde wachen auf und schauen nach Nordamerika, auch die Chinesen nehmen sich der Sache an. Hier ist viel ins Rollen gekommen.

Europa wird ausgebremst von dem Wiener Abkommen, das dem Fahrer die ständige Kontrolle über das Fahrzeug befiehlt.

Die Amerikaner haben das Genfer Abkommen unterschrieben, und das war die 49. Fassung der verkehrsrechtlichen Völkerkonvention. Da steht das Gleiche drin wie im Wiener Abkommen. Unsere Arbeitsgruppen in Europa arbeiten sehr intensiv daran, eine Novellierung zu erwirken. Und ich habe keinen Zweifel, dass wir sukzessive zu den Rahmenbedingungen kommen.

„Wir fahren bereits teilautomatisiert, in der neuen S-Klasse", kündigt Herrtwich an

Dennoch eilt die Technik der Gesetzgebung voraus. Und Fahrerassistenz entwickelt sich mehr denn je zum Differenzierungsmerkmal und Symbol für den Fortschritt im Automobil.

Gesetze passen sich den Möglichkeiten der Technik an. Ein einprägsames Beispiel aus den frühen Zeiten des Automobils kommt aus den U.S.A.. Auf der Insel Nantucket im Bundestaat Massachusetts mussten Fuhrwerke jedweder Art von mindestens einem Pferd gezogen werden. So wurden die Autos im Schlepptau bis zur Fähre gebracht und konnten erst auf dem Festland mit Motorkraft und ohne Pferd weiterfahren. Das Gesetz wurde abgeschafft, weil es überholt war. Und so wird es auch in Richtung des automatisierten Fahrens passieren. Schritt für Schritt. Ebenso entwickelt sich der Markt.

Welche Phasen kennzeichnen den Weg?

Die Bundesanstalt für Straßenwesen, kurz BASt, hat eine gute Klassifizierung beziehungsweise Abstufung vorgenommen und zeichnet damit auch einen gangbaren Weg für die folgenden gesetzgeberischen Maßnahmen auf. Wir unterscheiden nicht-automatisiert fahrende Autos von teilautomatisiert, hoch- und später vollautomatisiert fahrenden. Diese Abstufungen korrespondieren mit der jeweils technischen Leistungsfähig-

keit der Funktionen einerseits und andererseits dem heute schon spürbaren sukzessiven Vertrauensgewinn des Fahrers, der sich für die Fahrerassistenzsysteme zunehmend mehr interessiert. Auch in der Gesellschaft öffnet man sich diesen Themen, die noch vor wenigen Jahren skeptisch betrachtet wurden.

„Ich habe keinen Zweifel, dass das Wiener Abkommen novelliert wird."

Nicht zuletzt müssen Ihre Ingenieure ja auch Vertrauen finden.

Sicher, ich nenne es mal Erfahrung sammeln und austesten.

Jüngst durfte ich an einer Erprobungsfahrt teilnehmen, mit einem hochautomatisiert fahrenden Prototypen auf der A8. Die Fahrt zur Autobahn musste nicht-automatisiert gefahren werden. Nähert man sich so auch jeweils weiteren Abstufungen, also der Einteilung in Zonen und Situationen, wo automatisiertes Fahren mal erlaubt ist und mal nicht?

Ja. Wir unterscheiden verschiedene Schwierigkeitsgrade bei Fahrsituationen oder Straßenklassen und sammeln Erfahrungen. Es wäre ja grotesk, wenn wir warten würden, bis wir den Schalter zum automatisierten Fahren abrupt umlegen. Das würde zum Technologiestau führen. Die schrittweisen Erfahrungen, die wir beispielsweise mit dem Notbremsassistenten gemacht haben, veranschaulichen den, ich nenne es mal feingranularen Weg. Vorher haben wir auf die Bestätigung des Fahrers gewartet, um die Bremsung einzuleiten.

Und heute?
Heute ist die Sensorik so robust, dass Notbremsungen auch ohne die Fahrerbestätigung ausgelöst werden dürfen. So können Sie sich die nächste Evolutionsstufe vorstellen, beispielsweise den Stop-and-go-Assistenten in der neuen S-Klasse, der bereits zum teilautomatisierten Fahren zählt. Der Fahrer hat hier weiterhin die Kontrolle über das Fahrzeug. Wenn man diese wie andere Systeme dann über einen repräsentativen Zeitraum erprobt hat und die Funktionen vom Fahrer ohne Probleme in vollem Umfang angenommen worden sind, können wir uns an die nächste Stufe wagen ...

„Das Vorpreschen der Gesetzgeber in den USA hilft uns beim Anforderungsprofil für automatisiertes Fahren", meint Herrtwich

... an die Schwelle zum hochautomatisierten Fahren. Wann ist der Gesetzgeber soweit?
Es ist immer schwierig, am Anfang eines Prozesses zeitliche Aussagen zu treffen. Ich denke, dass 2020 eine realistische Perspektive darstellt, was die völkerrechtliche Entscheidungsgrundlage betrifft. Das schließt Schnellschüsse wie in Nevada aus.

Helfen solche Schnellschüsse nicht auch bei der Formulierung der Gesetzestexte und Verhaltensregeln?
Ja. Die Amerikaner warten nicht einfach, bis ein Jurist einen Prozess anstrengt und die Sachverhalte klärt, sondern sie definieren im Vorhinein, was es denn braucht, um ein autonom fahrendes Auto zu betreiben. Somit kommen alle Beteiligten aus einer Art Grauzone, in der wir uns heute noch befinden.

Die S-Klasse fährt bereits teilautomatisiert. Wie schaffen Sie das technisch?

> „Ich teile die Skepsis bei Produkthaftungsfragen nicht"

In erster Linie mit der erstmals zum Einsatz kommenden Stereokamera, die die Monokamera ablöst. Wir haben in diesem Zusammenhang die Längs- um die Querführung des Fahrzeugs ergänzt. Zwei Sensoren erfassen unabhängig voneinander das Umfeld. Die Daten werden fusioniert, und so erhalten wir eine wesentlich höhere Zuverlässigkeit in der Umfelderfassung, was die Grundlage für weitere Assistenzfunktionen schafft.

Welche weiteren Assistenzsysteme folgen?
Beispielsweise der Kreuzungsassistent. Die Stereokamera ermöglicht uns, dass wir Querbewegungen vor dem Fahrzeug sehr schnell sensieren können. Wir haben

eine eigene Technik entwickelt, 6D-Vision: 3D für die räumliche Erfassung, weitere 3D für die Bewegungen im Raum.

Wenn es mit dem hochautomatisierten Fahren erst später klappt, bleibt zumindest für heute das Unfallfreie Fahren.
Das sind unsere zwei Hauptziele, die wir mit diesen Fahrerassistenzsystemen verfolgen. Meine Zuversicht ist ungebrochen, dass wir Erfolge in Richtung des hochautomatisiert fahrenden Autos erzielen werden.

Welche Funktionen würden Sie heute schon im Fahrzeug freischalten, wenn es der Gesetzgeber erlauben würde?
Heutige Restriktion verlangen zum Beispiel, dass der Fahrer durch Betätigen des Lenkrads signalisieren muss, dass er das Fahrgeschehen überwacht. Wir können uns vorstellen, dass er dies über einen längeren Zeitraum nicht unbedingt machen muss. Die Fahreraufmerksamkeit sollten wir auch über eine Kamera feststellen können.

Selbst Fachleute zeigen Skepsis, wenn es um die Produkthaftung geht.
Wenn wir ein System in den Markt bringen, werden wir uns auch mit den Haftungsrisiken auseinandergesetzt haben – und die Einführung natürlich nur dann vornehmen, wenn wir das auch verantworten können. Daimler würde an dem Thema nicht arbeiten, wenn wir in dieser Beziehung unüberwindbare Schwierigkeiten sehen würden.

Herr Herrtwich, ich bedanke mich für das interessante Gespräch.

Teil 2

Car-IT

Inhaltsverzeichnis

Echtzeitfähige Car-to-X-Kommunikationsabsicherung und E/E-Architekturintegration

Dr. Ing. Benjamin Glas | Dr.-Ing. Oliver Sander | Prof. Dr.-Ing. Klaus D. Müller-Glaser | Prof. Dr.-Ing. Jürgen Becker

Der Austausch von Echtzeitinformationen über Verkehrs- und Straßenzustände, Informationen über Position und Bewegung von Verkehrsteilnehmern sowie kritische Verkehrssituationen vermittelt einzelnen Fahrzeugen ein detailliertes Bild von ihrer Umgebung über den Sichthorizont hinaus. Dies ermöglicht die Verbesserung der Verkehrssicherheit durch eine wesentlich präzisere und schnellere Unterstützung des Fahrers und kann dank Informationen über Verkehrsdichte und -ströme die Verkehrseffizienz erhöhen. Mit diesem Beitrag will das Karlsruher Institut für Technologie (KIT) zeigen, wie zukünftige Car-2-X-Kommunikation im Fahrzeug umzusetzen und in der E/E-Architektur und internen Kommunikation des Fahrzeugs zu verankern ist.

Einleitung

Zu den grundlegenden Innovationstreibern der Automobilindustrie der letzten Jahrzehnte gehört die Erhöhung der Verkehrssicherheit. Einen wesentlichen nächsten Beitrag zu diesem Ziel liefert die Verwendung von direkter Kommunikation zwischen Fahrzeugen und auch zu erweiterter Infrastruktur – zusammengefasst unter dem Kürzel C2X(Car-to-X)-Kommunikation.

Umfangreiche Forschungsarbeiten und zahlreiche nationale und internationale Projekte und Konsortien zur Untersuchung, Erprobung [1], Harmonisierung [2, 3] sowie die Standardisierung [4, 5] haben das Feld zu einem Kenntnis- und Abstimmungsstand geführt, der eine Einführung erster Systeme und Funktionen im laufenden Jahrzehnt möglich, ja wahrscheinlich macht.

Die Größe und Komplexität des entstehenden Kommunikationssystems, die notwendige umfassende Interoperabilität zwischen den Teilnehmern und damit den verschiedenen Fahrzeugherstellern, Zulieferern, Systembetreibern und Dienstanbietern, aber vor allem spezielle Anforderungen stellen die Realisierung jedoch vor große Herausforderungen. Die Echtzeitfähigkeit des Systems in Kommunikation und Verarbeitung ist grundlegend für dessen Leistungsfähigkeit in kritischen Situationen. Gleichzeitig müssen die übermittelten Informationen authentisch, integer und vertrauenswürdig sein. Weiter können schon in alltäglichen Verkehrssituationen, etwa an vielbefahrenen Kreuzungen, sehr große Nachrichtenaufkommen entstehen. Aktuelle Schätzungen des Nachrichtenaufkommens gehen von einigen Hundert [6] bis zu mehreren Tausend [7] Nachrichten pro Sekunde aus, die empfangen und verarbeitet werden müssen [8–10]. Arbeiten im Bereich der möglichen Anwendungen und Protokolle, auch der Architektur des Gesamtsystems, sind sehr umfangreich und fortgeschritten, doch speziell im Bereich der Realisierung auf verfügbarer Hardware und der Integration in das lokale Gesamtsystem Fahrzeug befinden sich interessante offene Fragestellungen und Herausforderungen. So sieht etwa die aktuelle C2X-Architektur [11–13] zur Absicherung der direkten Kommunikation zwischen Fahrzeugen die Verwendung digitaler Signaturen für jede einzelne Nachricht vor. Die dadurch nötige mathematisch aufwendige Signaturverarbeitung macht eine Rechenleistung notwendig, die auf den momentan in der Automobilindustrie verwendeten Plattformen nicht verfügbar ist [8].

Gleichzeitig muss die neue Kommunikation zwischen den Fahrzeugen in die fahrzeuginterne Kommunikationsstruktur eingefügt werden. Auf der einen Seite ist ein schneller und reibungsloser Informationsaustausch zu gewährleisten, auf der anderen Seite muss das sicherheitskritische, meist zeitgesteuerte Echtzeit-Kommunikationssystem im Fahrzeug vor störenden Einflüssen geschützt und die darüber kommunizierenden Systeme gegen Beeinflussung und Manipulation über die entstehende Schnittstelle abgesichert werden.

Im Folgenden wird ein Systemansatz basierend auf rekonfigurierbarer Hardware, speziell Field-programmable gate arrays (FPGAs), vorgestellt, der Lösungen für die Realisierung und Integration bietet. Nach der Vorstellung der Gesamtarchitektur mit ihren wesentlichen Eigenschaften wird exemplarisch für das Gesamtsystem die Signaturverarbeitung detaillierter ausgeführt. In der abschließenden Diskussion wird die aktuelle prototypische Implementierung im Hinblick auf verfügbare Zielarchitekturen betrachtet.

Ein modulares C2X-Kommunikationssystem

C2X-Kommunikationsmechanismen

Die aktuelle C2X-Architektur [12, 13] sieht für die Kommunikation im Wesentlichen zwei Nachrichtentypen vor: Cooperative Awareness Messages (CAM) und Decentralized Environmental Notification Messages (DENM). CAMs sind Statusnachrichten und werden von jedem Teilnehmer regelmäßig gesendet (verbreitete Annahme: 10 Hz). Sie enthalten grundlegende Informationen über den Sender wie Typ, Ort, Geschwindigkeit und Status von Fahrtrichtungsanzeigern, Scheibenwischern und Bremslichtern. Die empfangenen CAMs setzen ein Fahrzeug in die Lage, ein aktuelles Bild der Umgebung inklusive der anderen Verkehrsteilnehmer in Form einer Local Dynamic Map (LDM) zu erzeugen. Im Gegensatz dazu werden DENMs dazu verwendet, gezielt auf kritische Verkehrssituationen wie bereits geschehene Unfälle und Gefahrenstellen wie etwa glatte Straßen oder Verkehrsstauungen aufmerksam zu machen. Anders als für CAMs ist für DENMs auch eine Weiterleitung innerhalb des C2X-Netzes vorgesehen, um die Informationen auch entfernteren Teilnehmern zur Verfügung zu stellen.

Systemarchitektur und Einbettung

Im Fahrzeug bilden die Steuergeräte (ECUs) selbst ein kompliziertes Netzwerk aus verteilten Funktionen und Elektronik. Für die Integration der C2X-Kommunikation wurde das zentrale Gateway (CGW) – soweit vorhanden – als Verbindungspunkt gewählt. Dies minimiert die kumulierte Buslast wie auch die Übertragungslatenzen, wenn Sensor- und Aktuatordaten direkt auf die entsprechenden Bussysteme geschrieben oder von ihnen gelesen werden können. Unter Verwendung des FPGA-basierten Gatewayansatzes, der in [14] vorgestellt wurde, kann das C2X-System effizient in das CGW integriert werden. Aus Sicht des internen Netzwerks verhält sich die C2X-Schnittstelle zusammen mit der entsprechenden Aufarbeitung der Daten wie ein komplexer Sensor oder Aktuator.

Um Durchsatz und Latenzanforderungen auch bei hohem Verkehrs- und damit Nachrichtenaufkommen von CAMs und DENMs zu erfüllen, sind in einigen Bereichen der Verarbeitung, speziell bei der Signaturüberprüfung, hohe Rechenleistungen notwendig. Um hier zielgerichtet Hardwareunterstützung einsetzen zu können, schlagen wir ein modulares System vor. Ziel ist, die Gesamtapplikation in unabhängige Funktionsblöcke aufzuteilen. Hierzu wird die typische Verarbeitung eingehender sowie ausgehender Nachrichten in mehrere Schritte zerlegt, Bild 1. Jedes Hardware-Modul empfängt Nachrichten, verarbeitet sie und gibt sie an die entsprechende nächste Stufe weiter.

Durch die Erweiterung des CGW-Systems unterscheidet die Architektur, Bild 2, zwischen zwei Kommunikationsdomänen: Eine für die Kommunikation innerhalb des Fahrzeugs (Intra-Fzg) und eine für die Kommunikation des Fahrzeugs nach außen (Inter-Fzg). Diese Einteilung wird bereits auf Hardwareebene realisiert, um eine sichere Trennung der Domänen garantieren zu können. Die Hardware-Firewall separiert die im Wesentlichen ereignisgetriebene und unsichere Inter-Fzg-Domäne von den weitgehend zeitgesteuerten und sicherheitskritischen fahrzeuginternen Kommunikationssystemen. Die folgenden Hardware-Module, Bild 2, finden in der Inter-Fzg-Domäne Verwendung:

- Die paketbasierte On-Chip-Kommunikation (NoC) [15] ist die Basis für eine einfache Erweiterung und Modifikation des Systems, da Module ohne weitere Anpassungen anderer Kommunikationspfade hinzugefügt werden können. Zu den wesentlichen Mechanismen gehören: Broadcast/Multicast, Verkettung (Streaming), hardwaregestützte Priorisierung und garantierte Übertragungslatenzen.

■ Das Wifi-Modul ist die Schnittstelle zur drahtlosen Kommunikation. Externe C2X-Botschaften werden empfangen und als Broadcast an die anderen Module verschickt. Umgekehrt werden Nachrichten von der On-Chip-Kommunikation auf den drahtlosen Kanal versendet.

■ Das Filtermodul hat die Aufgabe, hardware-gestützt Nachrichten zu priorisieren, zu filtern und direkt auf bestimmte Situationen zu reagieren.

■ Die Aufgabe der Security Unit sind das Überprüfen von Signaturen und Zertifikaten sowie das Signieren der eigenen Nachrichten.

■ Die zentrale Informationsverarbeitung (Information Processing Module – IPM) [16] realisiert (software-basiert) die C2X-Anwendungen einschließlich der Aggregation der Daten zur LDM. Die Software-Implementierung basiert auf einer Hardware-Abstrak-

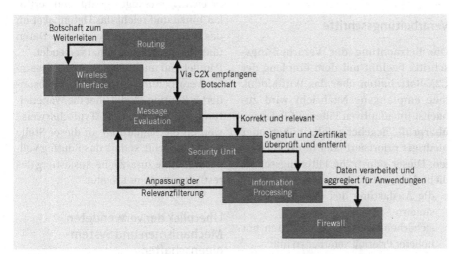

Bild 1
Typischer Verarbeitungsablauf für eingehende C2X-Nachrichten mit virtuellem Pipelining

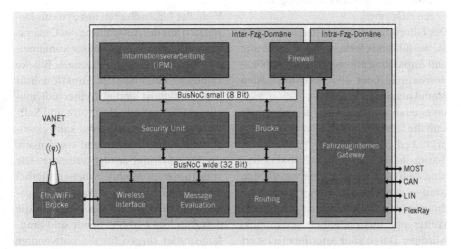

Bild 2
Schematische Darstellung des C2X-Kommunikationssystems auf dem FPGA

tionsschicht in Form eines Laufzeitsystems (RTE), ähnlich dem von Autosar [17] verwendeten.

- Das Routing-Modul übernimmt eigenständig die Aufgabe des Routings und Forwardings. Hierzu zählt auch die Verwendung unterschiedlicher Routingverfahren mit sich ändernden Umgebungsbedingungen.

- Die Hardware-Firewall ist die Schnittstelle zwischen der sicheren und unsicheren Domäne.

- Das zentrale Gateway [14] ist ebenfalls modular und kann in der Zahl der Schnittstellen angepasst und variiert werden.

Verarbeitungsschritte

Die Betrachtung der Verarbeitungsschritte beginnt mit dem Empfang der C2X-Botschaften über das Wifi-Modul. Jede empfangene Nachricht wird zunächst im adaptiven Filter auf Relevanz überprüft, gegebenenfalls höher oder niedriger priorisiert oder direkt verworfen. Dieser sehr frühe Filterungsschritt dient dazu,

- die Auslastung des Gesamtsystems steuern
- sicherheitskritische Nachrichten mit höherer Priorität verarbeiten und
- DoS-Attacken bereits frühzeitig abwehren zu können.

Der Filterungsschritt ist hierbei lediglich die ausführende Instanz. Parametrierung und Anpassung erfolgen aus der Applikationsschicht oder dem entsprechenden Modul heraus.

Im zweiten Schritt werden in der Security Unit die Signatur und das Zertifikat überprüft. Lediglich valide Nachrichten werden an die zentrale Informationsverarbeitung weitergeleitet, ungültige Nachrichten werden verworfen und eine Statusmeldung an das IPM übermittelt. Durch die Weitergabe ausschließlich vertrauenswürdiger Daten sind Angriffe erschwert

und die Anwendungsschicht kann signifikant entlastet werden.

Im letzten Schritt erfolgt die Auswertung der Daten in der zentralen Informationsverarbeitung (IPM). Die Daten werden hier aggregiert, durch die C2X-Anwendungen verarbeitet und gegebenenfalls dem Intra-Fzg-Netzwerk über die Firewall zur Verfügung gestellt.

Ausgehende Nachrichten durchlaufen die Module nahezu in umgekehrter Reihenfolge. Informationen aus dem Intra-Fzg-Netzwerk werden in der zentralen Informationsverarbeitung gesammelt, zu CAMs oder DENMs verarbeitet und schließlich an das Security-Modul weitergereicht. Dieses fügt Signatur und Zertifikat hinzu und reicht das Datenpaket an das Wifi-Modul weiter, welches die Daten über den drahtlosen Kanal versendet.

Parallel und unabhängig von der gesamten Verarbeitung entscheidet ein gesondertes Routing-Modul über die Weiterleitung von Nachrichten. Typischerweise werden die Signaturen an dieser Stelle nicht überprüft, sodass das Routing vollparallel ohne zusätzliche Auslastung des restlichen Systems arbeitet.

Überblick der verwendeten Mechanismen und Systemeigenschaften

Viele der Eigenschaften des Systems lassen sich aus der Aufspaltung der Gesamtanwendung in eigenständige voneinander unabhängige funktionale Blöcke (Module) ableiten. Die Funktionalität jedes Moduls ist hierbei in einer individuellen Mischung aus Hardware und Software realisiert. Jedes Modul kann eigenständig Pakete senden und empfangen, die Verarbeitung erfolgt autonom. Die verschiedenen Module arbeiten hierbei vollparallel. Durch die Verarbeitungskette entsteht zudem eine Pipeline, die den Durchsatz erhöht. Sende und Empfangspuffer sorgen für die notwendige

Entkopplung. Da die Verarbeitungsstufen vom Inhalt der Nachricht abhängen können, sind im System verschiedene virtuelle Pipelines existent, die miteinander verschränkt arbeiten. Ein weiterer Aspekt ist die Hardware-Unterstützung der Priorisierung. Hierbei werden hochpriore, typischerweise sicherheitskritische Nachrichten bevorzugt übertragen und bearbeitet, sodass die Latenzzeit minimiert wird.

Der modulbasierte, funktionsgekapselte Ansatz zusammen mit der Wahl des FPGAs als Realisierungsplattform erlaubt es, sehr einfach weitere Module dem System hinzuzufügen, zu entfernen oder zu modifizieren. So wäre es zum Beispiel möglich, bei Änderung des Signaturverfahrens einfach das entsprechende Modul auszutauschen. Im Gegensatz zu einer reinen Software-Lösung ist somit auch die Hardware-Unterstützung flexibel. Ein Austausch der Module im Onlinebetrieb ist möglich und erlaubt so sogar die Adaption an sich verändernde Umwelt- und Verkehrssituationen.

Die Module sind in Ihrer Hardware/Software-Architektur jeweils spezifisch auf Ihren Zweck ausgelegt. Für die Software kommen hierbei sowohl 8-bit-Prozessorkerne für einfache Steueraufgaben als auch 32-bit-Prozessorkerne für komplexere Software-Stacks zum Einsatz. So ist der wesentliche Teil des IPM als Software realisiert, wobei für spezifische Aufgaben Hardware-Unterstützung zum Einsatz kommen kann (zum Beispiel Cordic für Koordinatentransformation). Mit anderen Worten handelt es sich bei dem hier beschriebenen Ansatz bereits um ein heterogenes, für die Anwendung optimiertes Multiprozessorsystem. Hardware-Unterstützung kommt dabei insbesondere an den Stellen zum Einsatz, bei denen eine reine Software-Implementierung nicht ausreichend ist. Das herausragende Beispiel ist die Signaturverar-

beitung, die im Folgenden detaillierter beschrieben ist.

Security Processing

C2X-Sicherheitsarchitektur

Die aktuell in den USA [12] und der EU [5] in Standardisierung befindliche C2X-Sicherheitsarchitektur sieht eine Public-Key-Infrastruktur (PKI) vor, die die Validität und Vertrauenswürdigkeit potenzieller Teilnehmer beispielsweise aufgrund zertifizierter Profile überprüft und entsprechend qualifizierten Teilnehmern Zertifikate zur Verfügung stellt. Diese Zertifikate können in der Kommunikation zwischen Fahrzeugen empfängerseitig überprüft und damit die Authentizität des Senders sichergestellt werden. Dies erfordert einerseits eine Zertifizierung und idealerweise Überprüfbarkeit von systemseitiger Eigenschaften der Knoten (siehe Trusted-Computing-Ansatz in Abschnitt Diskussion) und hohe Rechenaufwände bei Signaturerstellung und -überprüfung im laufenden Betrieb andererseits.

Bei entsprechender Zertifizierung ist knotenseitig sichergestellt, dass die Signaturschlüssel lediglich dem korrekt konfigurierten System zur Verfügung stehen und beispielsweise nicht einfach für Denial-of-Service-Angriffe auf andere Knoten verwendet werden können. Außerdem stellt das System sicher, dass kein externer Angreifer Falschinformationen in das C2X-Netzwerk einspielen kann. Die systemseitige Signaturverarbeitung wird im folgenden Abschnitt detailliert.

Signaturverarbeitung

Das Security-Modul für die Signaturverarbeitung ist als autarke Verarbeitungseinheit und als Sicherheitsschranke zwischen der Verarbeitung gesicherter und

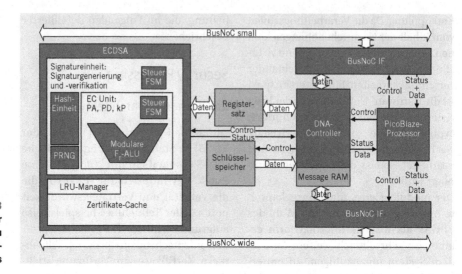

Bild 3
Schematischer
Hardware-Aufbau
des Security-
Moduls

ungesicherter Nachrichten konzipiert. Bild 3 zeigt einen Überblick.

Entsprechend der aktuellen Standardisierung des IEEE [12] wird das Verfahren Elliptic Curve Digital Signature Algo-

Bild 4
Geometrische
Darstellung der
Punktoperationen
auf einer ellipti-
schen Kurve E über
den reellen Zahlen
[26]

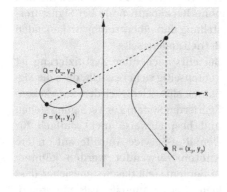

Bild 5
Algorithmus zur
Signaturverifikation
mit ECDSA

Algorithmus 1 Signaturverifikation mit ECDSA

Eingabe: Elliptische Kurve E mit Basispunkt $G \in E$, Ordnung n von G, öffentlicher Schlüssel Q, Nachricht m, Signatur (r, s), Hashfunktion H (·).
Ausgabe: Annahme (accept) oder Ablehnung (reject) der Signatur.

1: **if** ¬ (r, s ∈ [1, n − 1] ∩ N) **then**
2: **return** „reject"
3: **end if**
4: Berechne e = H (m)
5: Berechne w = s^{-1} mod n.
6: Berechne k = ew mod n und g = rw mod n.
7: Berechne X = (x_r, y_r) = kG + gQ.
8: **if** X = ∞ **then**
9: **return** „reject"
10: **end if**
11: Berechne v = x_r mod n.
12: **if** v = r **then**
13: **return** „accept"
14: **else**
15: **return** „reject"
16: **end if**

rithm (ECDSA) mit speziellen vom National Institute of Standards and Technology (NIST) definierten Kurven [18] und Schlüssellängen von 224 und 256 bit unterstützt. Die entsprechende Hardware-Einheit ist in bild 3 links dargestellt. Sie besteht neben der Modulararithmetik aus Zusatzeinheiten für Hashing (SHA-224 und SHA-256), Zufallszahlenerzeugung (Pseudo Random Number Generator – PRNG, realisiert als linear rückgekoppeltes Schieberegister) und Caching von Zertifikaten.

Das gewählte ECDSA-Verfahren [12, 18] arbeitet auf einer speziellen mathematischen Struktur, einer sogenannten elliptischen Kurve E, die über einem endlichen Körper K = GF(p) von Primzahlordnung p >> 3 definiert ist. Die Menge der Punkte von E bilden zusammen mit einem Punkt im Unendlichen O und einer darauf definierten Punktaddition eine abelsche Gruppe, welche die arithmetische Grundlage für die Signaturberechnung darstellt. Eine graphische Darstellung der Gruppenoperation zeigt Bild 4. Der Algorithmus zur Signaturüberprüfung ist dargestellt inBild 5.

Die Signaturüberprüfung enthält als zentrale Operation,Bild 5, Schritt 7 eine dop-

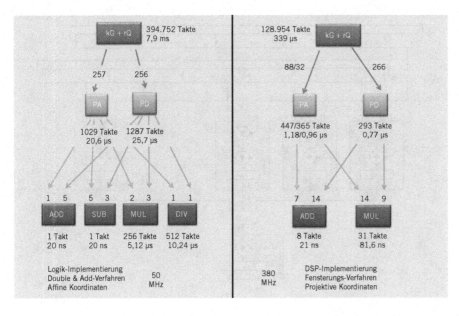

Bild 6
Berechnungsbaum
für skalare Multi-
plikation für die
Referenzim-
plementierung
(links) und die
optimierte Imple-
mentierung (rechts)

pelte skalare Multiplikation kG + rQ mit Skalaren k, g und Punkten G, Q auf E. Die Berechnung von kG + rQ erfordert bei einer Schlüssellänge von 256 bit 99,8 % des Gesamtaufwands [8] und wurde daher besonders optimiert. Die skalare Multiplikation stellt die oberste Abstraktionsebene dar, die konkrete Berechnung erfordert jedoch eine Vielzahl von Einzelschritten. Eine intuitive direkte Aufteilung ist in Bild 6, links, graphisch dargestellt.

Die skalare Multiplikation wird zunächst aus den Grundoperationen auf E, der Punktaddition (PA) und der Punktverdopplung (PD) nach dem Double-&-Add-Verfahren zusammengesetzt. Diese wiederum werden dann auf die direkt berechenbaren Operationen auf dem zugrundeliegenden endlichen Körper GF(p) heruntergebrochen. Die hier links genannten Zahlen entsprechen einer Referenzimplementierung auf der gewählten Ziel-Hardware, einem Xilinx-Virtex-5 (XC5VLX110T) und entsprechen einem Durchsatz von 110 Signaturen pro Sekunde, sie liegen also weit unterhalb der Anforderungen. Die Hardware-Imple-

mentierung ist daher in mehreren Schritten optimiert worden.

Als erster Optimierungsschritt wurde statt der üblichen affinen Darstellung der Punkte auf E eine projektive Darstellung in sogenannten Chudnovsky-Koordinaten [19] gewählt. Dies ermöglicht den Verzicht auf die sehr aufwendige Division/ Inversion auf GF(p). Die performante Implementierung der verbleibenden Operationen Addition und Multiplikation auf GF(p) – das bedeutet Berechnung modulo p – basiert auf der gezielten Verwendung von DSP-Blöcken, die auf dem FPGA in Hardware vorhanden sind, ursprünglich angewandt von Güneysu et al. [20]. Die Multiplikation wird dabei in 15 DSP-Blöcken parallel zunächst vollständig auf den beiden 256-bit-Operanden ausgeführt, Bild 7, und die einzelnen Teilergebnisse dann zu einem 512-bit-Zwischenergebnis geshiftet und addiert.

Dieses Zwischenergebnis wird in einem nachgeschalteten Schritt wieder modulo p reduziert, Bild 8 zeigt die Reduktionslogik aus wiederum sechs DSP-Blöcken parallel mit wahlfreiem Zugriff auf das 512-bit-Eingangsregister und

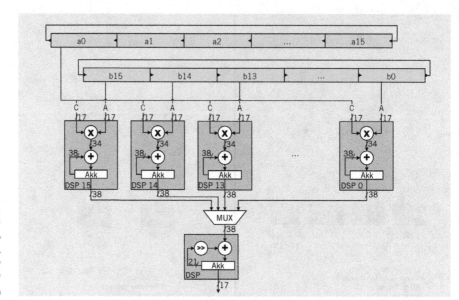

Bild 7
Paralleler 256 × 256-bit-Multiplizierer mit 17 DSPs, Laufzeit 37 Takte

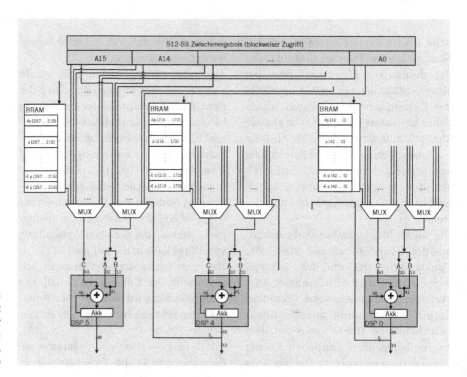

Bild 8
Reduktionsschritt modulo p für Bitlänge (p) von 256 bit mit 6 DSPs, Laufzeit 23 Takte

vorberechnete Korrektursummanden in BlockRAMs. Hierbei wird ein speziell auf die verwendeten Körper zugeschnittenes Verfahren verwendet, das die Eigenschaften der Moduli p als generalisierte Mersenne-Zahlen verwendet [21]. Beide Schritte sind vollständig in Hardware implementiert und werden in einer Pipeline verschachtelt ausgeführt.

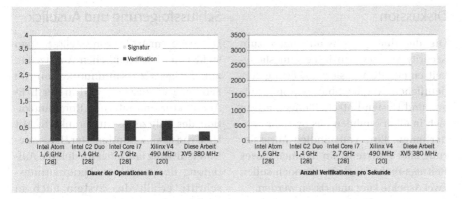

Bild 9
Leistungsvergleich der Signatureinheit mit anderen aktuellen Implementierungen

Durch Verwendung der DSPs wird dabei eine Taktfrequenz von etwa 380 MHz auf dem FPGA erreicht. In Verbindung mit der projektiven Darstellung kann der Durchsatz auf etwa 2240 Signaturüberprüfungen pro Sekunde (Faktor 20,3) gesteigert werden. Weitere Optimierungsschritte wie die Verwendung eines Fensterungsverfahrens für die skalare Multiplikation und eine geschickte Aufteilung in Vorberechnung und On-Demand-Berechnung ermöglichen eine Steigerung des Durchsatzes auf 2925 Verifikationen pro Sekunde, die die Anforderungen erfüllt und die nach aktuellem Stand der Literatur die leistungsfähigste verfügbare Implementierung darstellt. Eine vergleichende Darstellung zeigt Bild 9. Die optimierte algorithmische Zerlegung zeigt Bild 6 (rechts), der resultierende Aufbau der modularen ALU ist dargestellt in Bild 10.

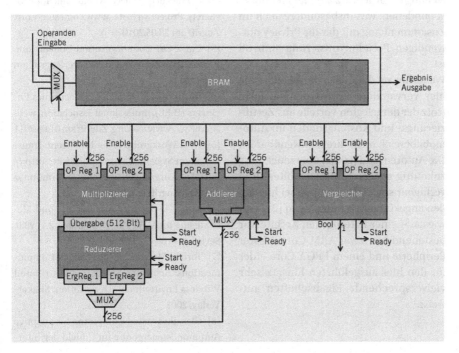

Bild 10
Schematische Darstellung der Modularen ALU

Diskussion

Die detaillierten Ausführungen zum Security-Modul sollen die Leistungsfähigkeit einer FPGA-basierten Lösung verdeutlichen. Vergleichbare Optimierungen und Design-Entscheidungen lassen sich in allen Modulen des Systems wiederfinden. Eine vollständige Adressierung aller Punkte ist im Rahmen dieses Beitrags nicht möglich, dennoch sollen zwei Aspekte kurz angerissen werden.

So beruht das Vertrauen zu den signierten und zertifizierten Nachrichten darauf, dass die Kommunikationseinheit in ihrem aktuellen Zustand als vertrauenswürdig eingestuft wird. Dies kann ein „Trusted-Computing-Ansatz" [22] leisten, der zu diesem Zweck auf rekonfigurierbare Plattformen erweitert wurde [8, 23]. So ist das System extern verifizierbar und im Betrieb ein vertrauenswürdiger Zustand jederzeit sichergestellt, andernfalls können keine Nachrichten mehr signiert werden. Es handelt sich damit um eine eigenschaftsbasierte Vertrauensbeziehung im Gegensatz zu einer identitätsgebundenen, was insbesondere auch im Zusammenhang mit der für Privacy notwendigen Pseudonymisierung sinnvoll ist.

Weiterhin sei darauf verwiesen, dass die hier verwendete Prototypenplattform trotz der dargelegten Vorteile aus Zertifizierungs- und Kostengründen im Automobilbereich nicht direkt anwendbar ist. Die Autoren sind jedoch überzeugt, dass zukünftig geeignete Basisarchitekturen verfügbar sind. Insbesondere sei hier auf den angekündigten Xilinx Zynq [24] verwiesen – einer heterogenen Architektur bestehend aus zwei ARM-Cores, fester Peripherie und einem FPGA-Core – der für den hier ausgeführten Einsatz sehr vielversprechende Eigenschaften aufweist.

Schlussfolgerung und Ausblick

Das in diesem Artikel vorgestellte System stellt einen ganzheitlichen Ansatz dar, zukünftige C2X-Kommunikation im Fahrzeug umzusetzen und in der E/E-Architektur und internen Kommunikation des Fahrzeugs zu verankern. Mit Hilfe von flexibler, optimierter Hardware-Unterstützung und einer modularen Aufteilung der einzelnen Verarbeitungsschritte erfüllt das System auch in Hochlastsituationen die Vorgaben an Durchsatz und Latenzen auf marktverfügbarer Hardware. Die Funktionalität und Leistungsfähigkeit konnte anhand einer prototypischen Implementierung und Integration in ein Forschungsfahrzeug in einer simulierten C2X-Umgebung nachgewiesen werden [25, 26].

Literaturhinweise

[1] simTD. Sichere Intelligente Mobilität: Testfeld Deutschland. Project webpage, http://www.simtd.de, Zugriff 01.08.2011

[2] COMeSafety Project – Communication for eSafety. Project website. www.comesafety.org, Zugriff am 28.05.2010

[3] Car 2 Car Communication Consortium. Project website. www.car2car.org, Zugriff am 01.08.2011

[4] Institute of Electrical and Electronics Engineers (IEEE), professional association, website, http://www.ieee.org, Zugriff am 01.08.2011

[5] ETSI Workgroup ITS – Intelligent Transportation System. Subgroup website. http://portal.etsi.org/portal/server.pt/community/ITS/317, Zugriff am 01.08.2011

[6] Kung, A.: Security Architecture and Mechanism for V2V/V2I. Deliverable 2.1, v3.0, Sevecom Project, 2008

[7] Torrent Moreno, M.: Inter-vehicle Communications: Achieving Safety in a Distributed Wireless Environment. Dissertation, Shaker-Verlag, 2007

[8] Glas, B.: Trusted Computing für adaptive Automobilsteuergeräte im Umfeld der Inter-

Fahrzeug-Kommunikation. Dissertation. KIT Scientific Publishing, 2011

[9] Papadimitratos, P.; Calandriello, G.; Hubeaux, J.-P.; Lioy, A.: Impact of vehicular communications security on transportation safety. In: Infocom Workshops 2008, IEEE, pages 1–6, 2008

[10] Xu, Q.; Mak, T.; Ko, J.; Sengupta, R.: Vehicle-to-Vehicle safety messaging in DSRC. In: Proceedings of the 1st ACM International Workshop on Vehicular Ad Hoc Networks, 2004

[11] Kroh, R.; Kung, A.; Kargl, F.: Vanets Security Requirements Final Version. Deliverable 1.1, v2.0, Sevecom Project, 2006

[12] IEEE. 1609.2: Trial-Use Standard for Wireless Access in Vehicular Environments (Wave) – Security Services for Applications and Management Messages. Standard, IEEE Vehicular Technology Society, ITS Committee, 2006

[13] COMeSafety Project. European ITS Communication Architecture – Overall Framework, 2008. Version 3.0 www.comesafety.org, Zugriff am 30.05.2010

[14] Sander, O.: Skalierbare adaptive System-on-Chip-Architekturen für Inter-Car- und Intra-Car-Kommunikationsgateways. Karlsruher Institut für Technologie (KIT), Dissertation, 2009

[15] Sander, O.; Glas, B.; Roth, C.; Becker, J.; Müller-Glaser, K.: Priority-based packet communication on a bus-shaped structure for FPGA systems. In: Design Automation and Test in Europe (Date), 2009

[16] Sander, O.; Glas, B.; Roth, C.; Becker, J.; Müller-Glaser, K.: Real Time Information Processing for Car-to-Car Communication Applications. In EAEC 2009 – the 12th European Automotive Congress, Bratislava, 2009

[17] Automotive Open System Architecture (Autosar) Development Partnership: website, http://www.autosar.org

[18] NIST. Recommended elliptic curves for federal government use. Technical report, National Institute of Standards and Technology, U. S. Department of Commerce, 1999

[19] Hankerson, D.; Menezes, A.; Vanstone, S.: Guide to Elliptic Curve Cryptography. Springer-Verlag, New York, 2004

[20] Güneysu, T.; Paar, C.: Ultra High Performance ECC over NIST Primes on Commercial FPGAs. In: Cryptographic Hardware in Embedded Systems (CHES), pages 62–78, 2008

[21] Solinas, J.: Efficient Implementation of Koblitz Curves and Generalized Mersenne Arithmetic. In: ECC '99: The 3rd Workshop on Elliptic Curve Cryptography, University of Waterloo, Waterloo, Ontario, Canada, 1999

[22] TCG. TPM Main Specification v1.2. Trusted Computing Group Incorporated, 2007, http://www.trustedcomputinggroup.org/home

[23] Glas, B.; Klimm, A.; Sander, O.; Müller-Glaser, K.; Becker, J.: A System Architecture for Reconfigurable Trusted Platforms. In Design Automation and Test in Europe (Date), 2008

[24] Xilinx, ZYNQ-7000 EPP Product Brief, http://www.xilinx.com/zynq, Zugriff 02.08. 2011

[25] Sander, O.; Glas, B.; Roth, C.; Becker, J.; Müller-Glaser, K.: Testing of an FPGA Based C2X Communication Prototype with a Model Based Traffic Generation. In: 20th IEEE/IFIP International Symposium on Rapid System Prototyping (RSP), pages 68–71, 2009

[26] Sander, O.; Düser, T.; Roth, C.; Glas, B.; Seifermann, A.; Albers, A.; Becker, J.; Müller-Glaser, K.; Henning, J.: Car2X-in-the-Loop – Entwicklungsumgebung für Fahrzeuge, Steuergeräte und Kommunikationssysteme im Kontext zukünftiger Mobilitätskonzepte. In: 26. VDI/VW-Gemeinschaftstagung Fahrerassistenz und Integrierte Sicherheit. VDI-Wissensforum, Verein Deutscher Ingenieure (VDI), 2010

[27] Johnson, D.; Menezes, A.; Vanstone, S.: The Elliptic Curve Digital Signature Algorithm (ECDSA). International Journal on Information Security (IJIS), 1:36 – 63, 2001

[28] eBACS: „Ecrypt Benchmarking of Cryptographic Systems", 2010, http://bench.cr.yp.to/ebats.html

Ladetechnik und IT für Elektrofahrzeuge

Knut Hechtfischer | Dr. Norbert Zisky | Markus Hauser | Dirk Grossmann

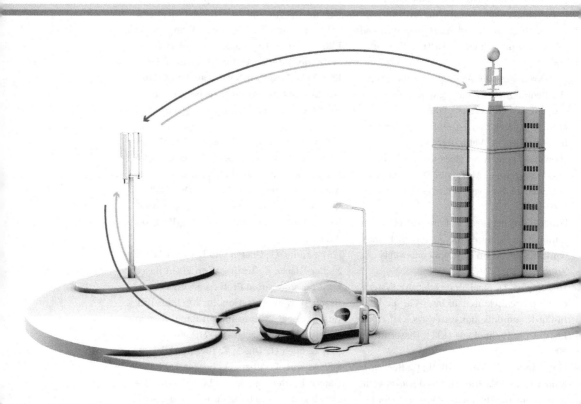

Solange die Ladesäulen-Infrastruktur für Elektrofahrzeuge nicht repräsentativ aufgebaut ist, scheitert Elektromobilität: Diese öffentliche Meinung verfestigt sich seit Jahrzehnten. Ein Irrtum, denn mit intelligenter Lade- und Kommunikationstechnik an Bord eines jeden E-Autos lässt sich der künstlich konstruierte Engpass unkonventionell, preiswert und mit der gewünschten Breitenwirkung lösen. Wie dies im Auto standardisiert, sicher und anwendbar funktionieren kann, stellt Ubitricity mit Partnerfirmen vor, allen voran Gigatronik und Vector sowie der Physikalisch-Technischen Bundesanstalt.

Projekt und Projektpartner

In dem vom Bundeswirtschaftsministerium geförderten Projekt „On-Board Metering" entwickelt Ubitricity mit seinen Partnern ITF-EDV Fröschl GmbH, Voltaris GmbH sowie der Physikalisch-Technischen Bundesanstalt in Berlin ein mobiles Mess- und Abrechnungssystem für Tankstrom. Über die geförderte Projektarbeit hinaus arbeitet Ubitricity mit Partnern aus den Bereichen Elektronik und Informationstechnologie sowie Softwareentwicklung wie der Gigatronik-Gruppe oder der Vector Informatik GmbH. Bis März 2012 wurden erste Prototypen getestet, Bild 1. Ab dem zweiten Halbjahr 2012 wird die Erprobung ausgeweitet.

Fahrzeugintegration versus stationäre Ladesäulen

Das massenhafte und flächendeckende Verschenken von Elektrizität ist kommerziell, wettbewerblich, rechtlich und auch umweltpolitisch fragwürdig. Die Installation der notwendigen Zähl- und Kommunikationstechnik an jedem Ladepunkt ist enorm aufwendig. Dabei sind nicht nur die hohen Herstellkosten von Ladesäulen, sondern auch die durch Messstellenbetrieb und -dienstleistungen verursachten laufenden Kosten zu berücksichtigen. Die flächendeckende Einführung einer Infrastruktur für E-Fahrzeuge würde so möglicherweise prohibitiv verteuert. Nicht zuletzt besteht die Gefahr, dass potenzielle Kunden durch einen Mangel an Lademöglichkeiten vom Kauf eines E-Fahrzeugs abgehalten werden. Der Markt kommt nicht in Gang. Elektromobilität kann daran scheitern. Einer der Lösungsansätze für die notwendige Breitenwirkung besteht in mobiler Zähl- und Kommunikationstechnik (Mobile Metering), zum Beispiel als On-board-Meter. Mit Mobile Metering können zusätzliche

Anschlussmöglichkeiten zu vergleichsweise geringen Kosten geschaffen werden, die bis zu Faktor 10 geringer sind. Auch der spezifische Infrastrukturaufwand (Messdatenerfassung, Kommunikation, Sicherheit) für wertvolle Aufgaben im Stromnetz lässt sich signifikant reduzieren. So werden neue Infrastrukturdienstleistungen möglich, die die zukünftige zentrale Rolle von E-Fahrzeugen nicht nur in der Mobilität, sondern auch für Energieversorgung und -verteilung berücksichtigen.

Eine zukunftsfähige Ladeinfrastruktur muss nicht nur effizient und bezahlbar sein, sondern auch einfaches und komfortables Laden in Verbindung mit sicherem, zuverlässigem und rechtlich konformem Messen und Abrechnen ermöglichen. Eine dichte Ladeinfrastruktur, die bei nahezu jeder längeren Standzeit des Fahrzeugs einen Netzanschluss erlaubt, berücksichtigt Nutzerinteressen (wie Fahrzeugverfügbarkeit, Ausgleich begrenzter Reichweite, Vermeiden großer Entladetiefe, Betrieb von Standheizung). Gleichzeitig wird so die Voraussetzung für Smart-Grid-Dienstleistungen zur verbesserten Integration erneuerbarer Energieerzeugung geschaffen. Das E-Fahrzeug fungiert hier als regelbarer Verbraucher.

Bild 1
Elektrifizierter Audi A2 im Forschungsprojekt

Mobile Metering

Teilnehmer- und transaktionsbezogene Messdatenerfassung erfolgt im Mobile-Metering-System mobil im Fahrzeug, auch On-Board Metering (OBM) genannt. Die bidirektionale Kommunikation zwischen E-Fahrzeug und Leitstelle (insbesondere zur Prüfung der Ladeberechtigung, der Autorisierung und Übertragung der Messdaten) wird via Mobilfunk sichergestellt. Der auch im OBM-System unverzichtbare stationäre Teil der Infrastruktur, an den die E-Fahrzeuge angeschlossen werden können, besteht aus speziellen, identifizier- und schaltbaren Steckdosen (Systemsteckdosen, SSD). Diese können überall installiert werden, wo ein Anschluss ans Stromnetz vorhanden ist – in Parkhäusern, auf der Straße, bei der Arbeit oder zuhause.

Die Grundfunktionen des OBM-Systems von On-board-Steuerungsmodul (OSM), SSD, Leitstelle bis hin zu Datenaufbereitung und -visualisierung sind bereits heute implementiert.

Funktionsweise Lade- und Kommunikationstechnik

Nach Anschluss des Ladekabels an Fahrzeug und Steckdose tauschen OSM und SSD wechselseitig Informationen aus. Vor Beginn des Ladevorgangs erfolgt eine Identifikation der an dem Ladevorgang beteiligten Systemkomponenten mit anschließender Freischaltung der SSD. Für jeden Ladevorgang werden alle Informationen erfasst, die für eine sichere Abrechnung notwendig sind. Bei fehlender Verbindung zur Leitstelle wird das Laden innerhalb bestimmter zusätzlicher Restriktionen trotzdem ermöglicht. Die Messdaten werden dann an die Leitstelle übertragen, sobald wieder eine Mobilfunk-Verbindung besteht. Von besonderer Bedeutung für dieses Infrastruktursystem ist die effiziente Verknüpfung der Funktionen des Mobile Meterings mit bereits im Fahrzeug vorhandener oder in Entwicklung befindlicher Technik.

Vorteile der Lade- und Kommunikationstechnik

Flexibilität bei der Integration der neuen Funktionen in die jeweiligen Fahrzeugarchitekturen war beim Entwurf der Systemarchitektur von besonderer Bedeutung. Es wurden daher früh die Anforderungen, wie sie aus der Norm IEC 62196 und anderen entstehen, definiert. Zur Gewährleistung der Integration der OBM-Komponenten in spätere Projektphasen bei OEMs wird die Autosar-Architektur [1] verwendet. Beim Systemdesign wurde auf eine strikte Trennung der einzelnen Funktionen in sogenannten SW-C (Softwarekomponenten) und eine einheitliche Kommunikation zwischen den Komponenten über die RTE (Run Time Environment) geachtet. Dieser Aufbau wird die spätere Verteilung der Funktionen des OBM-Systems auf bestehende Komponenten erleichtern und den Elektronik- und Integrationsmehraufwand im Fahrzeug minimieren. Für das Prototypenprojekt liefert die Vector Informatik GmbH mit den Microsar-Basis-Software-Modulen, Bild 2, eine Lösung nach dem Autosar-Standard. Autosar bietet einen abstrahierten und standardisierten Zugriff auf die Hardware, wie die unterschiedlichen Bussysteme, Transceiver, SPI, Port-Treiber und IO. Durch die Abstrahierung der Funktion von der Basissoftware mittels der RTE wird eine Steuergeräte- und Hardware-unabhängige Entwicklung der Funktionalität ermöglicht. Eine spätere Migration auf andere Fahrzeugarchitekturen ist dadurch ohne weiteren Aufwand möglich. Speziell für das OBM-System bedeutet dies, dass eine Anpas-

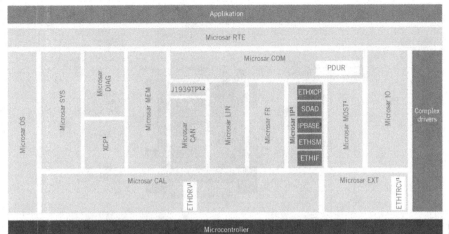

Microsar-IP-
Module

Bild 2
Das Mobile
Metering von
Ubitricity ver-
wendet für die
Powerline-Kom-
munikation mit der
Ladeinfrastruktur
die IP-Module
aus der Microsar-
Basissoftware
von Vector

sung an konkrete Serienanforderungen schnellstmöglich und mit maximalem Synergie-effekt umsetzbar ist.

Zur Vector-Lösung gehört neben der Basissoftware auch eine lückenlose Werkzeugkette. Mit dem „DaVinci Developer" werden die Autosar-Komponenten grafisch definiert und die RTE sowohl konfiguriert als auch generiert. Die konsistente Konfiguration der Microsar Basissoftware wird mit dem „DaVinci Configurator Pro" erstellt. Der „DaVinci Component Tester" ermöglicht das Testen von Autosar-Softwarekomponenten komfortabel auf dem PC.

Neben den Softwaremodulen für die CAN-Kommunikation enthält Microsar auch einen nach Autosar 4.0 spezifizierten TCP/IP-Stack (Microsar IP), um die Kommunikation über das Internet-Protokoll zu ermöglichen.

Microsar IP enthält die Module Socket, UDP, TCP, ICMP, ARP und IPv4. Die Ethernet-Schnittstelle (ETHIF) ermöglicht eine hardwareunabhängige Ansteuerung unterschiedlicher Ethernet-Treiber. Der Ethernet State Manager (ETHSM) übernimmt das Ein- und Ausschalten der Mikrocontroller und Transceiver.

Komponenten

Ein Modem im Fahrzeug dient zur Kommunikation mit der Leitstelle. Als Protokoll wird aktuell DLMS/COSEM verwendet. Es bietet die für solche Anforderungen nötigen Sicherheits- und Funktionsmechanismen, die eine sichere und vertrauenswürdige Abrechnung des Tankstroms erlauben. Als Übertragungsprotokoll wurde auf TCP/IP gesetzt.

Zur Kommunikation zwischen Fahrzeug und Ladesteckdose wird in Anlehnung an absehbare Standards auf den PHY-Standard (PowerLine HomePlug/Green) gesetzt, um eine größtmögliche Kompatibilität zu den bisherigen Konzepten für stationäre Ladesäulen zu gewährleisten. Hierfür wurde ein von Atheros entwickelter Chip-Satz integriert.

Insbesondere auch aufgrund der eichrechtlichen Anforderungen wurde besonderes Augenmerk auf den mobilen Stromzähler gelegt. Hier muss eine Möglichkeit geschaffen werden, den Zähler sowohl als alleinstehendes Modul als auch als integrierte Lösung im OSM, Bild 3, zu betreiben und dabei eine sichere und vertrauenswürdige sowie eichrechtskonforme Abrechnung zu gewährleisten.

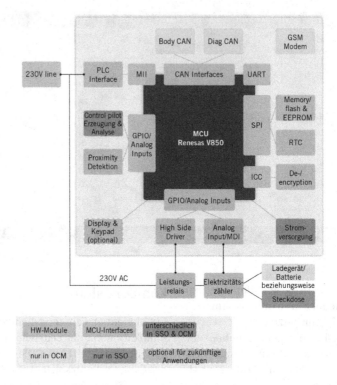

**Bild 3
Blockdiagramm
der Mobile-Mete-
ring-Hardware**

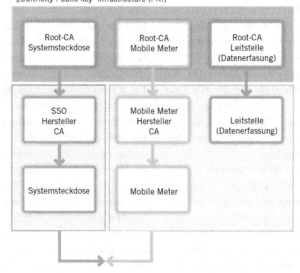

**Bild 4
Austausch von
Zertifikaten
zwischen SSD
und OSM**

Für eine erste Nachrüstung von Versuchsträgern wird dazu ein One-Box-OSM-System entwickelt, das automobilen Anforderungen gerecht wird. Hier sind das eigentliche Steuergerät, der Zähler und das Modem integriert, was den einfachen Einbau in unterschiedlichste Versuchsträger ermöglicht. Das OSM kann weitgehend „unsichtbar" für das Fahrzeug bleiben, da keine direkte Interaktion und Kommunikation mit den Fahrzeugkomponenten erforderlich ist.

Im späteren Serieneinsatz werden das OSM in die Fahrzeugarchitektur integriert und die schon vorhandenen Komponenten wie GSM-Modem oder PowerLine-Kommunikationshardware verwendet. Schon die ersten Muster werden nach Automobilstandards unter Verwendung von Automobilkomponenten entwickelt. Da für OSM und SSD zum Teil identische Hardware- und Softwarefunktionalitäten notwendig sind, wird in den frühen Projektphasen eine identische Elektronik verwendet. Der Autosar-basierte Softwareansatz mit SW-Komponenten unterstützt diese Vorgehensweise.

Sicherheit

Eichrechtlich steht die sichere und vertrauenswürdige Übertragung der abrechnungsrelevanten Messdaten im Fokus. Um die Authentizität und die Integrität der Messdaten adäquat zu gewährleisten, wurde in das OSM eine Kryptographie-Einheit integriert. Diese verwendet starke kryptographische Sicherheitsverfahren, die offen standardisiert sind. Geplant ist der Aufbau einer „Public Key Infrastructure" (PKI). Basierend auf dieser PKI, ist der Austausch aller sicherheitskritischen Daten nur nach wechselseitiger Authentifizierung möglich. Zur Authentifizierung werden fortgeschrittene elektronische Signaturen verwendet werden, die im Wesentlichen den im

SELMA-Sicherheitskonzept [2] festgelegten Signaturverfahren entsprechen.

Die SSD und das OSM sind mit hardwarebasierten Sicherheitselementen (beispielsweise Smartcards) ausgestattet. Diese bieten zuverlässigen Schutz gegen kryptographische Angriffe. Der zur Berechnung von digitalen Signaturen erforderliche Schlüssel wird auf den Chipkarten erzeugt und kartenintern in einem von außen nicht lesbaren Speicher abgelegt. Der zugehörige öffentliche Schlüssel wird ausgelesen und – mit weiteren zur jeweiligen Komponente zugeordneten Daten – in einem X.509-Zertifikat (ITU-T-Standard X.509v3) abgelegt. Dieses Zertifikat wird mit dem Zertifikat des jeweiligen Ausstellers signiert. Damit sind von den bereits zuvor genannten Komponenten signierte Daten eindeutig zuzuordnen. Die Zertifikate dienen dem Nachweis der Integrität und der Authentizität von Messdaten und der wechselseitigen Authentifizierung der Komponenten und werden auf LDAP-Servern (Lightweight Directory Access Protocol) bereitgestellt beziehungsweise in die jeweiligen Komponenten konfiguriert. Es ist vorgesehen, dass sowohl SSD als auch OSM während des Herstellungsprozesses personalisiert werden. Dazu erhält jeder Hersteller ein eigenes Schlüsselpaar mit einem von der Wurzelzertifizierungsstelle ausgestellten Zertifikat, mit dessen Hilfe jeder Komponente ein individuelles Zertifikat ausgestellt werden kann.

Zur Verifikation von signierten Daten muss das entsprechende Wurzelzertifikat statisch in der verifizierenden Komponente hinterlegt sein. Das Zertifikat der jeweiligen Komponente (SSD, OSM, Leitstelle) und gegebenenfalls das des Komponentenherstellers wird zusammen mit den zu verifizierenden Daten ausgetauscht, Bild 4. Das Datenvolumen durch den Austausch von Zertifikaten bei der Initiierung eines Ladevorgangs ist abhängig vom Format des Zertifikats.

Es kann einige Kilobyte betragen. Das Konzept gewährleistet, dass weder SSD noch OSM über einen Online-Zugriff zu einem LDAP-Server verfügen müssen und so auch ohne Netzwerkzugang authentifiziert kommunizieren können. Eine OBM-Leitstelle zum Auslesen der mobilen Zähler hat dagegen als stationäres leistungsfähiges IT-System jederzeit Zugriff auf alle OBM-Zertifikate.

Neben Messdatensätzen von Ladevorgängen werden im OBM-Umfeld unter anderem auch Parameter und Sequenzen zur Freigabe und Überwachung des Ladevorgangs signiert kommuniziert. Während der Übertragung wird zum Schutz der Vertraulichkeit der Daten gegebenenfalls auf symmetrische Verfahren zurückgegriffen. Die dafür erforderlichen Schlüssel werden dynamisch erzeugt und mittels standardisierten Algorithmen (zum Beispiel ECDH – Elliptic curve Diffie-Hellman) authentifiziert ausgetauscht.

Ausblick

Die vorgesehene bidirektionale Kommunikation zwischen Leitstelle und Fahrzeugen schafft wesentliche Voraussetzungen nicht nur für abrechnungssicheres Laden sondern auch für geregeltes Bela-den von E-Fahrzeugen (unter Berücksichtigung von Angebot und Nachfrage im Stromnetz). Dies gilt auch für Dienste, in denen der Mehrwert etwaiger Beiträge zur Netzstabilität gemessen, kommerzialisiert und über entsprechende Tarife an die Nutzer von E-Fahrzeugen weitergegeben werden kann.

Die verbesserte Netzintegration der neuen Verbraucher sowie der fluktuierenden Einspeisung erneuerbar erzeugter Energie ist wesentlich auf häufige und langandauernde Netzanschlüsse angewiesen: Die größtmögliche Nutzung von Standzeiten für den Netzanschluss minimiert nicht nur die Netzbelastung beim Beladen sondern maximiert auch das technische und wirtschaftliche Potenzial der Regelung dieses Verbrauchers im Netz. Schlichte Dosen ermöglichen smarte Connectivity, weil das Fahrzeug selbst zählt.

Literaturhinweise

[1] Autmotive Open System Architecture (Autosar), URL: http://www.autosar.org/
[2] Zisky, N. (Hrsg.) et al.: PTB-Bericht PTB-IT-12 Das SELMA-Projekt: Konzepte, Modelle, Verfahren, (2005), 454 S., ISBN 3-86509-257-8; ISSN 0942-1785, Wirtschaftsverl. NW, Verl. für neue Wissenschaft: Bremerhaven

Pretended Networking – Migrationsfähiger Teilnetzbetrieb

JÖRG SPEH | DR. MARCEL WILLE

Energieeffizienz wird heute auch von vernetzten Steuergeräten gefordert, die wegen ihrer bereits geringen Stromaufnahme bisher nicht im Fokus der Entwicklungen standen. Insbesondere im Fahrbetrieb gilt es, den Stromverbrauch immer dann zu reduzieren, wenn keine Funktionen ausgeführt werden. Neueste Techniken zeigen deutliche Stromsparpotenziale auf, sind aber überwiegend in neuen Fahrzeugplattformen effektiv nutzbar. Deswegen entwickelte VW mit Zulieferern und Partnern das Pretended Networking.

Grundidee

Neben klassischen Methoden wie Leichtbau oder c_w-Wert-Optimierung können durch das Absenken der Leistungsaufnahme elektrischer Verbraucher bei Fahrzeugen mit Verbrennungsmotor zusätzlich Kraftstoffverbrauch und CO_2-Emission reduziert und bei Elektrofahrzeugen die Reichweite vergrößert werden. Für vernetzte Steuergeräte ist neben dem Verbau eines Schaltreglers, die selektive und temporäre Abschaltung eine effiziente Technik zur Reduktion der Leistungsaufnahme im Fahr- und Ladebetrieb.

Eine besondere Herausforderung für den OEM ist die Migration dieser Technik in bereits entwickelte oder in Serie befindliche Netzwerke. Die Steuergeräte kommunizieren in heutigen Netzwerken überwiegend mit zyklischen Botschaften. Ein abgeschaltetes Steuergerät, das keine Botschaften mehr sendet, verursacht Fehler in allen Empfangssteuergeräten. Neben Fehlerspeichereinträgen werden Funktionen eingeschränkt oder nicht ausgeführt. Aus diesem Grund müssen Kommunikations- und Fehlermanagement des Netzwerks an diese neue Situation angepasst werden. Der temporäre Ausfall von zyklischen Botschaften wird nun ein normaler Kommunikationszustand. Darüber hinaus muss ein abgeschaltetes Steuergerät bei Bedarf gezielt geweckt werden können, wenn es für die Ausführung einer Funktion benötigt wird. Je nach Netzwerkauslegung steigen mit der Einführung dieser Technik Entwicklungs- und Testaufwand, oder es entstehen Inkompatibilitäten. Die Methode kann technisch wie wirtschaftlich schnell unattraktiv werden.

Im Hinblick auf die Migrationsfähigkeit (Plug-and-Play-Verbau) von Steuergeräten mit betriebsstromreduzierenden Techniken bietet Pretended Networking eine für das Netzwerk rückwirkungsfreie Technik zur temporären Abschaltung eines Steuergeräts. Der Pretended-Networking-Modus wird ohne Änderung des Kommunikationsverhaltens vom Steuergerät autonom eingenommen und bei Bedarf wieder verlassen.

Volkswagen hat in Kooperation mit der Infineon Technologie AG, Renesas Electronics Europe GmbH, Küster Automotive Door Systems GmbH und Hella KGaA Hueck & Co. CAN-Tür- und Anhängeranschlusssteuergeräte und LIN-Fensterhebersteuergeräte des Modularen Querbaukastens (MQB) mit Pretended Networking prototypisch entwickelt. Der Betriebsstrom konnte im Pretended-Networking-Modus um bis zu 70 % reduziert werden. Die Reaktionszeiten erhöhten sich um durchschnittlich 2 ms.

Für den Serieneinsatz muss auch die Basissoftware Pretended Networking unterstützen. Die dafür notwendigen Konzepte wurden seit Ende 2009 durch die Autosar-EEM-Gruppe entwickelt und stehen mit dem Autosar Release 4.1.1 Anfang 2013 für CAN zur Verfügung. Das Autosar-Konzept beinhaltet zwei Abschaltstufen, Level 1 und 2, die für unterschiedliche Anwendungsfälle zum Einsatz kommen. Level 1 ist für Steuergeräte geeignet, die in kurzen Intervallen abgeschaltet werden können und bei Bedarf schnell reagieren müssen. Level 2 ist für Steuergeräte ausgelegt, die über einen längeren Zeitraum abgeschaltet werden können und längere Reaktionszeiten erlauben. In beiden Abschaltstufen werden im Vorfeld definierte Empfangsbotschaften auf den Bedarf einer Reaktivierung des Steuergeräts ausgewertet. Die im Rahmen der Kooperationen prototypisch entwickelten Steuergeräte setzen die Abschaltstufe Level 1 um. Pretended Networking ist mit Standard-Mikrocontroller- und Transceiver-Bausteinen realisierbar.

Konzept und Umsetzung

In der Abschaltstufe Level 1 wird die Ausführung der Funktionssoftware gestoppt sowie Funktionsumfang und Ausführungszeit der Basissoftware so weit wie möglich reduziert, um die Abschaltdauer der Mikrocontroller ist in einem Energiesparmodus zu maximieren. In Autosar wurde das Konzept des Intelligent Communication Controller (ICOM) [1] eingeführt. Der ICOM kann entsprechend in Software, Bild 1 (a), mit einer den Kommunikationscontroller erweiternden Hardwarekomponente, Bild 1 (b), oder mit einer vom Kommunikationscontroller unabhängigen Hardwarekomponente ausgeführt sein, Bild 1 (c). Hauptaufgabe des ICOM ist die Auswertung vordefinierter Empfangsbotschaften auf ein Weckereignis. Bei den Ausführungsvarianten Bild 1 (b) und (c) können auch vordefinierte Botschaften zyklisch gesendet werden. Während bei Bild 1 (a) alle relevanten Empfangsbotschaften Interrupts auslösen, wird bei den anderen Ausführungsvarianten die Interruptlast im Pretended-Networking-Modus reduziert, indem die relevanten Botschaften von den ICOM-Hardwarekomponenten ausgewertet und nur bei gültigen Weckereignissen Interrupts ausgelöst werden. Die zu erzielende Betriebsstromreduktion und die zulässige, aus dem Betriebsmodusübergang resultierende, Reaktionszeitverlängerung bestimmen die Auswahl des Energiesparmodus. Übergänge zwischen mehreren verschiedenen Energiesparmodi sind möglich. Der Pretended-Networking-Modus wird bei einem Weckereignis, welches die vollständige Funktion des Steuergeräts oder eine Fehlerbehandlung anfordert, sofort verlassen. Weckereignisse sind unter anderem Fahrzeugzustandsänderungen, Signalzustandswechsel, Botschaftsausfall, Botschaftslängenfehler oder Unter- und Überspannungserkennung.

Der ICOM wertet den Botschafts-Identifier und/oder das Datum einer Empfangsbotschaft auf ein Weckereignis aus. Es können einzelne Bits oder Bitfolgen, die eine physikalische Größe beschreiben, auf gleich, ungleich, kleiner als oder größer als ausgewertet werden. Weckereignisse sind nicht nur binäre Signalzustände, wie Parkbremse geschlossen, sondern auch physikalische Größen, wie Motordrehzahl, Geschwindigkeit, Öltemperatur oder Dimmwerte für Funktions- und Suchbeleuchtung. Die Empfangsbotschaften können ergänzend auf Botschaftsausfall und/oder Verletzung der Botschaftslänge überwacht werden. Diese Eigenschaften ermöglichen es Weckereignisse direkt

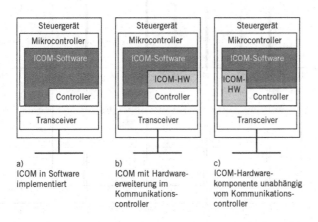

Bild 1
ICOM-
Ausführungs-
varianten

a)
ICOM in Software
implementiert

b)
ICOM mit Hardware-
erweiterung im
Kommunikations-
controller

c)
ICOM-Hardware-
komponente unabhängig
vom Kommunikations-
controller

dem Datenstrom zu entnehmen. Eine zusätzliche Instanz (zum Beispiel zentraler Weckmaster), die unterschiedliche Weckereignisse auf Wecksignale abbildet und diese an die betroffenen Steuergeräte verteilt, ist nicht erforderlich. Steuergeräte, die die vollständige Funktion eines im Pretended-Networking-Modus befindlichen Steuergeräts zur eigenen Funktionsausführung benötigen, müssen dieses nicht gezielt wecken, wenn das Ereignis, das die Funktion anfordert, im Datenstrom signalisiert wird, wie das nachfolgende Beispiel der Einparkhilfe zeigt.

Wird im Fahrbetrieb der Rückwärtsgang eingelegt, schaltet die Einparkhilfe die Abstandswarnung ein. Zur Unterdrückung des akustischen Warnsignals bei einem gesteckten Anhänger oder Fahrradträger benötigt die Einparkhilfe vom Anhängeranschluss-steuergerät (AAG) die Information, ob dieses eine Steckung erkennt. Das Ereignis „Rückwärtsgang eingelegt" wird vom Getriebesteuergerät in einer Getriebebotschaft signalisiert. Befindet sich das AAG im Pretended-Networking-Modus, muss dieses nicht von der Einparkhilfe geweckt werden. Das

AAG verlässt den Modus mit Einlegen des Rückwärtsgangs selbstständig. Das Ereignis wird vom ICOM in der Getriebebotschaft erkannt. Befindet sich auch die Einparkhilfe im Pretended-Networking-Modus, wird diese wie das AAG bei eingelegtem Rückwärtsgang geweckt.

Eine Betriebsstrategie für das Türsteuergerät (TSG) mit ICOM-Ausführung Bild 1(c) wird in Bild 2 gezeigt. Die Prozessorfrequenz (I1) im normalen Betriebsmodus ist auf rechenintensive Funktionen, wie dem automatischen Fensterlauf mit Einklemmschutz, ausgelegt. CAN-Kommunikation und Grundfunktionen sind mit kleineren Prozessorfrequenzen realisierbar. Der Mikrocontroller wechselt zum Zeitpunkt t1, beispielsweise nach Beendigung eines automatischen Fensterlaufs (I1), in einen Energiesparmodus (I3). Im Zeitraum t1 bis t9 verbleibt der Mikrocontroller in diesem Modus und hält den Sendebetrieb aufrecht. Dazu wird der Energiesparmodus temporär verlassen. Die Prozessorfrequenz wird auf den für den Sendebetrieb erforderlichen Wert eingestellt (I2). Der ICOM wertet die Empfangsbotschaften auf ein Weckereignis und auf

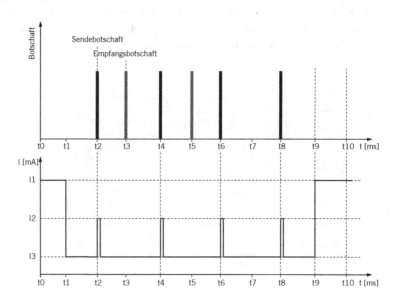

Bild 2
Betriebsstrategie Türsteuergerät mit ICOM – Ausführungsvariante Bild 1(c)

Fehler aus. Der Mikrocontroller verbleibt weiterhin im Energiesparmodus. Im gleichen Zeitraum werden, in Bild 2 nicht dargestellt, der Watchdog zyklisch zurückgesetzt, die Schalter zyklisch ausgewertet und der ICOM zyklisch überwacht. Für die Betriebsspannungsprüfung muss der Energiesparmodus nicht verlassen werden. Der A/D-Wandler ermittelt die Betriebsspannung selbstständig und löst bei Unter- oder Überspannung ein Interrupt aus. Zum Zeitpunkt t9 wechselt der Mikrocontroller aufgrund eines Weckereignisses, zum Beispiel eine Diagnoseanforderung vom Tester (ICOM erkennt steuergerätspezifischen ISO TP Identifier), in den normalen Betriebsmodus (I1).

Messergebnisse

Im TSG wurde Pretended Networking mit den ICOM-Varianten Bild 1(a) und (c), im Anhängeranschlusssteuergerät mit ICOM Bild 1(c) und im Fensterhebersteuergerät mit ICOM Bild 1(b) entwickelt. Der ICOM im Tür- und Fensterhebersteuergerät wurde von einem zweiten Mikrocontroller emuliert, der ICOM im Anhängeranschlusssteuergerät von einem FPGA. Bild 3 zeigt die Betriebsströme im Pretended-Networking-Modus für verschiedene

Energiesparmodi für TSG und AAG im Vergleich zum normalen Betriebsmodus mit Linear- und Schaltregler. Der Betriebsstrom des TSG im normalen Betriebsmodus beträgt 65 mA. Mit dem Schaltregler wird der Strom um 43 % auf 37 mA reduziert. Diese Reduktion wird mit Pretended Networking bereits mit der ICOM-Variante Bild 1(a), Energiesparmodus Idle und reduzierter Prozessorfrequenz (40 MHz (I1) auf 20 MHz (I3)) erreicht. Die Kombination beider Techniken reduziert den Betriebsstrom um 64 % auf 23 mA. Mit der ICOM-Variante Bild 1(c), Energiesparmodus „Stop Over" und reduzierter Prozessorfrequenz wird dieser Wert mit 70 % geringfügig übertroffen. Der Betriebsstrom beträgt 19 mA. Die durchschnittliche Reaktionszeitverlängerung beträgt 2 ms. Der Betriebsstrom des AAG im normalen Betriebsmodus beträgt 34 mA, im Pretended-Networking-Modus wird dieser um 56 % auf 15 mA reduziert. Der kleinstmögliche Betriebsstrom für ein CAN-Steuergerät im Pretended-Networking-Modus wurde mit 10 mA theoretisch ermittelt. Der Betriebsstrom des LIN-Fensterhebersteuergerätes im normalen Betriebsmodus beträgt 21 mA. Mit der ICOM-Variante Bild 1(b) und dem Energiesparmodus Stop Mode wird dieser um 75 % auf 6 mA reduziert. Bild 4 zeigt den

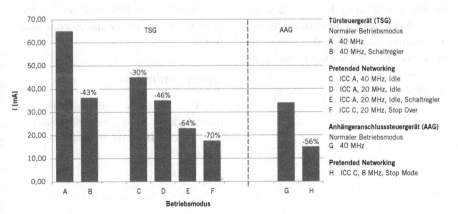

Bild 3
Gegenüberstellung Betriebsströme TSG und AAG für verschiedene Energiesparmodi

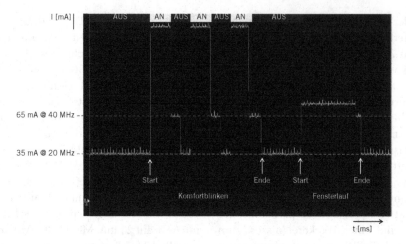

**Bild 4
Stromverlauf TSG
mit Pretended
Networking für
Komfortblinken**

Stromverlauf des TSG für Komfortblinken (drei aufeinanderfolgende Blinkzyklen) und einen manuellen Fensterlauf. Die Stromaufnahme der Blinker-LEDs ist systembedingt mit dargestellt, der des Fensterhebermotors nicht. Die Blinkfrequenz (AN- und AUS-Phasen) wird von einem binären CAN-Signal in einer zyklischen Botschaft gesteuert, welches der ICOM auswertet. Das Steuergerät wechselt zum Zeitpunkt „Start Blinken" (CAN-Signal wechselt von 0 → 1) für die Dauer der AN-Phase in den normalen Betriebsmodus. In der AUS-Phase (CAN-Signal wechselt von 1 → 0) werden die Bedingungen für den Übergang in den Pretended-Networking-Modus geprüft und in diesen gewechselt, da keine Aktion auszuführen ist. Mit Beginn der nächsten AN-Phase wird wieder in den normalen Betriebsmodus gewechselt. Für die gesamte Dauer des manuellen Fensterlaufs wird der normale Betriebsmodus eingenommen. Nach Beendigung des Laufs wird in den Pretended-Networking-Modus gewechselt, da keine Aktion auszuführen ist.

Ausblick

Steuergeräte werden zukünftig einen Bereitschaftsmodus umsetzen müssen. Werden keine Funktionen ausgeführt, ist der Betriebsstrom zu reduzieren. Hohes Stromsparpotenzial bei sehr kleinen Reaktionszeitverlängerungen, Skalierbarkeit und Migrationsfähigkeit sind Eigenschaften, die Pretended Networking als Technik für einen Bereitschaftsmodus qualifizieren. Mikrocontroller der nächsten Generation werden einen ICOM in unterschiedlichen Ausführungen unterstützen. Der gleitende Serieneinsatz von Komfort- und Fahrerassistenzsteuergeräten mit Pretended Networking Level 1 ist bei Volkswagen für 2015 in Vorbereitung. In Autosar wird derzeit an der Standardisierung von Pretended Networking für Flexray sowie der Kombination von Pretended- und Partial Networking für Flexray-Steuergeräte gearbeitet.

Literaturhinweis

[1] Wille, M.: Support of energy efficient technologies by Autosar – Partial Networking & Co. Product Day 2011, 16. November 2011, Fellbach

IT-Sicherheit in der Elektromobilität

PROF. DR.-ING. CHRISTOF PAAR | DR.-ING. MARKO WOLF | DIPL.-ING. INGO VON MAURICH

Die Zukunft der Elektromobilität wird derzeit an vielen Fronten entschieden. Doch neben der eingeschränkten Reichweite und den hohen Kosten bereitet den Entwicklern vor allem die IT-Sicherheit einer künftigen Infrastruktur große Sorgen. Die Gefahr eines Missbrauchs an einzelnen Fahrzeugen bis hin zu System-ausfällen der verbundenen Infrastruktur soll deshalb das neu gegründete Konsortium „Secure eMobility" minimieren.

Riskante Sicherheitslücke

Die Bundesregierung hat sich ehrgeizige Ziele für die Entwicklung Deutschlands zum Leitmarkt für Elektromobilität gesetzt. Die dafür notwendigen technischen Entwicklungen werden in vielen deutschen Unternehmen und Hochschulen mit Hochdruck vorangetrieben. Doch führende Experten aus Automobilherstellern, Zulieferern und Forschungseinrichtungen haben erkannt, dass bei den heutigen Entwicklungen und Feldversuchen im Bereich der Elektromobilität der Aspekt der IT-Sicherheit noch nicht ausreichend behandelt wird. Sie haben sich deshalb zu dem Konsortium „Secure eMobility (SecMobil)", zusammen gefunden, um Lösungen für das Problem zu finden. Mit der Unterstützung des Bundesministeriums für Wirtschaft und Technologie (BMWi) wird das SecMobil-Konsortium die entsprechenden IT-Sicherheitstechnologien für Elektromobilität entwickeln, um der angestrebten Vorreiterrolle gerecht zu werden.

Immerhin werden Elektrofahrzeuge unter anderem durch die Einbindung in die bestehenden Energienetze, Bild 1, (beispielsweise zur gezielten Steuerung von Ladezyklen) in viel stärkerem Aus-

maß als konventionelle Fahrzeuge digital mit ihrer Umgebung kommunizieren. Durch die digitale Vernetzung rücken aber auch neue, zusätzliche Dienste wie Funktionsfreischaltungen oder ortsbasierte Anwendungen wie automatische Parkplatzfinder in greifbare Nähe. Daher werden Informations- und Kommunikationstechnologien (IKT) in der Elektromobilität eine wesentliche Rolle spielen.

Große Gefahr von Missbrauch

Mit der Einführung von IKT im Elektromobilbereich ist allerdings auch eine nicht unerhebliche Erhöhung des Missbrauchspotenzials verbunden, wodurch Schäden an einzelnen Fahrzeugen bis hin zu Systemausfällen der verbundenen Infrastruktur verursacht werden können. Erst unlängst haben die Fälle des Stuxnet-Virus [1] (Zerstörung von Hochgeschwindigkeitszentrifugen durch Schadsoftware) als auch der Playstation-Angriff [2] (Verlust mehrerer 10 Millionen Kunden- und Kreditkarteninformationen) gezeigt, welche erheblichen finanziellen und politischen Implikationen Angriffe auf die IKT-Infrastruktur haben können. Ebenso haben US-Wissenschaftler im Jahr 2010 beeindruckend demonstriert,

Bild 1
Das sichere Laden von Elektroautos ist eine der größten Herausforderungen (Bild © Escrypte GmbH)

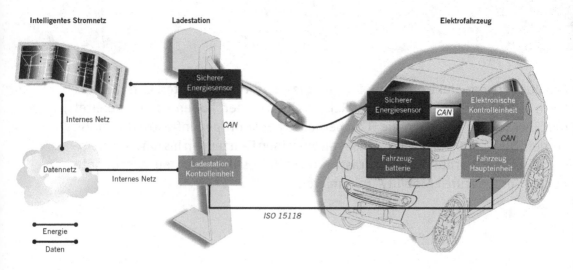

welche dramatischen Folgen Angriffe auf die IKT-Technologie eines Fahrzeugs haben können (unter anderem Manipulation der Bremsanlage über die Mobilfunkanbindung des Fahrzeugs) [3]. Die Beispiele zeigen eindrucksvoll die große Bedeutung von Datenschutz und Informationssicherheit – gerade auch im Bereich der Elektromobilität, Bild 2. Maßnahmen zum Schutz der Privatsphäre und zur Entdeckung und Unterbindung von Manipulationen sind beispielsweise für folgende Anwendungsfälle notwendig:

■ Elektrische Energie muss sowohl seitens des Energieanbieters als auch des Abnehmers im Elektrofahrzeug manipulationssicher, kostengünstig und präzise gemessen und digital kommuniziert werden.

■ Benutzer und gegebenenfalls auch Fahrzeuge müssen zuverlässig erkannt, das heißt authentifiziert werden, damit beispielsweise Zugangskontroll- und Abrechnungsfunktionen zuverlässig realisiert werden können. Die Benutzerauthentifizierung kann unter anderem mit dem neuen elektronischen Personalausweis durchgeführt werden.

■ Es sind zuverlässige und manipulationssichere Abrechnungssysteme für Mehrwertdienste wie das Bezahlen von Zusatzanwendungen, kostenpflichtige Software-Aktualisierungen oder nachträgliche Funktionsfreischaltung erforderlich.

■ Durch die ständige Vernetzung von Elektrofahrzeugen mit Systemen zur intelligenten Energieversorgung (Smart Grid) und Verkehrssteuerung müssen sowohl die Netze selbst als auch die Fahrzeuge gegen Angriffe von außen und innen geschützt werden.

■ Unautorisierte Eingriffe in die Privatsphäre, beispielsweise durch die unautorisierte Erstellung von Bewegungsprofilen, unberechtigtes Erfassen von

Bild 2
Ladesteckdose: nur elektrischer Strom und der Datenstrom dürfen fließen, auf keinen Fall Viren (Bild © Audi)

Kaufvorgängen etc. müssen verhindert werden.

Ohne sichere IT keine sichere Elektromobilität

Aufgrund der stark miteinander vernetzten Infrastrukturen können potenziell alle beteiligten Akteure, wie Energieversorger, Endverbraucher oder Dienstanbieter durch Angriffe geschädigt werden – oder aber auch als potenzielle Manipulatoren in Betracht kommen. Das Schadenspotenzial reicht hierbei von finanziellen Schäden, über Systemausfälle bis hin zu Gefahren für die Sicherheit und Gesundheit von Menschen. Die Rolle der IT-Sicherheit ist folglich sehr vielschichtig. Neben dem Schutz von Systemen (Ausfallsicherheit) und Akteuren (Betriebssicherheit), ist sie gleichzeitig technologischer Wegbereiter (Enabling Technology) für viele neue Anwendungen und Geschäftsmodelle.

Das SecMobil-Konsortium wird im Rahmen des Programms „IKT für Elektromobilität II" des BMWi auf die notwendige Konzeption und Umsetzung der IT-Sicherheit in Elektrofahrzeugen, Bild 3, eingehen sowie die damit verbundenen juristischen Anforderungen übergreifend analysieren. Es ist das erste Projekt weltweit, welches das Zukunftsthema IT-Sicherheit im Kontext der Elektromobilität so umfassend behandelt. Das

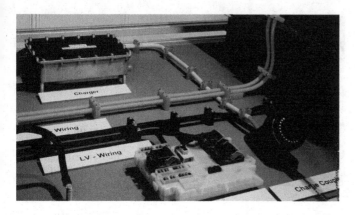

SecMobil-Konsortium besteht aus der Escrypt GmbH – Embedded Security, Daimler AG, Elmos AG, FH Gelsenkirchen, Ruhr-Universität Bochum und der smartlab Innovationsgesellschaft. Als assoziierte Partner wirken das Bundesamt für Sicherheit in der Informationstechnik (BSI), EON, Telekom sowie T-Systems mit.

Geschäftsmodelle auf Basis von SecMobil

Das Projekt SecMobil eröffnet nicht nur die Möglichkeit neue, wichtige Sicherheitstechnologien zu pilotieren, sondern auch neue Geschäftsmodelle zu entwickeln, welche durch die zugrundeliegende IT-Sicherheit zuverlässig gegen Manipulationen geschützt werden. Konkret werden in SecMobil folgende Security-Technologien entwickelt beziehungsweise juristische Fragestellungen untersucht:

- sicherer Stromsensor zur vertrauenswürdigen, kostengünstigen, digitalen Strommengenerfassung im Bereich der Elektromobilität, aber auch in Haushalts- und Industrieanwendungen (Smart Metering)
- Analysieren der Rechte und Pflichten der zahlreichen Akteure im Messbereich, namentlich der Netzbetreiber, der Messstellenbetreiber, der Energie-

versorger und der Endkunden sowie deren Rechtsbeziehung untereinander
- Sicherstellen von Security-Basistechnologien für den zuverlässigen und vertrauenswürdigen Nachrichtenaustausch zwischen den Endknoten der verschiedenen Domänen (Elektromobil, Ladestation, Smart Grid)
- rechtliche Anforderungen an die Sicherheitskomponenten herausarbeiten, insbesondere in Bezug auf Datenschutz und Informationssicherheit, welche durch das Haftungsrecht und das Datenschutzrecht vorgegeben sind
- Bereitstellen von sicheren Anwendungen unter Verwendung der Security-Basistechnologien insbesondere für die Bereiche In-Fahrzeug-Anwendungen, Abrechnungssysteme, Softwareaktualisierungen und Funktionsfreischaltungen sowie das Thema Identitätsmanagement mit dem neuen Personalausweis
- rechtliche Vorgaben analysieren, bezüglich des Austauschs von vertraglichen Erklärungen und die rechtskonforme Übermittlung von Abrechnungsdaten, bei denen insbesondere der juristische Beweiswert elektronisch übermittelter Daten und datenschutzrechtliche Vorgaben beachtet werden.

Projektziele

Inhaltlich wird die IT-Sicherheit als Querschnittthema auf allen Systemebenen behandelt, von der Stromerfassung bis hin zu der Vernetzung des Fahrzeugs mit der IKT-Infrastruktur, wobei sowohl technische als auch juristische Aspekte gleichermaßen Beachtung finden. Darüber hinaus hat SecMobil das Ziel, eine – zumindest deutschlandweit – umfassende Sicherheitsarchitektur zu entwickeln, die allen Akteuren der Elektromobilität in Deutschland zur Verfügung gestellt wird.

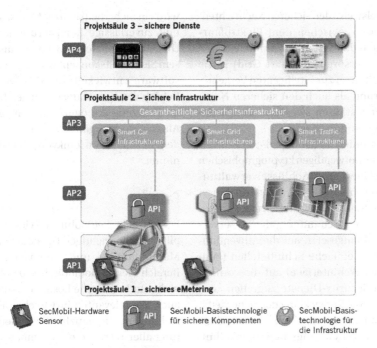

Bild 4
Drei Projektsäulen spiegeln die Sicherheit künftiger IT-Systeme im Projekt SecMobil wider (Bild © Escrypte GmbH)

Das Projekt SecMobil besteht aus drei fachlichen Projektsäulen, Bild 4, durch deren Zusammenspiel die IT-Sicherheit auf allen Ebenen realisiert werden soll. Zentraler Teil jeder Projektsäule ist die Entwicklung eines Piloten, in dem die zu entwickelnden Technologien erfolgreich demonstriert und deren Einsatz in den verschiedenen Modellregionen vorbereitet wird.

Projektsäule 1: Sichere digitale Stromerfassung (eMetering)

Die erste Säule, die sichere digitale Stromerfassung, ermöglicht eine manipulationsfreie elektronische Erfassung der übertragenen Strommenge sowohl an der Abgabestelle als auch im Fahrzeug und ist ein zentraler Baustein für die zukünftige eMobility-Infrastruktur. Dabei sind insbesondere die Integrität der Messdaten und der Schutz vor physikalischen Angriffen gegen den Stromsensor von zentraler Bedeutung.

Zum Erreichen dieses wichtigen Basisdienstes wird ein Sensor mit „Ende-zu-Ende"-Schutz entwickelt. Dabei werden entsprechende Standards, insbesondere die Eichvorschriften und die BSI-Anforderungen für die Informationssicherheit beim eMetering nach ISO/IEC 15118-2 beachtet und Anregungen für die Weiterentwicklung solcher Standards bezüglich Manipulationsschutz gegeben. Eine wichtige Anforderung an den Sensor ist, dass eine sichere Strommessung auch kostengünstig umgesetzt wird. So kann die zu entwickelnde Lösung nicht nur in der Elektromobilität, sondern auch für die vertrauenswürdige Stromerfassung im Industrie- und Haushaltskontext genutzt werden.

Projektsäule 2: Sichere Infrastruktur

Die zweite Projektsäule von SecMobil besteht aus der Entwicklung von notwendigen Security-Technologien zur sicheren Integration des Elektromobils und der zugehörigen Ladestationen in die entsprechende IKT-Infrastruktur. Diese Security-Technologien realisieren beispielsweise den sicheren Nachrichtenaustausch zwischen dem Elektrofahrzeug und den Systemen zur intelligenten Energieversorgung (Smart Grid) sowie den Systemen zur intelligenten Verkehrssteuerung als auch den sicheren Nachrichtenaustausch zwischen verschiedenen Systemdomänen.

Dafür werden im Rahmen dieser Projektsäule die notwendigen kryptographischen Funktionen und Schlüsselverwaltungen einschließlich der standardisierten Schnittstellen und Datenformate entwickelt. So werden unter anderem Serversysteme aufgesetzt, auf die Anwendungen über einfache Schnittstellen (zum Beispiel Webinterface) auf die vorhandenen Security-Dienste zugreifen können. Für die Entwicklung der Sicherheitskomponenten der SecMobil-Infrastruktur spielen, wie eingangs bereits erwähnt, auch rechtliche Anforderungen an die Informationssicherheit und den Datenschutz eine große Rolle. Im Rahmen der zweiten Projektsäule werden daher auch alle relevanten rechtlichen Fragestellungen anhand des Haftungsrechts und des Datenschutzrechts herausgearbeitet.

Projektsäule 3: Sichere Dienste

In der dritten Projektsäule wird die IT-Sicherheit von verschiedenen neuen Diensten betrachtet, welche im Zusammenhang mit der Elektromobilität stehen. Dies sind zum Beispiel Portale zum Erwerb von Zusatzanwendungen für das Elektrofahrzeug, Abrechnungsvorgänge, (kostenpflichtige) Software-Aktualisierungen und ein mögliches Identitätsmanagement mit dem neuen Personalausweis.

Ziel dieser Projektsäule ist es Bedrohungsszenarien in Bezug auf die einzelnen neuen Dienste frühzeitig zu erkennen und eine entsprechende Risikobewertung bezüglich des jeweiligen Missbrauchspotenzials vorzunehmen. Zudem

wird ein Sicherheitskonzept zur sicheren und zuverlässige Realisierung solcher Dienste spezifiziert. Basierend auf diesem Sicherheitskonzept wird eine Clientsoftware entwickelt, die den sicheren Betrieb von Zusatzanwendungen (Apps) im Fahrzeug ermöglicht und mögliche Abrechnungsvorgänge wie zum Beispiel dem Bezahlen von Tankvorgängen übernimmt.

Fazit

Das Projekt SecMobil entwickelt und pilotiert alle wichtigen Grundlagen zum Manipulations- und Datenschutz im Bereich Elektromobilität. Das beinhaltet nicht nur technische Lösungen, sondern auch alle relevanten juristischen Fragestellungen. Die ganzheitliche Betrachtung aller relevanten Systembausteine, Kommunikationsverbindungen, Abläufe und Standards vom manipulationssicheren Laden über elektronische Abrechnungsvorgänge bis hin zu neuartigen Ondemand-Funktionsfreischaltungen führt, unter Einbezug der IT-Sicherheit, zu einem sicheren Gesamtsystem, welches für alle Akteure zuverlässig und vertrauenswürdig realisiert werden kann.

Literaturhinweise

[1] Falliere, N.; Murchu, L. O.; Chien, E.: W32. Stuxnet Dossier. Symantec, 2011

[2] Reißmann, O.; Lischka, K.: Hacker konnten Daten von 100 Millionen Sony-Kunden kopieren. Spiegel Online. http://www.spiegel.de/netzwelt/games/0,1518,759830,00.html, 2011

[3] Koscher, K.; Czeskis, A.; Roesner, F.; Patel, S.; Kohno, T.; Checkoway, S.; McCoy, D.; Kantor, B.; Anderson, D.; Shacham, H.; Savage, S.: Experimental Security Analysis of a Modern Automobile, IEEE Symposium on Security and Privacy, 2010

System-on-Chip-Plattform verbindet Endgeräte- und Automobiltechnik

Andreas Burkert

Texas Instruments nutzt die Electronica, um neue Innovationen erstmals dem Publikum zu präsentieren. Der US-amerikanische Halbleiterhersteller verriet ATZelektronik bereits im Vorfeld der Messe die technischen Hintergründe eines neuen Cockpit-Konzepts. Hinter einer gekrümmten Scheibe bereitet eine SoC-(System-on-Chip)-Plattform alle Daten grafisch auf, die ein DLP-Chip dann an die Rückseite projiziert – schärfer und effizienter als bei herkömmlichen Systemen. Dank der OMAP-Architektur lassen sich auf der Plattform aktuelle Techniktrends aus der Konsumelektronik schneller integrieren.

Interaktives Infotainment-Konzept

Es genügt schon lange nicht mehr, beim Fahren nur auf ein Display zu schauen. Der Informationsbedarf einer vernetzten Mobilität ist derart hoch, dass mittlerweile mehrere Bildschirme genutzt werden müssen. Weil sich die Anforderungen an die Geschwindigkeit der Datenverarbeitung wie auch die Darstellungsqualität der Informationen an den Bedürfnissen der Konsumelektronik orientieren,

bereiten sie den Automobilentwickler große Sorgen. Zwar könnten sie auf am Markt verfügbare Prozessoren und Speicherbausteine zurückgreifen und damit immer nah am Trend der Konsumelektronik entwickeln. Doch eignen sich diese Halbleiter nur bedingt für den Einsatz im Automobil.

Mit einem interaktiven Infotainmentkonzept, Bild 1, präsentiert der US-amerikanische Halbleiterhersteller Texas Instruments (TI) jetzt eine Möglichkeit, wie sich die beiden unterschiedlichen Innovations-zyklen, die der Konsumwelt und die der Autobranche, in einem System unterbringen lassen. Sie haben dazu eine futuristisch anmutende Mittelkonsole entworfen, die gleich zwei wesentliche Entwicklungstrends der Konsumelektronik umsetzt. Zum einen dient eine gekrümmte lichtdurchlässige Scheibe, hinter der mittels der Rückprojektion die Informationen angezeigt werden, als Display. TI nutzt dazu den selbst entwickelten digitalen Bildgebungschip DLP (Digital Light Processing), Bild 2.

Auf diesem mikroelektromechanischen Bauelement befindet sich ein rechteckiges Feld mit bis zu zwei Millionen schwenkbar angeordneten, mikroskopisch kleinen Spiegeln. Diese neigen sich je nach angelegter Spannung zur Lichtquelle (An) oder davon weg (Aus). Das als Bitstrom-codierte Bild, das am Halbleiter anliegt, schaltet jeden Spiegel mehrere tausend Mal pro Sekunde ein oder aus. Die Farbe erhält das System über einen Farbfilter, der das Licht in die Teilfarben Rot, Grün und Blau zerlegt.

Bild 1
Das Infotainment-System von Texas Instruments ist eine Konzeptstudie

Bild 2
Der Bildgebungschip DLP (Digital Light Processing) projiziert die farbigen Bilder auf die gekrümmte Scheibe des Displays

Architektur der zwei Geschwindigkeiten

Den Ingenieuren gelang es mit dem DLP-Verfahren nicht nur, die Darstellungsqualität zu verbessern. Die Rückprojektion erlaubt vor allem das Gestalten von Freiraumdisplays, die dem Innenraumdesigner mehr Freiheitsgrade ermöglicht. Die Rückprojektion hat zudem den Vorteil einer geringeren Stromaufnahme gegenüber herkömmlichen TFT-Bildschirmen. Die Interaktivität, die bei herkömmlichen Displays in der Regel kapazitiv beziehungsweise resistiv erfolgt, haben die TI-Entwickler mittels eines optischen Verfahrens gelöst. Ein Infrarotsensor erkennt die jeweilige Aktion in kürzester Zeit. Die Reaktionszeit unterscheidet sich dabei nicht von denen anderer Verfahren. Sie hängt nämlich im Wesentlichen von der programmierten Software ab.

Um die hohe Verarbeitungs- und Darstellungsgeschwindigkeit des gesamten Systems zu gewährleisten, setzt der Halbleiterhersteller für sein Infotainment-System auf leistungsstarke Prozessoren, wie sie unter anderem in anderen Industriebereichen zum Einsatz kommen. Zentrales Element ist dabei die OMAP-Prozessortechnik. Es handelt sich dabei um eine SoC-Plattform (System-on-Chip) auf der ein ARM-Prozessor neben weiteren Prozessor-Subsystemen, beispielsweise ein DSP (Digitalen Signal Prozessor), ein Image-Signal-Prozessor (ISP) sowie auch ein Hardwarebeschleuniger, untergebracht sind.

Damit will das Unternehmen die beiden bisher getrennt aufgebauten Funktionsbereiche Konsumwelt und Automobilumgebung modular vernetzen. Während das OMAP-Modul Funktionen wie Mensch-Maschine-Schnittstelle, eMail, Internet wie auch andere Medien nah am Trend aktueller Kommunikationssysteme umsetzt, übernimmt die Automotive-Einheit zentrale Funktionen, die nicht dem schnellen Entwicklungszyklus unterliegen. Dazu zählt vor allem die Konnektivität (GPS, Most, CAN/LIN). Diese Architektur für die zentrale Kommunikationseinheit (Headunit) ist nötig, um den automobilen Kern von der mit dem Fahrer interagierenden Mensch-Maschine-Schnittstelle und den Applikationen größtenteils zu trennen. Damit laufen die Rechenprozesse von Navigation, Telefonieren und Medienwiedergabe sowie die Funktionen für die Darstellung auf dem Display auf einem schneller austauschbaren Applikationsprozessor. Beide Module sind über eine Firewall miteinander verbunden.

Früh gemeinsam Entwicklungsziele festlegen

Jörg Schambacher, Manager Embedded Processing Automotive EMEA bei Texas Instruments, mahnt allerdings, dass solche Systeme erst dann effizient umgesetzt werden können, wenn es eine sehr enge Zusammenarbeit zwischen Automobil- und Halbleiterhersteller gibt und diese zu einem sehr frühen Zeitpunkt – oft schon bei der Definition des Konsumprodukts – stattfindet. Für den Halbleiterhersteller ist dies eine wichtige Strategie. Denn auch wenn die OMAP-Architektur ursprünglich für Anwendungen im Mobilfunksegment entwickelt wurde, künftig will man sich mit der Marke stärker in der Industrieelektronik und in der Kraftfahrzeugtechnik engagieren. Laut TI-Chef Rich Templeton seien dort langfristig bessere Geschäfte zu erwarten. Insbesondere vor dem Hintergrund, dass bei Smartphones und Tablets die Produktzyklen derzeit extrem kurz sind – und Hersteller von Industrieelektronik und Automobilzulieferer sich typischerweise längerfristig an Zulieferer binden.

Dass die Autohersteller dabei wesentlich höhere Anforderungen an die Belastbarkeit der Bauteile stellen, ist nur eine der Herausforderungen für die Halbleiterbranche. Neben der Elektromagnetischen Verträglichkeit (EMV) wird vor allem die Funktionssicherheit gegenüber verschiedenen Temperaturprofile überprüft. Die eingebetteten Systeme müssen

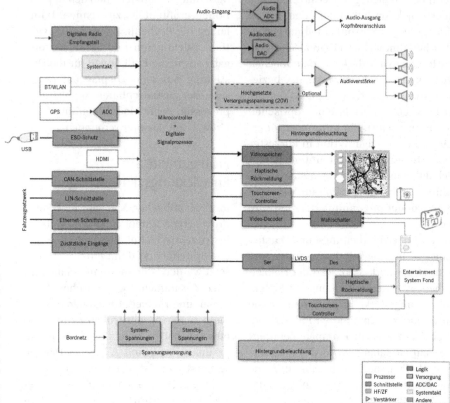

Bild 3
Blockschaltbild der Infotainment-Einheit; etwa 30 % der Bauteile stammen aus der Unterhaltungselektronik, wurden aber für den Einsatz im Auto modifiziert

darüber hinaus noch weitere Funktionen aufweisen, wie beispielsweise die Diagnosefähigkeit. Der im Infotainment-System, Bild 3, verbaute Class-D-Verstärker TAS5414B-Q1 verfügt über eine solche Eigendiagnose, mit der unter anderem ein Kurzschluss angeschlossener Leitungen erkannt wird. In Varianten für Endverbrauchergeräte ist diese Funktion nicht vorhanden, weil sie nicht benötigt wird.

Doch automobiltaugliche Halbleiter müssen noch weitere zusätzliche Eigenschaften aufweisen. So sind die Anforderungen an die Ausfallsicherheit selbst bei anscheinend noch so trivialen Anwendungen besonders hoch. Die Folgen, wenn beispielsweise das rückwärtige Kamerabild eines Einparksystems auch nur für eine kurzen Augenblick auf dem

Bildschirm einfriert – weil etwa ein Signal gestört wird – wären dramatisch, wenn in dieser Zeit jemand hinters Auto tritt und der Fahrer sich nur auf das Videobild verlässt. Die Ausfallsicherheit soll dann künftig über die ASIL-Zertifizierung gewährleistet werden.

Schambacher zählt aber noch weitere Entwicklungsschritte auf, die von beiden Industriebereichen gelöst werden müssen. Neben der Infrastruktur müssen dringend herstellerübergreifende Standards definiert werden. Das gilt insbesondere vor dem Hintergrund, dass Sicherheits- beziehungsweise Effizienzaspekte die Vernetzung in hohem Tempo vorantreiben werden. Damit spielen Sicherheitsmaßnahmen gegen Attacken von außen eine ebenso große Rolle. Unter allen Umständen muss eine Manipulation an sicherheitskritischen oder die Nutzung einschränkender Systeme gewährleistet sein.

Aus diesem Grund nutzen die Entwickler von Texas Instruments zwar die Basistechnik, generieren daraus allerdings einen Spin für den Einsatz im Automobil. Das Ziel ist es, ein Produkt zu entwickeln, welches möglichst vielfältig eingesetzt werden kann. Und auch wenn einige Halbleiter den Automobilvorgaben genügen, müssen sie noch qualifiziert werden.

Für künftige Fahrzeuggenerationen wie etwa Elektroautomobile erwartet das Unternehmen eine erweiterte Infrastruktur. Wesentlich mehr Daten müssen verarbeitet werden. Zudem kommen dreidimensionale Navigationssysteme zum Einsatz, die auch das Höhenprofil darstellen und darüber auch detaillierte Informationen über die Reichweite liefern. Dann werden im Fahrzeug noch mehr Displays verbaut – unter anderem Dualview-Bildschirme, die getrennt Fahrer und Beifahrer informieren.

Der von Texas Instruments entwickelte OMAP kann bis zu drei Full-HD-Displays ansteuern. In der kommenden Generation werden es sogar noch mehr sein, sagt Schambacher. Zudem wird die Anzeigefrequenz 100 Hz betragen. Wenn dann die Full-HD-Variante mit 200 Hz arbeitet, muss eine Datenrate von mehreren Gigabits pro Sekunde verarbeitet werden.

Perspektiven software-basierter Konnektivität

Andreas Burkert

Die mobile Informationstechnik wird das Wesen eines Automobils in vielen Bereichen grundlegend bestimmen. Eine Chance für die Hersteller. Doch zuvor muss es den Entwicklern gelingen, Systeme der Unterhaltungselektronik sicher ins Fahrzeug zu integrieren. Dabei dreht sich alles um die Konnektivität und um die Frage, wie die Komplexität zu beherrschen ist. Neue Programmiermethoden und System-on-Chip-Halbleiter mit integrierter Verschlüsselungsfunktion sollen die Entwicklung erleichtern.

Konnektivität

Die Worte, die der Vorsitzende des Vorstands der Daimler AG, Dr. Dieter Zetsche, auf dem diesjährigen Aachener Kolloquium „Automobile and Engine Technology" fand, zeigt die Brisanz einer Entwicklung, die lange Zeit von der gesamten Automobilbranche unterschätzt wurde. „Die Konnektivität spielt eine besondere Rolle bei der Weiterentwicklung des Automobils. Sie ist das, was man neudeutsch Enabler nennt", sagte Zetsche. Seiner Ansicht nach initiiert und ermöglicht die Konnektivität erst Fortschritte in verschiedenen Bereichen der Automobiltechnik.

Vernetzte Systeme im Automobil sind demnach künftig ein wesentliches Instrument, um mit der Entwicklung, wie sie in der Konsumelektronik stattfindet, Schritt zu halten. Automobilentwickler haben es dabei mit der rasanten Verbreitung von Informations- und Kommunikationstechnologien zu tun. Das Außergewöhnliche an dieser Entwicklung ist allerdings nicht die Komplexität. Es ist das hohe Tempo, mit der die neue Technik an Akzeptanz gewinnt. Während es beispielsweise beim Fernsehen rund 13 Jahre dauerte, um mehr als 50 Millionen Menschen zu erreichen, gelang dies Google Plus bereits nach wenigen Monaten.

Software prägt Innovationen

Diese Entwicklung zeigt deutlich, dass weder die Mechanik noch die Elektrik beziehungsweise Elektronik das Bild künftiger Innovationen prägt. Es ist die Software, die heute für nahezu 90 % der Innovationen verantwortlich ist. Software- intensive Systeme gelten damit als Dreh- und Angelpunkt moderner vernetzter Systeme im Automobil. Nur damit können die Anforderungen an die Kernbereiche der Entwicklung, zu denen Infotainment, Sicherheit, Autonomes Fahren, Elektromobilität und Mobilitätsdienstleistungen gehören, erfüllt werden. Doch betrachtet man die mittlerweile rund 27 Kategorien von Fahrzeugassistenten, die der Sicherheit und dem Komfort im Automobil dienen, und die erst durch das Zusammenspiel der Systeme eine Art Intelligenz aufweisen, scheint es bedrohlich, dass moderne Fahrzeuge mittlerweile mehr als 1 GB an Programm-Code enthalten. Eine Herausforderung

Bild 1
Der Dokumentenbeschreibungsstandard HTML5 bietet eine effiziente Möglichkeit, komplexe Infotainmentsysteme zu erstellen (Bild © Qoqazian/Shutterstock)

für die Programmierer, die zum einen sichere Systeme abbilden, zum anderen ihren Anteil an den Entwicklungskosten eines Fahrzeugs gering halten müssen. Einen Ausweg aus dem Dilemma erhoffen sich die Entwickler mit dem Dokumentenbeschreibungsstandard HTML5, Bild 1.

Mit dem Standard lassen sich unabhängig von der Quelle und der Plattform Inhalte von Smartphone, Tablet-PC wie auch In-Vehicle-Infotainment-Systemen bereitstellen. Zudem können Apps lokal auf der Hardware laufen. Einzige Voraussetzung ist eine HTML5-Engine beziehungsweise ein rudimentärer Browser. Beide müssen zuvor installiert werden. Damit sich auch künftige Anwendungen in das Infotainmentsystem einbinden lassen, umfasst HTML5 weitere Standards wie CSS3 (Cascading Style Sheets), einer deklarativen Stylesheet-Sprache für strukturierte Dokumente, JavaScript, Ajax (Asynchronous JavaScript And XML) und Json (JavaScript Object Notation).

Fortschrittliche Programmiermethoden

Zwar verspricht der für das moderne Internet entwickelte Dokumentenbeschreibungsstandard, zahlreiche Probleme zu lösen – vor allem jene, die wegen der unterschiedlich schnellen Entwicklungszyklen von Automobil- und Unterhaltungselektronik entstehen. Für ein robustes elektronisches System, wie es in der Automobilbranche beispielsweise von der ISO 26262 [1] gefordert wird, müssen allerdings noch Verbesserungen umgesetzt werden.

So erwarten Systementwickler unter anderem mehrschichtige Benutzerschnittstellen, um neben HTML5 noch weitere Programmiermöglichkeiten zu haben. Dazu gehört beispielsweise die Fähigkeit, neue Techniken für künftige Bedienoberflächen zu erstellen und ein-

zubinden. Das ist vor dem Hintergrund wichtig, die zunehmende Flut an Informationen so zu filtern und darzustellen, dass der Autofahrer vom Fahrgeschehen möglichst nicht abgelenkt wird.

Während die textbasierte Auszeichnungssprache allerdings noch ihre Reifeprüfung in ersten Automobilprojekten bestehen muss, denken Informatiker bereits über neue Programmierverfahren nach. Eine davon ist Scala (abgeleitet von scalable language). Damit erhoffen sich die Programmierer, die Komplexität softwareintensiver Systeme in den Griff zu bekommen. Der Vorteil von Scala-Programmen: Sie können Java-JARs ansprechen und umgekehrt. Damit können alle bestehenden Java-Bibliotheken und -Frameworks in Scala-Projekte eingebunden und dort verwendet werden.

Das Nutzen fortschrittlicher Programmiermethoden ist für das Integrieren mobiler Informationssysteme von großer Bedeutung. Denn der Anteil der Programmzeilen wird sich künftig weiter erhöhen. Treiber der Entwicklung ist dabei im besonderen Maße die Integration von „offenen" Infotainmentsystemen, die oft auf einer Intel-Architektur mit einer modernen Multimediaschnittstelle (MMS) basieren. In der Regel sind dies aktuelle Touchscreens oder Sprachsteuerungssysteme. Diese Systeme müssen allerdings offen für andere Anwendungen sein, die von externen Unternehmen angeboten werden. Funktionen migrieren damit aus dem Fahrzeug. Anwendungen werden das Auto verlassen und durch Anwendungen der Unterhaltungselektronik ersetzt.

Das Internet der Dinge im Auto

Schon die enorme Verbreitung vernetzter Geräte – Experten erwarten bis zum Jahr 2020 mindestens 500 Geräte pro km^2 – zeigt, dass das „Internet der Dinge" Einfluss auf jeden Sektor haben und mit

Bild 2
Für das e-Bee-Konzept hat Visteon eine eigene, Linux-basierte Software programmiert
(Bild © Visteon)

Sicherheit in großem Ausmaß die Mobilität beeinflussen wird. „Bis 2014 wird jedes neue Auto vernetzt sein, entweder über eine eingebaute oder eine angeschlossene Zugangsplattform, die das Auto hinter Mobiltelefonen und Tablet-PCs weltweit auf den dritten Platz der am meistvernetzten Geräte katapultiert,“ betont Frost & Sullivan Mobility Programme Manager, Martyn Briggs. Autofahrer können dann, wie das Konzeptfahrzeug e-Bee von Visteon, Bild 2, eindrucksvoll zeigt, innovative Dienste in Echtzeit abrufen. Der Innenraum des Fahrzeugs, ein modifizierter i-MiEV, wurde mit zahlreichen elektronischen Funktionen, wie sie aus der Unterhaltungselektronik bekannt sind, ausgestattet. Die Fahrerschnittstelle des e-Bee besteht aus drei Displays, einem Hauptdisplay für Informationen zur Fahrt und zwei kleineren Touchscreens. Darüber hinaus verfügt das Konzeptfahrzeug über ein projiziertes Head-down-Display, das grundlegende Fahrerinformationen anzeigt.

Anstelle eines herkömmlichen Rückspiegels wurde ein kamerabasiertes Display-system installiert. Dieses erlaubt einen 180-Grad-Panoramablick – auch hinter das Fahrzeug. Alle mobilen Endgeräte im Auto kommunizieren dabei über den Funkstandard 802.11. Der Wagen befindet sich sozusagen in einem konstanten eingebetteten Telematikmodus. Sämtliche Informationen werden drahtlos übertragen. Das Fahrzeug sammelt und verarbeitet dazu fahrspezifische Daten und agiert als Teil eines umfassenden Mobilitätsnetzwerks.

Damit scheint die Grundlage geschaffen für eine fortlaufende Einnahmequelle wie Automobil-App-Stores, die weit über den eigentlichen Verkauf eines Fahrzeugs hinausgehen. Schon können sich sich Beratungsunternehmen lohnende Geschäftsmodelle für die Automobil-branche vorstellen: „Die Vernetzung in der Infrastruktur wird einer Reihe intelligenter Transportsysteme der nächsten Generation zum Durchbruch verhelfen, die effiziente Verkehrsströme sowie einen Anstieg der Abrechnungsarten ermöglichen“, sagt Briggs. Dazu zählen eine „Usage Based Insurance“ – eine Versicherung je nach Gebrauch, durch

Besteuerung oder Citymaut. Oder die Verteilung von Energie von und zu einem intelligenten Stromnetz, wie Vehicle-to-Grid-Lösungen bei der Einbindung von Elektrofahrzeugen.

Noch fehlt die Killerapplikation

Gelingt es dann, zusätzlich zu Fahrzeugen und Geräten auch die Infrastruktur mit einzubeziehen, entsteht ein intelligentes Verkehrsleitsystem. Dies umfasst kurzfristig kleine, schrittweise Veränderungen wie die Vernetzung von Ampelsystemen und der städtischen Straßenverkehraufsicht und Kontrolle, aber auch langfristig radikalere Veränderungen wie vollständig automatisierte Fahrzeuge. Ein erstes Versuchsfeld zur intelligenten Verkehrssteuerung haben im Übrigen soeben die Ingenieure der globalen Siemens-Forschung Corporate Technology in Wien aufgebaut.

Dort wurde ein 45 km umfassendes Autobahndreieck mit 150 Sensoren und mehr als 150 Verkehrskameras ausgestattet. Auf diesen Straßen werden permanent die aktuelle Straßensituation, der Verkehr und das Wetter gemessen und beobachtet.

Siemens erprobt dort sozusagen das „Internet auf Rädern". Die Vision der Forscher: In den Mega-städten der Zukunft werden alle Fahrzeuge und Geräte miteinander verknüpft sein (Internet der Dinge). Sie werden genormte Schnittstellen haben, um miteinander Daten auszutauschen (Machine-2-Machine) und mit Menschen zu kommunizieren. Trotz der zahlreichen Projekte, zu denen auch Kofas (Kooperative Sensorik und kooperative Perzeption für die präventive Sicherheit im Straßenverkehr) und SimTD (Sichere Intelligente Mobilität) [2] gehören, beziehungsweise trotz der Entwicklungen einiger Zulieferer, die mit selbstprogrammierten Apps Funktionen im Auto steuern [3], sehen viele Entwick-

lungsverantwortliche eine Killerapplikation noch lange nicht in Reichweite. Davon abgesehen, dass es bisher noch kein Geschäftsmodell gibt, um die hohen Investitionskosten auch nur im Ansatz zu finanzieren. Und die sind nicht unerheblich: Nach Schätzungen der Genivi-Alliance liegen die Kosten für die Entwicklung von Infotainmentsystemen durchschnittlich bei bis zu 38 Millionen Euro. Wobei die Softwarekosten bereits jetzt mehr als die Hälfte ausmachen und in Zukunft wohl noch weiter steigen werden.

Harte Bandagen im Ringen um die Kunden

Wie auch immer solch ein Geschäftsmodell aussehen wird: Christian Feltgen, Global Director Cockpit Electronics Technologies bei dem Automobilzulieferer Visteon, glaubt, dass es die Branche nachhaltig beeinflussen wird. Seiner Ansicht nach wird das bisher gelebte OEM-zentrische Geschäftsmodell – wo jede Geschäftsbeziehung durch den Autohersteller initiiert wird – vom Kunden-zentrischen Geschäftsmodell abgelöst. Der Autohersteller wird zwar noch immer am Umsatz partizipieren. Allerdings wird er dies neben gleichberechtigten Partner tun. Vor einem harten Verdrängungswettbewerb um die Kundenhoheit bei den fortschrittlichen und vernetzten Infotainmentsystemen warnen deshalb die Unternehmensberater von Oliver Wyman. Sie sehen alle Zeichen auf Revolution: „Wollen die Hersteller auf dem Weg vom Connected Car hin zum Connected Life die Kontrolle über die Gesamtlösung nicht an die starken Player aus IT und Konsumelektronik verlieren, müssen sie mit ihren Geschäftsmodellen zur Fahrzeugvernetzung Gas geben", mahnen die Analysten. Sie empfehlen ein attraktives und kundenspezifisches Angebot für die Kunden. Und sie raten zu wohlüberlegten Partnerschaften entlang der Wertschöpfungsquelle.

Eine heikle Aufgabe: Denn hinter der Gesamtlösung steht eine hochkomplexe Wertschöpfungskette, an der sich laut der Analysten künftig fünf Anbietergruppen mit den Automobilherstellern einen heftigen Wettbewerb um die beste Position im vernetzten Fahrzeug liefern werden. Dazu gehören Endgerätehersteller, Softwarehäuser, Netzanbieter, Webservice-Unternehmen und Lieferanten für die Inhalte. Die Gefahr für die etablierte Automobilbranche ist dabei, dass dies alles Kontrahenten sind, die im Gegensatz zu den Automobilherstellern gewohnt sind, in kurzen Innovationszyklen zu agieren.

Unterschätztes Risiko: Datensicherheit

Wie schnell sich die ersten Unternehmen auf das Geschäft einlassen, zeigen aktuelle Meldungen, die mit neuen Ideen für Apps für Schlagzeilen sorgen. Allerdings sind es derzeit nur sehr wenige Programme, die Funktionen im Fahrzeug steuern. Dazu gehören etwa das Smart-Fit-App [4] von Faurecia, mit der die Sitzeinstellung vom Smartphone aus vorgenommen werden kann, oder die iPhone-App von

Webasto (iViNi), mit der Anwender ihre Standheizung von überall aus bedienen können. Die überwiegende Zahl sogenannter Automobil-spezifischer Apps bereiten hingegen öffentlich Daten auf und liefern dem Nutzer – wie beim Volkswagen-Service-App – produktspezifische Navigationshinweise. Für das Fahren selber bietet der Autohersteller das Effizienz-Tool an. Eine App berechnet aus allen Einträgen die effizienteste Route für den Wagen. Einen Schritt weiter geht das BMW-M-Power-Meter von Interone. Damit lassen sich die Leistungsdaten des Fahrzeugs während der Fahrt ermitteln – inklusive GPS-Funktion.

Wie ernsthaft aber ist der Nutzen des kostenlosen Android-Apps iOnRoad Augmented Driving, Bild 3? Ein mit diesem Programm initiiertes Smartphone dient als Abstandswarner und bietet ähnliche Funktionen wie festinstallierte Systeme. Das Gerät mit der Kamera wird dazu an die Windschutzscheibe befestigt – mit freier Sicht auf den vorausfahrenden Verkehr. Der RoadAware-Algorithmus berechnet aus den Daten der Smartphone-Kamera, GPS und weiteren Sensoren den Abstand zum Vordermann und warnt gegebenenfalls akustisch und optisch.

Die Entwicklung zeigt exemplarisch, welche Möglichkeiten die mobile Informati-

Bild 3
Eine App auf dem Smartphone macht aus diesem einen Abstandswarner (Bild © iOnRoad)

Bild 4
Der Halbleiterbau-
stein von NXP
enthält bereits
hardwarebasierte
Verschlüsselungs-
funktionen
(Bild © Andreas
Burkert)

onstechnik bietet. Ingenieure aller an der Wertschöpfungskette beteiligten Unternehmen weisen aber auf die kritischen Stellen im System hin: Die Konstanz und die Qualität der Verbindungen von den mobilen Endgeräten zu externen Dienstleistern, die ihre Daten und Programme auf einer Cloud ausgelagert haben, ist eines der großen Herausforderungen. Denn um sicherzustellen, dass die Datenverbindung, etwa bei sicherheitskritischen Anwendungen wie der Car-to-Car-Kommunikation nicht abbricht, kann nicht beliebig die Sendeleistung erhöht werden.

Zudem ist die Frage der Datensicherheit – also dem berechtigen und unbe-

rechtigten Handel mit fahrzeugbezogenen Daten – nicht abschließend geklärt. Und erst am Anfang stehen die Bemühungen, die zahlreichen vernetzten Systeme sicher gegenüber unautorisierten Zugriffen auszulegen. Mit jedem Datenkanal, der Daten vom Fahrzeug beispielsweise an die Cloud sendet, erhöht sich nämlich auch die Anzahl möglicher Einfallstore für Hacker. Immerhin hat nun der Halbleiterspezialist NXP eine Möglichkeit gefunden, die Datenübertragung sicherer zu gewährleisten. Das US-amerikanische Unternehmen entwickelte dazu einen integrierten Baustein, **Bild 4**, mit hardwarebasierter Verschlüsselungsfunktion. Gelänge es nun einem Hacker, die Daten auf einem System anzugreifen, könnte er damit nichts mehr anfangen.

Literaturhinweise

[1] Teuchert, S.: ISO 26262 – Fluch oder Segen? In: ATZelektronik 6 (2012)

[2] TDilba, D.: Das große Plaudern. In: Automotive Agenda 4 (2011)

[3] TBurkert, A.: Sichere Apps fürs Auto. In: ATZ 2 (2012)

[4] TBurkert, A.: Intelligente Sitzsteuerung zur Anpassung an den Straßenverlauf. In: ATZ 10 (2012)

„Wir gehen unseren Weg"

INTERVIEW VON MARKUS SCHÖTTLE MIT RALF LAMBERTI

Als einziger deutscher Automobilhersteller ist Daimler nicht der Allianz für Softwarestandardisierung Genivi beigetreten. Auch im Bereich Konnektivität, der Anbindung von Endgeräten und moderner Unterhaltungselektronik, bindet der OEM das Know-how im Unternehmen, anstatt sich abhängig zu machen oder Firmen zu gründen. Im Interview mit ATZelektronik spricht der Leiter Vorentwicklung Telematik und Infotainment, Ralf Lamberti, über seine Strategie und den ständigen Lernprozess in der neuen Welt der vernetzten Fahrzeuge.

Ralf Lamberti (Jahrgang 1959) studierte Maschinenbau an der Universität Karlsruhe. Er schloss 1984 dort mit Ingenieursdiplom ab und ergänzte seine Ausbildung an der Universität Aachen mit einem Betriebswirtschaftsstudium. 1987 machte er hier sein Diplom. Seine berufliche Karriere begann Lamberti unmittelbar bei der Mercedes-Benz AG im Bereich technische Planung in Untertürkheim. 1991 wechselt der gebürtige Duisburger zu Inpro nach Berlin, wo er als Leiter der Projektgruppe Expert Systems arbeitete. 1993 ging es zurück zu Mercedes-Benz, als Assistent der Leitung des Werks Sindelfingen. 1995 wurde der zweifache Diplomingenieur zum Assistenten des Vorstands Fahrzeugentwicklung ernannt. Es folgten ab 1997 Verantwortungen als Bereichsleiter CAD/CAM, Datenmanagement und Engineering. 2004 übernahm der Westfale die Leitung Informationstechnologie für Prozesstechnik im Bereich Forschung und Vorausentwicklung bei der Daimler AG. Seit 2009 ist Lamberti Leiter der Forschung und Vorentwicklung für Telematik und Infotainmentsysteme und arbeitet in Böblingen.

ATZelektronik _ Die neue Welt des Entertainments, der Vernetzung des Autos und von Open-Source-Modellen birgt die Gefahr von Hacker-Angriffen. Sind Sie mittlerweile Mitglied des Chaos Computer Clubs, um sich besser wappnen zu können?
Lamberti _ Ganz im Ernst: Wir müssen unsere Systeme gegen die Angriffe von

Ralf Lamberti

Wir werden weiterhin jenseits der Genivi-Allianz unseren eigenen Weg gehen, sagt Lamberti

weil Daimler auch diesbezüglich personell und organisatorisch sehr gut aufgestellt ist. Nicht zuletzt unterziehen wir alle Security-Themen regelmäßigen Audits durch unabhängige Auditoren.

Wie sind die Experten, die sich mit den Sicherheitsthemen beschäftigen, organisatorisch bei Daimler eingebunden?
Wir haben einiger Zeit das Center of Competence for Security gegründet, das sich mit allen relevanten IT-Sicherheitsthemen bei Daimler übergreifend beschäftigt. Das Center umfasst neben den Bereichen Telematik und Infotainment auch alle Elektrik-/Elektronikbereiche sowie die Entwicklung von Fahrerassistenzsystemen. Alle Sparten haben klare Berichtslinien und sind in die Prozesse des Konzerns mit eingebunden.

Hackern schützen. Selbstverständlich beschäftigen wir bei Daimler Spezialisten, die sich mit den entsprechenden Automobil- und IT-Security Fragestellungen bestens auskennen – mit Verschlüsselungen, Trennung von Domänen und Schnittstellen zwischen sicherheitsrelevanten Funktionen. Wir beauftragen zwar nicht den Chaos Computer Club aber externe Firmen und IT-Profis, die über ein tiefgreifendes Hackerwissen verfügen. Denen ist es egal, wie Daimler aufgestellt ist, wie der Konzern tickt oder wer welchen Rang oder Namen hat. Regelmäßig spielen wir mögliche Angriffsszenarien durch und lassen sogenannte Penetrationstests durchführen.

Internet im Auto: Das hört sich so selbstverständlich an, weil wir dieses Vernetztsein zu unserem alltäglichen Leben zählen. Wie sensibel ist das Sicherheitsthema?
Sehr sensibel. Und wir gehen hier alles andere als blauäugig vor. Es wird immer Leute geben, die unsere Systeme angreifen wollen und wir müssen die Hürde so hoch legen wie möglich um dies zu verhindern. Vor allem gilt es, immer schneller als der Angreifer zu sein. Somit müssen wir uns jeden Tag aufs Neue beweisen und Schritt halten. Wir sind hier auch nie am Ende. Dennoch bin ich entspannt,

Die Vernetzung des Automobils mit seinem Umfeld ist in der Öffentlichkeit und der Fachwelt sehr präsent und gilt als eines der bedeutendsten Innovationstreiber. Liegen Wunsch und Wirklichkeit, was die Sicherheit der Systeme betrifft, nicht manchmal weit auseinander?
Ich denke nicht. Es handelt es sich ja nicht um einen Hype, sondern um reelle Kundenwünsche und ernstzunehmende Trends, die übrigens grundlegende gesellschaftliche Tragweite haben. Konnektivität zählt für die meisten Menschen zur Selbstverständlichkeit.

Dennoch gibt es Grenzen, die für das Auto gelten.
Sicher. Aber wir implementieren bei Daimler schließlich nur die Systeme in unseren Fahrzeugen, die dem aktuellen und bestmöglichen Sicherheitsstand entsprechen. Wunsch und Wirklichkeit muss man richtig einschätzen und auf eine Zeit- und Entwicklungsschiene setzen. Wenn ich an die Car-to-X-Thematik denke, kommen weitere wichtige Treiber hinzu. Auch hier sehe ich keinen Zielkon-

flikt. Denn die heute noch offenen Sicherheitsfragen, beispielsweise für Systeme, die in drei Jahren auf den Markt kommen, müssen in drei Jahren gelöst sein. Es wäre vermessen zu sagen, wir würden heute schon die Antworten auf alle Sicherheitsfragen kennen, die in drei Jahren gestellt werden.

„Das Datensicherheitsthema wird nie enden."

Audi gründete vor vielen Jahren die Audi Electronic Venture GmbH und reagierte auf die neue Welt der Vernetzung mit einer weiteren Firma, eSolution. Was macht Daimler?
Wir arbeiten mit einem Mix von eigenen Mitarbeitern, Firmen, mit denen wir bereits lange kooperieren, und Firmen, die im Zuge der neuen IT-Themen dazugekommen sind. 1994 waren wir der erste OEM, der im Silicon Valley mit einem eigenen Mitarbeiterstamm präsent war. Damals wie heute sind wir sowohl mit den großen Unternehmen wie Google und Apple als auch mit kleinen Firmen und Start-ups vernetzt.

Wer zählt zu Ihren Partnern?
Die klassischen Zulieferer liefern weiterhin die Hardware. Inhalte für Apps kommen von Firmen, mit denen wir früher nicht zusammengearbeitet haben: beispielsweise Yelp, Morning Star, Wetterdienste wie Meteomedia. Personal Radio kommt von Aupeo aus Berlin. Die Arbeit mit IT- und Telekommunikationsfirmen, mit denen wir beispielsweise vorher im Bereich Unternehmens-IT zu tun hatten, erstreckt sich nun bis in unsere Autos.

Daimler bündelt die notwendigen Kompetenzen stärker intern als andere OEM im Telematik- und Infotainmentbereich. Das trifft auch auf die Genivi-Allianz zu, in der alle deutschen OEM außer Daimler an Standards mitarbeiten und sich vergleichbar zu Autosar organisieren. Warum?
Wir unterscheiden uns vom logischen und notwendigen Ansatz von Genivi nicht wesentlich. Ich denke, dass Daimler

Wir hätten unser Know-how im Infotainment und HMI zuweilen besser vermarkten können, meint Lamberti

in einigen Dingen schneller vorankommt als eine große und deswegen zuweilen auch langsame Organisationsformen wie Genivi. Wir zerlegen ebenso wie Genivi beispielsweise die Software eines Infotainmentsteuergeräts in Funktionsblöcke. Unsere modulare Architektur verfügt ebenfalls über eine Middleware, die offen und nicht wettbewerbs-differenzierend von einem Großteil der Lieferanten geliefert werden kann. Dadurch verfügen wir über ein hohes eigenes Know how in diesen Themen.

Bei Genivi teilen sich sehr viele Firmen hohe Entwicklungskosten. Sie müssen diese alleine schultern.
Das kann man auch anders sehen. Schneller zu sein, kann sich auch rechnen. Zudem bleibt unser Wissen im Konzern. Das hat auch einen Mehrwert.

> „Es ist spannend zu beobachten, wie sich das Nutzerverhalten verändert."

Sie verfolgen zwei Strategien, um Infotainment und Telematiksysteme im Fahrzeug zu integrieren. Können Sie uns diese erläutern?
Mit Comand online bieten wir den klassischen Ansatz einer ins Fahrzeug vollintegrierte Lösung. Hier bieten wir maximale Funktionalität mit der gewohnten Mercedes-Benz-Qualität und gehen auch mit den jungen Trends. Mit unserer auf dem Smartphone basierenden Drive-style-App bedienen wir die sogenannten Digital Natives, also – etwas überspitzt gesagt – die Zielgruppe, die ihre Identität über Smartphones definieren und immer vernetzt sein will.

Bei der Digital Drive style App nutzen Sie den externen Prozessor des Smartphones und machen sich damit von nicht automobilgerechter Technik abhängig. Wie passt das zu Ihrem Premiumanspruch?

Eigentlich gar nicht. Das mag salopp klingen. Wir binden ja mit den Endgeräten eine komplett eigene Welt an, getrennt von der Mercedes-Welt. Aber gerade das wird wiederum von vielen heute auch als Premium angesehen. Und die Nutzer wissen damit umzugehen. Sie wissen, dass ihr Smartphone bei 80 Grad in einem aufgeheizten Fahrzeug vielleicht erst abkühlen muss, bevor es wieder funktioniert. Vergessen sie das Aufladen, ist das Gerät zunächst mal außer Betrieb. Vielleicht gibt es irgendwann mal einen Königsweg. Vorerst ist es aber sehr wichtig, auf die gesellschaftlichen Trends zu reagieren, Lösungen anzubieten und das rege Treiben in der Konsumentenwelt ganz genau zu beobachten. Denn dann können wir auch proaktiv Lösungen anbieten.

Mercedes wird cooler? Inwieweit bestimmen neue Nutzerverhalten das Design und die Bedienkonzepte im Automobil?
Bezüglich des Designs und damit der Präsentation im Cockpit wird es von Daimler in diesem Jahr einen neuen Auftritt geben. Die Darstellungen werden prominenter und die Bildschirmflächen größer. Grafische Elemente werden zum einen reduziert, andererseits aber auch räumlicher und animiert. Die Bedienung wird noch intuitiver möglich sein.

Am besten mit Sprachsteuerung, bei der Sie nun von Apple und Siri profitieren?
Dass Daimler diesbezüglich besser ist, wissen wenige. Wir hätten uns hier besser vermarkten können. Fast alle Anbieter arbeiten mit der Sprachsteuerung von Nuance. Mit dem Unterschied, dass in einem Mercedes-Benz beispielsweise zweisprachige Befehle in einer riesigen Musikdatenbank möglich sind: „Spiele A better world". Das iPone findet den Titel nicht, ein Mercedes schon.

Herr Lamberti, herzlichen Dank für das Gespräch.

Sichere Botschaften – Moderne Kryptographie zum Schutz von Steuergeräten

Dr. Marko Wolf | André Osterhues

BILD © alphaspirit | Shutterstock

Die Gesamtsystemsicherheit eines Fahrzeugs gelingt nur durch die zuverlässige Absicherung aller involvierten Steuergeräte, der ausführenden Aktuatoren und ihrer Kommunikation. Escrypt beschreibt die Anwendung und Umsetzung moderner Kryptographie zum Schutz von Steuergeräten im Automobil, um unerlaubte Eingriffe, unerlaubte Kopien oder Fälschungen zu verhindern.

Kryptographie

Kryptographie, die Wissenschaft der Geheimschriften und Geheimcodes, war, von ein paar wenigen proprietären (und damit oft leicht zu brechenden) Umsetzungen abgesehen, bis in die 1990er Jahre in der Automobilwelt nicht wirklich ein Thema. Heute hingegen kommt kaum ein automobiles Steuergerät (SG) mehr ohne die vielfältigen Verfahren der modernen Kryptographie aus. Wirksame Schutzmaßnahmen gegen Diebstahl, Fälschungen oder unerlaubte Änderungen der Steuergeräte-Firmware sind ohne moderne kryptographische Verfahren zur Echtheitsprüfung (etwa Authentifizierungsprotokolle wie Challenge-Response) oder Datenverschlüsselung (symmetrische Blockchiffren wie AES) kaum zuverlässig realisierbar.

Gleichzeitig sind die etablierten kryptographischen Verfahren wie AES oder RSA oft sehr rechen- und speicherintensiv, und daher oft nur schwierig in einem automobilen Steuergerät zu realisieren wo oft jedes Bit und jede Millisekunde zählt. Und, als wenn das nicht schon schwierig genug wäre, kommen oftmals auch noch besondere, typisch automobile Sicherheitsanforderungen beispielsweise zur physikalischen Sicherheit (Tamper-Protection, Seitenkanalschutz) hinzu. Kurzum, die Umsetzung kryptographischer Funktionen in automobilen Steuergeräten ist eine ganz besondere Herausforderung.

Bild 1
Klassifizierung von
Steuergeräten

Softwareintensive Steuergeräte

In aktuellen Fahrzeugen werden vielfältige Aufgaben von elektronischen Steuergeräten (SG) übernommen. Die Anzahl der SG in Fahrzeugen der Mittel- und Oberklasse liegt mittlerweile im Bereich von 50 bis über 100. Dabei kann man sich jedes einzelne Steuergerät wie einen Mini-Computer vorstellen, bestehend aus einer CPU (meist einem Mikrocontroller), flüchtigem Arbeitsspeicher, persistentem Langzeitspeicher (meistens ein Flash-ROM, in dem Programme und Daten gespeichert sind) und der Ansteuerung der eigentlichen Funktion des Steuergeräts (beispielsweise). Darüber hinaus sind die Steuergeräte untereinander mit einem Feldbussystem verbunden. Hier kommt oftmals der CAN-Bus (Controller Area Network) zum Einsatz, weitere Systeme sind Flexray und in Zukunft wohl auch das Internet-Protokoll (IP) über Ethernet.

Bild 1 zeigt eine grobe Klassifizierung von Steuergeräten mit einigen typischen Kenngrößen. Mini-Steuergeräte auf 8-bit-Basis sind nur mit einem Minimum an RAM und ROM ausgestattet, Flash-Speicher ist in der Regel nicht vorhanden. Kleine Steuergeräte sind mit wenigen kB an RAM, ROM und Flash-Speicher ausgestattet und basieren auf 8-bit- oder 16-bit-Mikrocontrollern. In mittleren und großen Steuergeräten werden fast ausschließlich nur 32-bit-Mikrocontroller eingesetzt, die über mehrere kB an

SG-Klasse	Beispiele	Typische Kenngrößen					
		CPU	RAM	ROM	Flash	Laufzeitumgebung	Schnittstellen
Mini	Fensterheber, Reifensensor	8-bit	Wenige Bytes	Wenige kB	Kein	Direktzugriff auf Hardware	LIN
Klein	GPS-Sensor, Bremsaktuator	8/16-bit	Wenige kB	Wenige kB	Wenige kB	Direktzugriff auf Hardware, OSEK/VDX	Low-speed CAN
Mittel	Body-Controller, Klimasteuerung	32-bit	64 kB	8 kB Boot-ROM	64 kB	OSEK, Autosar	Low-speed/High-speed CAN
Groß	Motorsteuerung, Infotainment	32-bit	256kB	16 kB Boot-ROM	MB–GB	Java, Embedded Linux, Autosar	High-speed CAN, ggf. Interior + Drahtlos

RAM und – je nach Einsatzzweck – mehrere kB bis zu GB an Flash-Speicher verfügen. Für den Boot-Prozess wird ein relativ kleines Boot-ROM eingesetzt.

Anwendungsfelder für Kryptographie im Steuergerät

Um die Sicherheit des Gesamtsystems „Fahrzeug" gewährleisten zu können, reicht es nicht, nur einzelne Steuergeräte abzusichern (Insellösungen). Die vermehrte Verteilung zentraler Fahrzeugfunktionen über mehrere SG im gesamten Fahrzeug (Elektronisches Stabilitätsprogramm, ESP) verlangt die zuverlässige Absicherung aller involvierten SG, Sensoren und ausführenden Aktuatoren selbst sowie die Absicherung ihrer Kommunikation miteinander (teilweise bis hin zur Kommunikation mit der Außenwelt) gegen unerlaubte Eingriffe, unerlaubte Kopien oder Fälschungen.

Zum Schutz eines Steuergeräts selbst beziehungsweise der im SG persistent gespeicherten Daten und Programme (beispielsweise um Manipulationen am Tachometerstand oder um Chip-Tuning zu verhindern) kann etwa ein „Secure Boot"-Mechanismus eingesetzt werden. Dabei werden, wie in Bild 2 gezeigt, kryptographische Algorithmen (zum Beispiel Message Authentication Codes oder digitale Signaturen) verwendet, um sukzessive jede Zwischenstufe des Bootzyklus ausgehend vom Boot-ROM zu prüfen und bei gegebenenfalls fehlgeschlagener Überprüfung individuell zu reagieren (von der Eintragung im Fehlerspeicher bis zur Abschaltung).

Ein anderes wichtiges Anwendungsfeld von Kryptographie in SG ist zum Beispiel der Schutz vor gefälschten, gestohlenen oder für das Fahrzeug nicht autorisierten SG (Komponentenschutz). Dabei wird, wie in Bild 3 skizziert, mithilfe eines kryp-

Bild 2
Vereinfachte Abbildung des Secure-Boot-Prozess eines SGs basierend auf der Prüfung digitaler Signaturen (asymmetrische Kryptographie) beziehungsweise digitaler Authentifizierungscodes (symmetrische Kryptographie)

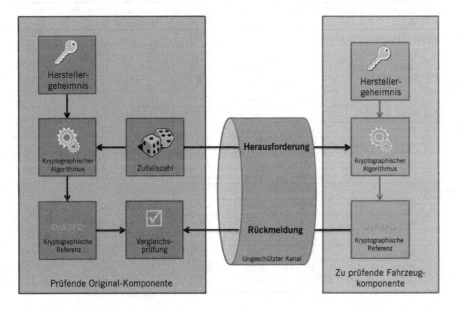

Bild 3
Einfaches Challenge-Response-Protokoll zur Fälschungsprüfung basierend auf einem Geheimnis (zum Beispiel ein kryptographischer Schlüssel), das nur Komponenten vom Originalhersteller kennen

tographischen Verfahrens regelmäßig das Vorhandensein eines (individuellen) geheimen Datensatzes (etwa ein kryptographischer Schlüssel) geprüft, über den nur die zum Fahrzeug passenden SG des Originalherstellers verfügen. Durch den Einsatz eines „Challenge-Response"-Protokolls ist eine solche Echtheitsprüfung zuverlässig möglich, ohne dass dadurch Informationen über das zugrundeliegende Geheimnis selbst preisgegeben werden. Ein ähnliches Verfahren wird im SG auch dazu verwendet, um die Zugriffsberechtigungen eines Diagnosetesters für geschützte Diagnosefunktionen zu prüfen (Stichwort: UDS Security Access). Weitere exemplarische Anwendungsfelder für Kryptographie in SG sind beispielsweise der Integritätsschutz von digitalen Kommunikationskanälen mittels kryptographischer Prüfsummen, die Datenverschlüsselung zur Verhinderung von Technologiediebstahl/Datenmissbrauch oder die Manipulationssicherung von Fehlerspeichern.

Bild 4
Performance von kryptographischen Verfahren auf verschiedenen Mikrocontrollern (Messwerte der CycurLIB v2.9, Escrypt GmbH 2013); aufgeführt sind die Messwerte für auf Geschwindigkeit optimierten Code

Kryptographische Steuergeräte-Implementierung

Die Mikrocontroller, die typischerweise in den SG zum Einsatz kommen, sind im Vergleich zu modernen Desktop-CPUs oft sehr stark eingeschränkt. Dies betrifft sowohl die Taktrate der CPU als auch die Ausstattung mit Speicher (RAM und ROM). Deshalb müssen Programmierer die kryptographischen Algorithmen so umsetzen, dass sie trotz der eingeschränkten Ressourcen noch effizient funktionieren. Hinzu kommen besondere Anforderungen an die Lesbarkeit und Wartbarkeit des Quellcodes – hier hat sich der Standard MISRA-C [1] durchgesetzt, der auf ANSI-C basiert und etwa 100 Regeln zur Verbesserung der Code-Qualität und der Laufzeiteigenschaften beinhaltet. Bild 4 zeigt vergleichbare Leistungskenndaten von verschiedenen etablierten kryptographischen Verfahren auf automobilen Mikrocontrollern unter-

SG-Klasse	Mini/Klein			Mittel			Groß		
Beispiel	8-bit (XMega256@32MHz)			16-bit (MSP430@4MHz)			32-bit (Cortex-M3@80MHz)		
Algorithmus	Durchsatz (kB/s)	Codegröße (Bytes)	RAM (Bytes)	Durchsatz (kB/s)	Codegröße (Bytes)	RAM (Bytes)	Durchsatz (kB/s)	Codegröße (Bytes)	RAM (Bytes)
Symmetrische Verfahren zur Verschlüsselung/Entschlüsselung von Daten									
3-DES-112-CBC	9,17	21144	112	2,62	6920	108	164,31	4910	129
AES-128-CBC	88,0	16663	140	17,56	13682	112	769,93	11480	118
Kryptographische Hashfunktionen									
SHA-1	32,49	5392	168	12,17	4548	224	1154,45	2856	185
Asymmetrische Verfahren zur Erstellung digitaler Signaturen									
RSA-1024	0,05	4920	3952	0,002	3834	3896	1,55	5290	3800
RSA-2048	0,007	5024	7564	n/a	n/a	n/a	0,202	3622	7384
ECDSA-160	1,0	98121	1072	0,05	8896	900	16,62	10278	951
ECDSA-256	0,12	9929	1388	0,013	9424	1364	3,98	12000	1456
Asymmetrische Verfahren zur Prüfung digitaler Signaturen									
RSA-1024 (e=3)	19,87	3692	484	0,98	3042	524	468,22	3056	503
RSA-1024 (e=65537)	2,36	3692	484	0,12	3042	524	55,42	3056	522
RSA-2048 (e=3)	5,2	3740	872	0,25	2602	908	132,42	2028	911
RSA-2048 (e=65537)	0,62	3740	872	0,03	2602	908	15,63	2028	912
ECDSA-160	0,76	98121	1220	0,04	8896	1088	12,32	10278	1124
ECDSA-256	0,08	9929	1588	0,009	9424	1592	2,8	12000	1676

schiedlicher Klassen, Bild 4. Bei den kryptographischen Verfahren handelt es sich um:

- zwei Blockchiffren zum Ver- und Entschlüsseln von Daten (3-DES: DES mit einer Schlüssellänge von 112 bit im CBC-Modus; AES-128-CBC: AES mit einer Schlüssellänge von 128 bit im CBC-Modus)
- eine kryptographische Hashfunktion (SHA-1) etwa für die Integritätsprüfung von Daten
- zwei asymmetrische Verfahren (RSA und ECDSA) zur Erstellung und Prüfung digitaler Signaturen (asymmetrische Verfahren beruhen auf einem Schlüsselpaar, das aus einem geheimen und einem öffentlichen Schlüssel besteht; mit dem geheimen Schlüssel können Nachrichten digital signiert und dann mit dem öffentlichen Schlüssel überprüft werden).

Der Datendurchsatz eines 32-bit-Mikrocontrollers ist erwartungsgemäß deutlich höher als bei 8- und 16-bit-Mikrocontrollern (bei gleicher Taktfrequenz etwa doppelt so hoch wie bei „16-Bittern" und etwa 4-mal so hoch wie bei „8-Bittern"). Beim RSA-Algorithmus hat die Wahl des Exponenten e (dies ist ein Teil des öffentlichen Schlüssels) erhebliche Auswirkung auf die Performance, daher sind in Bild 4 jeweils zwei Werte angegeben (e=3 und e=65537). Falls e=3 gewählt wird, muss ein geeignetes Padding (zum Beispiel PSS oder OAEP) verwendet werden, da ansonsten eine Angriffsmöglichkeit besteht. Bei der Implementierung der kryptographischen Verfahren gibt es einige Frei-

heitsgrade, um den Code an die vorgegebene Hardware anzupassen. So kann beispielsweise die Geschwindigkeit zugunsten einer kleineren Codegröße geopfert werden. Der Datendurchsatz wird dadurch jedoch deutlich absinken (typisch ist eine Halbierung), während die Codegröße auf unter 10 kB (ECC-Verfahren) beziehungsweise unter 5 kB (Blockchiffren, SHA-1 und RSA) verringert werden kann (dies gilt für alle Prozessorvarianten).

Optimierungen am Arbeitsspeicher

Ein anderes wichtiges Optimierungskriterium ist der Bedarf an Arbeitsspeicher (RAM), der vor allem durch den Stack-Verbrauch (das heißt, die Anzahl der Variablen in den jeweiligen Funktionen und die Rekursionstiefe der Funktionen) dominiert wird.

Weitere Stellgrößen zur Optimierung einer kryptographischen Implementierung können deren Flexibilität (beispielsweise eingeschränkter Umfang verwendbarer Schlüssellängen, Bild 5, oder Datenformate) oder Zuverlässigkeit (etwa weniger Laufzeitprüfungen, einfachere Fehlerbehandlung) beeinflussen. Weiterhin besteht auch die Möglichkeit, die Sicherheit des kryptographischen Verfahrens zu reduzieren, indem bestimmte Schutzmaßnahmen auf Implementierungsebene reduziert werden (etwa Schutzmaßnahmen gegen Seitenkanalangriffe) oder schlicht „schwächere" Algorithmen (zum Beispiel DES

Bild 5
Empfohlene Schlüssellängen (in Bits) internationaler Kryptographie-Experten für verschiedene Krypto-Verfahren und Sicherheitsstufen [2]

Krypto-Verfahren	Mittelfristige Sicherheit (bis 2030)	Langfristige Sicherheit (bis 2040)	Ferne Zukunft (über 2040 hinaus)
Blockchiffren (3DES, AES)	112	128	256
Hashfunktionen (SHA-1, SHA-2)	224	256	512
Asymmetrisch (RSA)	2432	3248	15424
Elliptische Kurven (ECDSA)	224	256	512

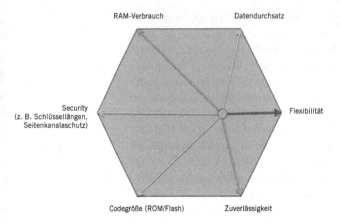

RAM-Verbrauch   Datendurchsatz

Security (z. B. Schlüssellängen, Seitenkanalschutz)   Flexibilität

Codegröße (ROM/Flash)   Zuverlässigkeit

Bild 6
Exemplarische Zielkonflikte bei der Optimierung kryptographischer Implementierungen für eine vorgegebene Hardware-Architektur (= konstante Fläche)

statt 3DES) oder kurze Schlüssellängen verwendet werden. Bei den asymmetrischen Verfahren (RSA und ECDSA) führt eine Halbierung der Schlüssellänge beispielsweise ungefähr zu einer Vervierfachung des Datendurchsatzes. Allerdings sollten die Schlüssellängen mit Bedacht gekürzt werden, Bild 5, da Angreifer andernfalls durch Brute-Force-Methoden (das bedeutet durch das Durchprobieren aller Kombinationsmöglichkeiten) das kryptographische Verfahren überwinden könnten.

Wie in Bild 6 exemplarisch skizziert, führt jedoch die Optimierung eines Kriteriums oft gleichzeitig zur Verschlechterung eines oder mehrerer anderer Optimierungskriterien, sodass der Grad und die Gewichtung der größtenteils gegensätzlichen Optimierungsziele sorgsam den Anforderungen der jeweiligen Anwendung angepasst werden müssen.

Zusätzlich zu den Anforderungen an die Performance spielt – gerade im Automobil – oft auch die physikalische Sicherheit der konkreten Umsetzung eine entscheidende Rolle. So kann ein Angreifer beispielsweise versuchen, die Hardware anzugreifen, die die kryptographische Funktion ausführt, um so etwa kryptographische Schlüssel auszulesen oder gezielt zu manipulieren. Einige Mikrocontroller bieten hier einen zusätzlichen

Schutz („Tamper-Protection"), bei der das SG auch wirksam vor unautorisierten mechanischen Eingriffen geschützt wird, indem die Hardware-Komponenten zum Beispiel in speziell geschützten Gehäusen untergebracht werden. Versucht ein Angreifer diese zu öffnen, wird dies durch Sensoren erkannt und die kritischen Komponenten (etwa Schlüssel) werden automatisch gelöscht. Bei manchen Geräten wird sogar die Hardware physikalisch zerstört (etwa durch Säure).

Ein weiterer physikalischer Aspekt ist der Seitenkanalschutz. Die Implementierung und Ausführung eines kryptographischen Verfahrens erzeugt von außen beobachtbare Korrelationen beispielsweise des Stromverbrauchs, der elektromagnetischen Abstrahlungen oder des Zeitverhaltens, welche wiederum gezielte Rückschlüsse auf das gerade verarbeitete kryptographische Geheimnis (etwa den Schlüssel) ermöglichen.

Gefährliche Seitenkanalangriffe

Seitenkanalangriffe, Bild 7, sind nicht nur theoretischer Natur. Sie können heute oft in relativ kurzer Zeit (Stunden bis Tage) gegen echte Kryptoprodukte wie Chipkarten oder Funkschlüssel erfolgreich durchgeführt werden (siehe Keeloq [3]). Allerdings wird für die meisten Seitenkanalangriffe spezielle, aufwendige Messausrüstung benötigt (beispielsweise Speicheroszilloskop mit speziellen Messsonden).

Neben technischen Maßnahmen zur Absicherung der Implementierung in Hardware und Software sind auch konzeptionelle und organisatorische Maßnahmen wichtig, um sich vor Angriffen zu schützen. Dies beinhaltet beispielsweise Sicherheitsvorgaben für organisatorische Prozesse wie die Schlüsselverteilung (in der SG-Produktion) als auch konzeptionelle Schutzmaßnahmen wie die Vermeidung eines globalen Master-

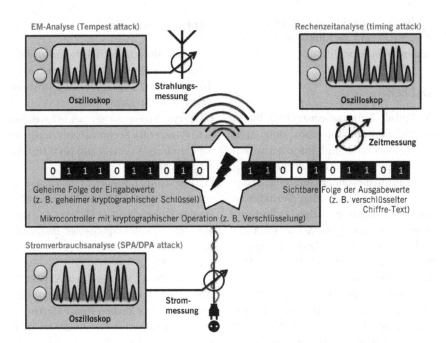

EM-Analyse (Tempest attack)

Oszilloskop

Strahlungs-
messung

Rechenzeitanalyse (timing attack)

Oszilloskop

Zeitmessung

`0 1 1 1 0 1 1 0 1 0`   `1 1 0 0 1 0 1 1 0 1`

Geheime Folge der Eingabewerte
(z. B. geheimer kryptographischer Schlüssel)

Sichtbare Folge der Ausgabewerte
(z. B. verschlüsselter
Chiffre-Text)

Mikrocontroller mit kryptographischer Operation (z. B. Verschlüsselung)

Stromverbrauchsanalyse (SPA/DPA attack)

Oszilloskop

Strom-
messung

Bild 7
**Verschiedene
Seitenkanalangriffe
(side channel
attacks) auf eine
kryptographische
Implementierung,
die Rückschluss
auf das gerade
verarbeitete
kryptographische
Geheimnis (etwa
den Schlüssel)
ermöglichen**

Schlüssels, der leicht die Sicherheit eines Gesamtsystems gefährdet, falls dieser auch in nur einem SG erfolgreich ausgelesen und kopiert werden konnte. Weiterführende praktische Hinweise zum Thema Schlüsselmanagement werden in Bild 4 ausführlich beschrieben.

Existierende Realisierungen

Für den Einsatz in automobilen Steuergeräten gibt es bereits zuverlässige und effiziente Realisierungen. Mit der „Crypto Abstraction Library" (CAL, [5]) hat beispielsweise das Autosar-Konsortium eine Standardschnittstelle definiert, mit der kryptographische Funktionen in Software und/oder Hardware einheitlich angesprochen werden können. Für die Umsetzung der kryptographischen Funktionen eignen sich speziell für den Einsatz in Steuergeräten optimierte modulare Bibliotheken wie beispielsweise die CycurLIB [6], welche die knappen Ressourcen automobiler Steuergeräte effizient und zuverlässig nutzen. Viele aus

dem PC-Bereich bekannte Software-Krypto-Bibliotheken, wie etwa die Open-Source-Bibliothek OpenSSL, sind hingegen meist ungeeignet, da sie oft sehr groß, unflexibel und nicht Misra-konform sind.

Für kryptographische Hochleistungs- und Hochsicherheits-Anforderungen stehen „Hardware Security Module" (HSMs) zur Verfügung, deren dedizierte Hardware die jeweiligen Kryptoalgorithmen besonders schnell und energieeffizient ausführen kann. Zusätzlich bieten HSMs oft zusätzliche physikalische Schutzmaßnahmen wie sicheren Speicher für Schlüssel und „Tamper-Protection," und sie sind oft nach Standards wie Nist Fips 140-2 oder Common Criteria sicherheitszertifiziert. Immer öfter sind solche HSMs heute bereits Bestandteil automobiler Mikrocontroller. Als Beispiel sei hier die „Secure Hardware Extension" (SHE) der Herstellerinitiative Software (HIS) genannt [7], die aus einem hardwarebasierten AES-128 besteht und zusätzliche Funktionen wie sicheren Schlüsselspeicher, Zufallszahlengenerator, Integritätsschutz und Schlüsselableitungsfunktionen bereitstellt.

Ausblick

Die digitale Informationstechnik bleibt weiter der automobile Innovations-Treiber. Datenschutz und Informationssicherheit spielen dabei eine immer wichtigere Rolle, insbesondere hinsichtlich der weiter voranschreitenden Vernetzung von Fahrzeugen mit der Außenwelt (Internet, Fahrzeug-zu-X-Kommunikation) und zukünftigen Anwendungsszenarien aus der Elektromobilität oder dem autonomen Fahren.

Zur Absicherung dieser rechtlich, finanziell und vor allem für die Fahrsicherheit immer wichtiger werdenden Daten und Kommunikationskanäle werden hocheffiziente, zuverlässige Realisierungen kryptographischer Verfahren im Automobil gleichzeitig zwingende Notwendigkeit als auch vielversprechender Wegbereiter für zahlreiche neue Anwendungen.

Literaturhinweise

[1] Misra (Motor Industry Software Reliability Association): Misra-C: 2004 – Guidelines for the use of the C language in critical systems, 2004, ISBN 0952415623

[2] Ecrypt II (Eropean Network of Excellence in Cryptology II): Ecrypt II Yearly Report on Algorithms and Keysizes (2010-2011), Revision 1.0, 30.06.2011

[3] Eisenbarth, T.; Kasper, T.; Moradi, A.; Paar, C.; Salmasizadeh, M.; Manzuri Shalmani, M. T.: Physical Cryptanalysis of KeeLoq Code Hopping Applications, Cryptology ePrint Archive: Report 2008/058, 02.02.2008, http://eprint.iacr.org/2008/058

[4] Schleiffer, C.; Weimerskirch, A.; Wolf, M.; Wolleschensky, L.: Secure Key Management – A Key Feature for Modern Vehicle Electronics. In: Society of Automotive Engineers (SAE) World Congress 2013, Detroit, Michigan, USA, 16.-18. April

[5] Autosar: Specification of Crypto Abstraction Library (CAL), Version 1.2.0, Release 4.0, www.autosar.org/download/R4.0/AUTOSAR_SWS_CryptoAbstractionLibrary.pdf

[6] Escrypt GmbH: CycurLIB, www.escrypt.com/products/cycurlib/overview/

[7] Herstellerinitiative Software: SHE – Secure Hardware Extension V1.1, 2009, www.automotive-his.de

Fahrerassistenzsysteme – Effizienter Entwurf von Softwarekomponenten

DR. ROBIN SCHUBERT

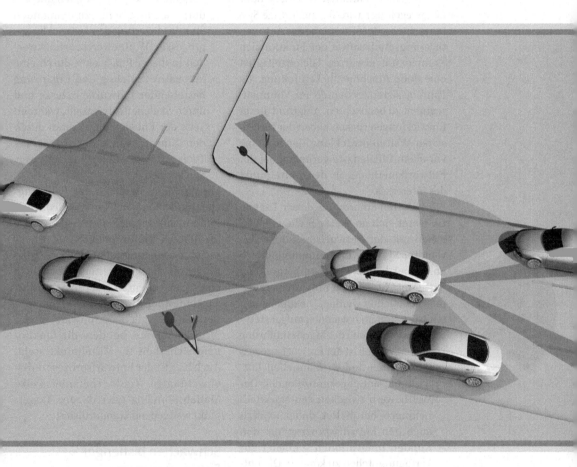

Die zunehmende technische Weiterentwicklung und Verbreitung von Fahrerassistenzsystemen rückt die Betrachtung des Entwurfsprozesses derartiger Systeme in den Mittelpunkt. Baselabs stellt eine software-gestützte Methodik vor, die einen schnelleren und effizienteren Entwurf von Softwarekomponenten für die zuverlässige Erkennung des Fahrzeugumfelds ermöglicht. Die vorgeschlagene Methodik wird anhand eines exemplarischen Tracking-Systems analysiert.

Analyse

Fahrerassistenzsysteme leisten einen wichtigen Beitrag zur Erhöhung der Verkehrssicherheit, des Fahrkomforts und der Effizienz im Straßenverkehr. Während heutige Systeme durch eine Teilautomatisierung der primären Fahraufgabe charakterisiert sind (beispielsweise durch eine automatische Quer- oder Längsregelung), wird für zukünftige Systeme eine weitere Zunahme des Automatisierungsgrads sowie der funktionalen Komplexität erwartet. Gleichzeitig ist eine stetig zunehmende Verbreitung von Fahrerassistenzsystemen im Volumensegment zu beobachten. Aufgrund dieser Entwicklungen rücken neben der technischen Weiterentwicklung der Systeme vor allem Effizienzsteigerungen bei der Entwurfsmethodik in den Mittelpunkt des Interesses.

Zur besseren Einordnung dieser Thematik bietet sich an dieser Stelle ein Vergleich mit der Entwurfsmethodik verwandter Systeme im Automobilbereich an. Dabei können systemübergreifend bestimmte Stufen von Entwurfsparadigmen beobachtet werden. Die drei bedeutendsten sind im Folgenden aufgelistet:

- Vor und während der Markteinführung neuer Systeme ist der Entwurfsprozess durch einen hohen manuellen Entwicklungsanteil gekennzeichnet. Der Wettbewerb zwischen den Marktteilnehmern beinhaltet dabei explizit auch den Entwurfsprozess, um den Kunden Innovationen schneller zur Verfügung stellen zu können. Die Entwicklungskosten werden bei diesem Modell meist individuell vom einzelnen Anbieter getragen.

- Bei der Weiterentwicklung von Systemen nach der Markteinführung treten verstärkt Effizienz- und Kostenaspekte bei den Anbietern in den Vordergrund. Die Marktteilnehmer versuchen, über die Steigerung der Entwurfsgeschwindigkeit und der Erhöhung der Wiederverwendbarkeit Kostenvorteile zu realisieren. Erste Ansätze zur Standardisierung von Teilen des Prozesses werden entwickelt.

- Die zunehmende Verbreitung der erfolgreich etablierten Systeme führt zu einer Standardisierung von Teilkomponenten und Schnittstellen und dadurch auch zu einer zunehmenden Standardisierung des Entwicklungsprozesses. Wettbewerbsvorteile werden in dieser Phase eher durch eine innovative Nutzung und Ergänzung bestehender Entwurfsprozesse und durch Skaleneffekte erzielt, während Teile der Entwicklungskosten durch den Einsatz von standardisierten Tools auf viele Anbieter verteilt werden können.

Verschiedene Bereiche der Fahrzeugelektronik lassen sich unterschiedlichen Phasen zuordnen. So ist beispielsweise im Bereich Infotainment eine zunehmende Standardisierung des Entwurfsprozesses zu beobachten, die sich in einer konsequenten Nutzung von Entwicklungstools (wie EB Guide) manifestiert. Gleiches gilt beim Softwareentwurf für Steuergeräte, bei dem die funktionale Sicherheit im Mittelpunkt steht. Auch hier ist der Entwurfsprozess durch einschlägige Tools (beispielsweise Matlab Simulink oder dSpace TargetLink) weitgehend standardisiert.

Schwächen bisheriger Entwurfsprozesse

Im Bereich Fahrerassistenz – insbesondere bei der Thematik Umfelderkennung – steht die Standardisierung des Entwurfsprozesses hingegen noch weitgehend am Anfang. Dafür lassen sich verschiedene Ursachen identifizieren:

- Fahrerassistenzsysteme sind durch eine sehr hohe Vielfalt bei der ver-

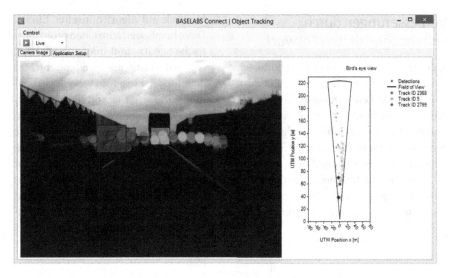

Bild 1
Aus Radardaten (Kreise) können durch die Kombination von Modellwissen und probabilistischen Schätzverfahren zuverlässig andere Fahrzeuge im Fahrzeugumfeld identifiziert werden (Rechtecke)

wendeten Sensorik (Mono-/Stereokamera, Radar, Ultraschall, Lidar) charakterisiert. Eine weitgehend standardisierte Sensorkonfiguration ist aus heutiger Perspektive nicht absehbar.

■ Für die zuverlässige Erkennung des Fahrzeugumfelds sind komplexe probabilistische Algorithmen erforderlich, Bild 1, die bislang nicht hinreichend modularisiert und standardisiert waren, um einen toolgestützten Entwurf zu ermöglichen.

■ Die Implikationen zukünftiger Entwicklungen, beispielsweise der Integration von Fahrzeug-Fahrzeug-Kommunikation für den Entwurfsprozess, sind heute nur schwer absehbar. Insgesamt gesehen erschwert die hohe Innovationsgeschwindigkeit in diesem Bereich eine Standardisierung des Entwurfs.

Für die weitere Analyse ist eine Unterscheidung des Entwurfsprozesses von Fahrerassistenzsystemen in zwei Kategorien hilfreich: Für den Entwurf von Multisensorapplikationen sowie die Aufzeichnung und Wiedergabe entsprechender Sensordaten existieren Softwarewerkzeuge (zum Beispiel „Baselabs Connect"). Solche Werkzeuge erhöhen die Effizienz bei dem Entwurf und der Validierung derartiger Systeme deutlich – in Anlehnung an die vorgeschlagene Kategorisierung kann hier vom Entwurf nach Stufe 2 gesprochen werden.

Der Entwurf von Softwarekomponenten zur zuverlässigen Umfelderkennung befindet sich momentan hingegen noch auf der ersten Entwicklungsstufe – hinsichtlich des Entwurfsprozesses. Weder existieren etablierte Schnittstellen zur Modularisierung derartiger Algorithmen, noch waren bisher Softwarewerkzeuge verfügbar, die substantielle Effizienzsteigerungen bieten konnten.

Aus diesem Grund wird in diesem Artikel ein innovativer Entwurfsansatz für Umfelderkennungs- und Datenfusionskomponenten vorgestellt, der einen Beitrag zur Standardisierung des Entwurfsprozesses, der Erhöhung der Wiederverwendbarkeit und der signifikanten Steigerung der Entwurfseffizienz leistet. Grundlage dieses Prozesses ist das Entwicklungstool „Baselabs Create" [1].

Verbesserungen durch softwaregestützten Entwurf

Ziel der softwaregestützten Methodik ist ein schnellerer und effizienterer Entwurf von Umfelderkennungssystemen sowie die Sicherstellung der Wiederverwendbarkeit und Austauschbarkeit algorithmischer Komponenten. Dies wird durch die folgenden vier Aspekte realisiert:

■ Algorithmenbibliothek: Grundlage des softwaregestützten Entwurfsprozesses ist eine erweiterbare Komponentenbi-

bliothek auf algorithmischer Ebene. Diese beinhalten zum einen probabilistische Schätz- und Inferenzverfahren, Bild 2, und zum anderen typische Modelle für den Einsatz in Verkehrsanwendungen, Bild 3. Der Vorteil bei der Verwendung vorimplementierter Algorithmen liegt vor allem in deren schneller Einsatzfähigkeit und der dadurch deutlich reduzierten Zeit vom Beginn der Entwicklung bis zum Vorliegen eines ersten Demonstrators. Zusätzlich wird durch den Einsatz automatisierter Test-

Bild 2
Typische probabilistische Schätzverfahren, die in aktuellen Umfelderkennungssystemen zum Einsatz kommen

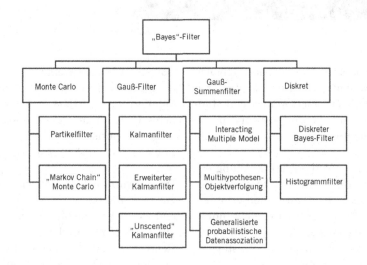

Bild 3
Häufig eingesetzte Modelle zur Umfelderfassung (die rechte Spalte zeigt jeweils eine exemplarische Ausprägung)

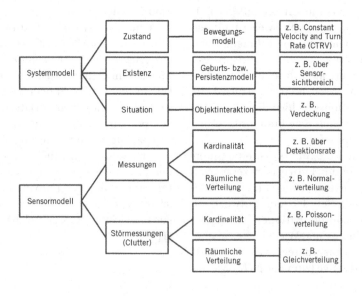

verfahren beim Softwarehersteller eine deutlich höhere Robustheit der Komponenten erreicht.

- Modularisierung: Notwendige Voraussetzung für den flexiblen Einsatz des Entwicklungswerkzeuges ist eine weitgehende Modularisierung von probabilistischen Schätzverfahren und Modellen sowie die Definition einheitlicher, generischer Schnittstellen. Dies ermöglicht es, Modelle und Schätzverfahren auszutauschen und im Rahmen der mathematischen Zulässigkeit beliebig zu kombinieren und somit die Freiheitsgrade im Entwurfsprozess optimal und effizient zu nutzen.

- Compilerunterstützung: Ein häufiges Problem bei der Validierung von Umfelderkennungssystemen ist das Auftreten komplexer Fehler zur Laufzeit, deren Ursachen oft nur schwer identifizierbar sind. Der vorgeschlagene Tooleinsatz ermöglicht es, das Zusammenspiel algorithmischer Komponenten bereits durch den Compiler zu prüfen. Somit können typische Fehler frühzeitig erkannt und behoben werden. Dies führt zu einer deutlichen Reduktion des nachfolgenden Absicherungsaufwands.

- Entwurfsunterstützung: Im Vergleich zu manuellen Entwurfsmethoden ermöglicht ein softwaregestützter Entwurfsprozess eine stärkere grafische Unterstützung beim Algorithmenentwurf. Dies führt zu einer deutlich früheren Verfügbarkeit erster prototypischer Systemrealisierungen. So erfolgt beispielsweise die Bereitstellung der Algorithmen und Modelle durch einen Softwareassistenten, der den Benutzer bei der Implementierung unterstützt, Bild 4.

Nutzen

Die bis hierher geschilderten technischen Innovationen der softwaregestützten Entwurfsmethodik, Bild 5, unter Einsatz von Baselabs Create spiegeln sich auf unterschiedliche Weise als Effizienzgewinne wider. So führen die erstmals in einem Softwareprodukt eingesetzten generalisierten Schnittstellen innerhalb der Umfeldwahrnehmung zu einer besseren Vergleichbarkeit und Wiederverwendbarkeit von Teilalgorithmen, da ihre jeweilige Softwarerepräsentation erst durch die Schnittstellen unabhängig von anderen Softwaremodulen wird und damit auch separat validiert werden kann.

Bild 4
Unterstützter Entwurf einer Filterkomponente

Bild 5
Mittels des softwaregestützten Entwurfsprozesses implementierte Applikation zur radarbasierten Fahrzeugverfolgung

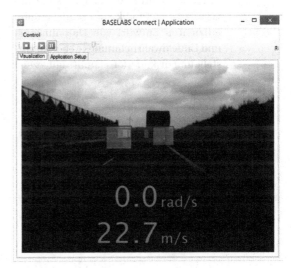

Die Einbindung der beschriebenen Algorithmenbibliothek mit erprobten Modulen führt zu einem deutlich geringeren Umsetzungsaufwand, der sich in einer deutlich verkürzten Zeit bis zum Vorliegen eines ersten Demonstrators beziehungsweise bis zur Fertigstellung des Systems niederschlägt. Dies wird auch unterstützt durch die automatische Parametrierung, die die applikationsspezifische Einstellung der Parameter für die Algorithmen in sehr kurzer Zeit ermöglicht. Der Entwicklungsingenieur wird von routinemäßigen Programmieraufgaben entlastet und kann sich folglich besser auf die Optimierung seines Systems konzentrieren.

Schließlich führen die Entwurfsunterstützung durch den Compiler und verschiedene grafische Assistenten zu einem reduzierten Absicherungsaufwand, da Fehler deutlich früher als bisher identifiziert oder durch die Reduktion manueller Entwurfsschritte weitgehen vermieden werden können. Dies alles schlägt sich in einer verbesserten Systemqualität und einer gleichzeitigen Reduktion der Entwicklungskosten nieder.

Zusammenfassung

In diesem Beitrag wurde eine softwaregestütztes Methodik zum schnellen und effizienten Entwurf von Datenfusions- und Umfeldwahrnehmungssystemen vorstellt und diskutiert. Es konnte aufgezeigt werden, wie sich durch den konsequenten Einsatz der modularen Algorithmenbibliothek von Baselabs Create mit standardisierten Schnittstellen entsprechende Systeme deutlich schneller umsetzen und evaluieren lassen. Dieser Nutzen wurde in verschiedenen veröffentlichten Fallstudien im Bereich Fahrzeugtracking [3] oder Lokalisierung [2] untersucht. Für einen visuellen Eindruck des Entwurfsprozesses am Beispiel eines Multi-Object-Trackers sei außerdem auf [4] verwiesen.

Der vorgestellte Ansatz trägt dazu bei, die Entwurfseffizienz im Bereich Fahrerassistenzsysteme signifikant zu erhöhen und somit die weitere Entwicklung und Verbreitung innovativer Funktionen für den Fahrer zu ermöglichen.

Literaturhinweise

[1] Baselabs GmbH, Products – Baselabs, www.baselabs.de/create.html

[2] Obst, M.; Adam, C.; Wanielik, G.; Schubert, R.: Probabilistic Multipath Mitigation for GNSS-based Vehicle Localization in Urban Areas, ION GNSS Conference, 2012

[3] Schubert, R.; Adam, C.; Richter, E.; Bauer, S.; Lietz, H.; Wanielik, G.: Generalized probabilistic data association for vehicle tracking under clutter, IEEE Intelligent Vehicles Symposium, 2012

[4] Baselabs GmbH, Product Video: Multi-Object-Tracking, http://www.youtube.com/user/Baselabslive

Chiplösungen für Fahrerassistenzsysteme

Philipp Hudelmaier | Dr. Karsten Schmidt

Neue Fahrerassistenzsysteme stellen immer höhere Ansprüche an die Rechenleistung, Funktionalität und den Preis der im Steuergerät eingesetzten Bauteile. Nachdem diese Anforderungen in der Regel nicht durch kommerziell verfügbare Standardprodukte zu erfüllen sind, stellt Fujitsu einen kostenoptimierten Prozess zur kundenspezifischen Chipentwicklung bereit.

Entwicklung von Assistenz-systemen – Herausforderungen

Fahrerassistenzfunktionen sollen den Fahrkomfort erhöhen und für mehr Sicherheit im Straßenverkehr sorgen. Hierzu zählen beispielsweise das ACC-System (Adaptive Cruise Control), Multikamera- oder Navigationssysteme, die dem Fahrer kontaktanaloge Informationen bereitstellen. Im Hinblick auf das langfristige Ziel einer automatisierten Verkehrsführung stellt das Erfassen und die Bewertung der aktuellen Verkehrssituation immer noch eine der größten Herausforderungen dar. Zur Erfassung der Verkehrssituation werden Videokameras, Ultraschalltechnik, Lidar- und Radarsensoren sowie Fahrzeugdaten von Fahrdynamiksensoren wie Intertialsensoren für Beschleunigungen und Drehraten, Lenkwinkel und Raddrehzahl verwendet. Ortungsdienste und Car-to-X-Kommunikation ergänzen diese. Bei der Verarbeitung dieser Sensordaten kommen spezielle Hardwarekomponenten zum Einsatz, deren Architekturen auf die Anwendungsfälle hin optimiert sind und gleichzeitig die im Automobilbereich verbindlichen Qualitätsstandards in Bezug auf die Zuverlässigkeit und Sicherheit erfüllen. Aufgrund der im Automobilbereich limitierten Rechenleistung und den geltenden Echtzeitanforderungen sind rein softwarebasierte Lösungen ungeeignet, um die enormen Datenmengen der Sensorsysteme zu verarbeiten.

Die komplexe Architektur solcher Systeme macht es erforderlich, bei der Entwicklung der Algorithmik auf Großrechner oder Workstations zurückzugreifen. Eine Integration der realen Fahrzeug- und Sensordaten in die Simulationsumgebung ermöglicht eine erste Evaluierung des Systemverhaltens. Anschließend beginnt die Vorentwicklungsphase mit der Partitionierung der Algorithmen in Hard- und Softwaremodule. Je nach Systemarchitektur und Anforderungen an die Rechenleistung folgt zunächst die Umsetzung der Funktionalität mithilfe einer gängigen Hardwarebeschreibungssprache (VHDL oder Verilog) auf eine FPGA-Plattform. Spezielle Komponenten wie schnelle serielle Kommunikationsschnittstellen werden dabei durch diskrete externe Bausteine ergänzt. Nach einer anschließenden Evaluierungsphase auf Komponentenebene startet die Serienentwicklung mit der Bewertung und der Integration dieser Komponenten im Gesamtsystem. Sobald das Design einen stabilen Entwicklungsstand erreicht hat, wird ausgehend vom FPGA Design die Umsetzung für eine Spezialchiplösung gestartet. Dabei ist zunächst die vorhandene Register-Transfer-Level-Beschreibung (RTL-Beschreibung) an die Struktur eines Standardzellen-ASIC anzupassen. Gleiches gilt sowohl für FPGA-spezifische Blöcke wie CPU- und DSP-Module als auch für die Schnittstellen zu externen Komponenten, zum Beispiel „DDR Memory Controller". Für die Schritte von der Realisierung, Verifikation, Synthese, „Design for Test" bis zum Layout des ASIC-Designs ist das Know-how von Experten gefragt. Für einige Kunden stellt die Komplexität bei der Umsetzung eines anwendungsspezifischen Chips eine große Hürde dar, die in vielen Fällen eine optimale und kosteneffiziente Realisierung der gewünschten Funktionalität verhindert.

Forderung nach einem neuen Verfahren

Für die Herstellung von Spezialchiplösungen wird ein Verfahren benötigt, das eine frühzeitige Umsetzung der Ergebnisse von Forschung und Entwicklung, zum Beispiel Algorithmen für die Objekterkennung oder Sensorfusion, in eine kundenspezifische Halbleiterlösung zu vertretbaren kommerziellen Bedingungen ermöglicht. Gewünscht ist ein Entwicklungsablauf, der ausgehend von der Vorentwicklung über die Systemmusterphase bis zur Serienproduktion einen Entwicklungsablauf ohne wesentliche Strukturveränderungen der Musterbauteile gewährleistet. Ein nahtloser Übergang von der programmierbaren Logik zum kundenspezifischen Bauteil muss möglich sein. Diese Vorgehensweise soll einen Zeitgewinn in der Entwicklungsphase erzielen, mit dem eine Minimierung des Risikos und folglich eine Verbesserung der Kostensituation einhergeht.

Der neue Entwicklungsansatz

Von der Idee bis zum fertigen Halbleiterbaustein für die Volumenproduktion sind eine ganze Reihe von Entwicklungsschritten zu durchlaufen. Fujitsu hat ein Konzept erarbeitet, das bei kundenspezifischen Applikationen einen auf die Autoindustrie zugeschnittenen Entwicklungsprozess vorgibt, Bild 1. Gestartet wird bereits in einer sehr frühen Phase, gemeinsam mit der Vorentwicklungsabteilung der Kunden.

Insbesondere bei Fahrerassistenzanwendungen werden die Bildverarbeitungs- und Erkennungsalgorithmen in der Regel auf Workstations oder Großrechnern entwickelt. Sie müssen später in ein geeignetes Steuergerät für den Einsatz im Fahrzeug umgesetzt werden. Dafür sind zahlreiche Kriterien hinsichtlich Einbaugröße, Temperatur, Verlustleistung und Leistungsfähigkeit zu erfüllen. Werden die Algorithmen nur durch Software auf eingebetteten CPU Cores abgebildet, ist in vielen Fällen die Rechengeschwindigkeit nicht ausreichend. So lassen sich beispielsweise im Fall von Bildverarbeitungs-algorithmik nur einige wenige Bilder pro Sekunde berechnen. Teilt man allerdings die Algorithmen in geeignete Einzelprozesse auf und integriert diese als Kette von Hardwarebeschleunigern in einen kundenspezifischen Baustein, so lässt sich die Verarbeitungsgeschwindigkeit so weit erhöhen, dass eine Echtzeitfähigkeit möglich ist. Mit diesen Überlegungen kommt man schnell zum Wunsch nach einem kundenspezifischen Ansatz. Je nach Erfahrung erfolgt die Spezifikation durch den Kunden selbst in Form einer RTL-Beschreibung. Alternativ besteht die Möglichkeit der Zusammenarbeit mit einem externen Entwicklungsteam, wie es beim Fraunhofer-Institut für Integrierte Schaltungen (IIS) zu finden ist. In dieser Konstellation erhält der Kunde umfangreiche Unterstützung, die sich von der Spezifikationsphase über Design, Verifikation, Synthese, Layout und bis zur Erstellung der Fertigungsdaten für die Prototypenerstellung erstreckt.

Bild 1
Entwicklungsablauf einer Prototypen-Entwicklung mittels Fujitsu-Multi-Project-Wafer-Technik

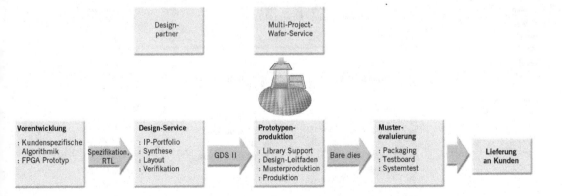

IP-Portfolio für effiziente Entwicklung

Für eine effektive Entwicklungsarbeit ist es unerlässlich, auf vorentwickelte Module (sogenannte Intellectual-Property (IP)-Blöcke) für Standardfunktionalitäten wie CPU Cores, Memory controller, Schnittstellen (CAN, USART etc.), zurückzugreifen. Hierfür steht ein vielfältiges Portfolio von Fujitsu und Partnern zur Verfügung, Bild 2. Dazu gehören auch vorgefertigte Layouts bestimmter Funktionen, die als Hard-Macro in den Chip integrierbar sind. Neben den CPU Cores umfassen die Hard-Macros auch Analog-Funktionen wie PLLs, ADC oder DAC und die I/O-Komponenten von Standard-Interfaces wie USB3.0, PCIe und DDR2/3. Der Großteil der IP-Module wird techno-logieunabhängig als synthetisierbarer RTL-Code bereitgestellt. Das IP-Portfolio beinhaltet neben selbst entwickelten Blöcken auch Module von Partnerfirmen, die von Fujitsu bereits lizensiert und für den Einsatz im Automobilbereich qualifiziert sind. Dazu zählen beispielsweise eine Vielzahl von ARM CPU und GPU Cores inklusive der zugehörigen Peripherie, konfigurierbare Prozessoren von Tensilica oder der Automotive Pixellink (APIX) von Inova Semicondcutors.

Entwicklungsprozess

Ausgehend von der Systemspezifikation und der Referenzimplementierung erstellt Fujitsu in Verbindung mit dem Designpartner die Umsetzung des RTL-Codes in eine ASIC-optimierte Beschrei-

Bild 2
Auszug aus dem
IP-Portfolio von
Fujitsu und seinen
Designpartnern

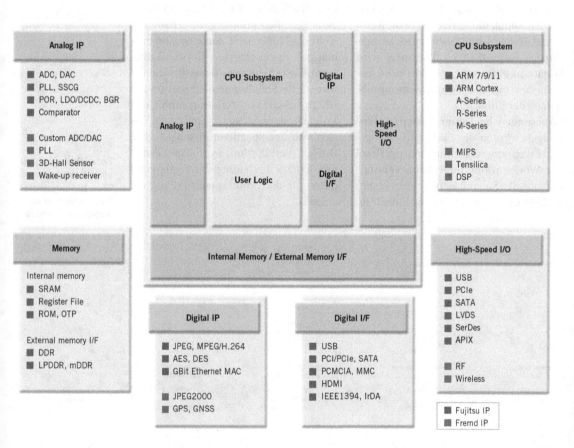

bung der Funktionalität. Dabei werden FPGA-spezifische Module – zum Beispiel DSP-Blöcke, interne Speicher oder FPGA-optimierte CPU-Module – durch IP-Blöcke aus dem Fujitsu-Portfolio ersetzt und deren Funktion anhand von Simulationen und Äquivalenz-Checks sichergestellt. Dann erfolgen die Synthese und das Layout der RTL-Beschreibung durch Fujitsu oder eine Partnerfirma in die eingesetzte ASIC-Technik, Bild 3. Der Entwicklungsprozess berücksichtigt ASIC-spezifische Besonderheiten die beim FPGA-Design nicht benötigt werden. Dazu zählt der Einbau der Testlogik für die Produktion, sowie ein ausgeklügeltes Power-Management und die Generierung und Optimierung der Taktverteilung. Spezielle Designregeln bilden die Grundlage zur nachfolgenden Qualifizierung der Chips gemäß den geltenden Anforderungen aus dem Automobilbereich. So lassen sich auch spezielle Anforderungen an die funktionale Sicherheit gemäß ISO 26262 im Design integrieren.

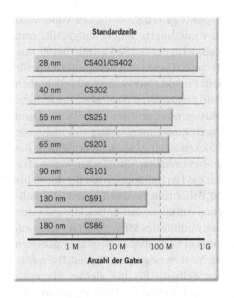

Bild 3
ASIC-Technologieübersicht

Abschließend erfolgt die Erstellung der Produktionsdaten (GDS-Daten) und die Prototypenfertigung mithilfe eines Multi-Project-Wafer(MPW)-Durchlaufs. Dabei wird mithilfe des Elektronenstrahl-Direktschreibeverfahrens zu fest vorgegebenen Produktionsstart-Terminen auf einem Wafer eine Vielzahl verschiedener

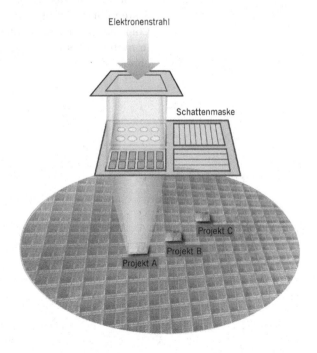

Bild 4
Schematische Darstellung einer Multi-Project-Wafer-Belichtung mittels Elektronenstrahl-Direktschreibeverfahren

Projekte gefertigt, Bild 4. Der Wafer wird in vordefinierte Blöcke aufgeteilt, zum Beispiel in der Größe 5 x 5 mm bei 90-nm-Technik. Diese kann der Kunde dann für sein Projekt reservieren und erhält nach dem prozessieren 30 Muster. Zusätzliche Muster oder größere Chipflächen sind durch Zusammenfassung von mehreren Blöcken nach Absprache erhältlich. Bei konventionellen ASIC-Technologien stellen die Herstellungskosten für die 40 bis 50 Belichtungsmasken einen wesentlichen Anteil an den Entwicklungskosten dar. Mithilfe des MPW-Ansatzes kann ein erheblicher Anteil an Herstellungskosten für Masken eingespart werden. Die weiteren Schritte für die sieben bis zehn Metall-Layer für die Verdrahtung werden ohne Masken direkt mit dem Elektronenstrahl auf den Wafer geschrieben. Auf diese Weise lassen sich die Aufwände für Prototypen um circa 80 bis 85 % der Kosten eines Vollmaskensatzes reduzieren, sodass der Einstieg in die Chipentwicklung mit signifikant geringerem Budget möglich ist.

Zusammenfassung

Der in diesem Artikel beschriebene Weg zur Umsetzung eines kundenspezifischen Designs auf einen automobilqualifizierten ASIC beschreibt eine effiziente und kostengünstige Migrationsstrategie von mehreren Einzelkomponenten zu einem spezialisierten Fahrerassistenzchip auf. In der dargestellten Vorgehensweise profitieren die Kunden insbesondere auch von der frühen Einbeziehung des Halbleiterherstellers in das Entwicklungsvorhaben. Die Motivation liegt darin, mögliche Engpässe und kritische Anforderungen in der Anfangsphase rechtzeitig zu identifizieren und entsprechend anzupassen. Grundsätzlich ist dieser Entwicklungsansatz nicht auf bestimmte Anwendungsfelder beschränkt. Die Fahrerassistenz ist hier nur als Beispiel zu sehen, da die folgenden entscheidenden Merkmale gegeben sind: Geeignete Standardchips sind nicht verfügbar, das Anwendungsfeld erfordert kundenspezifische Hardwarelösungen zur Differenzierung, für sichere und realistische Systemüberprüfung sind seriennahe Chips notwendig, und der Serieneinsatz in mittleren bis hohen Stückzahlen ist absehbar.

Head-up-Display – Die nächste Generation mit Augmented-Reality-Technik

Dr. Jochen Blume | Dr. Thorsten Alexander Kern | Dr. Pablo Richter

Die Technologie des Windschutzscheiben-Head-up-Displays hat inzwischen ein hohes Maß an Standardisierung erreicht. Auf dieser Erfahrungsbasis bereitet Continental aktuell die nächste Evolutionsstufe der ergonomisch günstigen Mensch-Maschine-Schnittstelle vor: Mit der kontaktanalogen Einspiegelung von Hinweisen in die reale Außenansicht des Fahrers lassen sich Fahrerassistenzsysteme in Zukunft noch besser unterstützen.

Komplexität steigt

Eine der Hauptaufgaben in der Instrumentierung des Fahrzeugcockpits ist unverändert die Reduktion von Komplexität. Der Mensch am Steuer verarbeitet inzwischen zusätzlich zu seiner klassischen Fahraufgabe ein Informationsvolumen, das ohne klare Strukturierung und Priorisierung zur Überforderung führen kann. Ausgelöst wird diese Informationsflut von einer ganzen Reihe zeitgleicher Trends: Die Verkehrsdichte steigt weiter und macht das Fahren anstrengender. Glücklicherweise bekommt der Fahrer inzwischen zunehmend Unterstützung durch Sicherheits- und Komfortfunktionen im Fahrzeug, die ihn entlasten. Allerdings benötigen diese Assistenzsysteme zumindest situativ eine Schnittstelle zum Fahrer, wenn er eine Funktion aktivieren und/oder parametrieren möchte. Alternative Antriebe mit Elektrifizierungsanteil stellen ebenfalls neue Anforderungen, denn hier hat der Fahrer zusätzlichen Informationsbedarf, um die optimale Reichweite planen zu können. Aus demselben Grund beginnt man, Navigation, GPS-Positionsbestimmung und Streckendaten zu einem sogenannten eHorizon zu vernetzen, der den Fahrer in ein nochmals erweitertes Kommunikationsnetzwerk mit einbindet. Auch die beginnende Vernetzung von Fahrzeugen (Car-to-X) bringt neue Datenströme mit sich. Gleichzeitig hält die Unterhaltungselektronik Einzug ins Auto, weil die jüngeren Fahrergenerationen selbstverständlich erwarten, dass ihr Auto „always on" ist. Und welche Tragweite die gerade einsetzende Vernetzung von Dingen, Diensten und Menschen über das Internet haben wird, ist noch gar nicht abzusehen. Das Head-up-Display (HUD) erschließt in dieser Situation zwei zentrale Vorteile:

- es schafft zusätzliche Anzeigefläche für fahrrelevante Informationen mit hoher Priorität

- diese kostbare Fläche befindet sich an einer ergonomisch besonders günstigen Stelle, um eine Ablenkung des Fahrers zu vermeiden.

Funktionsweise und Stand der Technik

Beim Windschutzscheiben-HUD (Windscreen HUD) werden ausgewählte, fahrrelevante Informationen von einem vollfarbigen Aktivmatrix-TFT-Display in die Windschutzscheibe projiziert. Durch den Strahlengang entsteht der Eindruck, als ob sich in zwei bis drei Metern Entfernung eine frei schwebende Anzeige befände. Beim heute erreichten HUD-Standard hat diese Anzeige eine Breite von 6° bei 2° Höhe ($\approx$ 241 × 80 mm Blickfeld). Durch die Positionierung der sichtbaren Anzeige kann der Fahrer Informationen erfassen und den Straßenverkehr im Auge behalten. Aufgrund der Länge des Strahlengangs muss sich das Auge beim HUD lediglich von unendlich auf circa 2,5 m umstellen. Das ist deutlich weniger anstrengend und geschieht schneller als die Akkommodation von unendlich auf den Nahbereich, wo sich das Kombiinstrument befindet.

Wegen seiner direkt erlebbaren ergonomischen Vorteile ist das HUD bei höherwertigen Fahrzeugen eine immer häufigere Ausstattungsoption mit steigenden Ausrüstungsraten. Das liegt nicht zuletzt daran, dass es gelang, die Integrationsvoraussetzungen durch zahllose Weiterentwicklungen des optomechanischen Systems zu optimieren [1]. So hat ein Continental-HUD der zweiten Generation (in Serie seit 2010) nur noch ein Volumen von 3 bis 4 l, wiegt etwa 2 kg und kommt mit lediglich zwei Spiegeln im Inneren aus, Bild 1. Die Leistungsfähigkeit der Anzeige ist vor allem der Entwicklungsarbeit an der Bilderzeugungseinheit (Picture Generating Unit, PGU) zu verdanken. Trotz der knappen Bauraum-

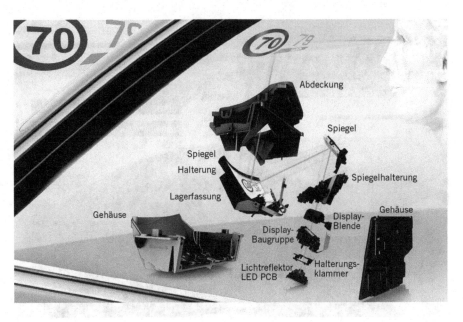

Bild 1
Explosions-
zeichnung eines
konventionellen
HUD-Systems

vorgaben erreicht man mittels PGU in der virtuellen Anzeige aktuell bereits eine Leuchtdichte von 10.000 Candela pro Quadratmeter (Cd/m^2) – und das bei einem elektrischen Verbrauch von lediglich 8 W. Möglich ist das, weil die HUD-Entwicklung die Fortschritte bei der LED-Effizienz seitens der LED-Hersteller für die Optimierung der LED-Matrix, die Teil der PGU unter dem 1,8"- TFT-Display ist, direkt genutzt hat. In der zweiten Generation erzielt die Matrix eine Effizienz von 1333 Cd/W. Aktuelle Entwicklungsprojekte für Serienanläufe in 2013 basieren bereits auf einer Effizienz von 1714 Cd/W (und damit 12.000 Cd/m^2 Leuchtdichte der sichtbaren Anzeige). Mittelfristig wird sich die Effizienz der PGU voraussichtlich noch einmal nahezu verdoppeln lassen.

Heute wird das HUD genutzt, um ausgewählte Informationen des Kombiinstruments anzuzeigen. Dazu zählen je nach Konzept: die aktuell gefahrene Geschwindigkeit, relevante Verkehrszeichen, Warnleuchten, gesetzter Blinker, Hinweispfeile für die Navigation und anderes mehr. Damit erfüllt das HUD die

Funktion eines Wahrnehmungsfilters, der sich wegen seiner Vorteile weiter durchsetzen wird. Im Zuge der laufenden Weiterentwicklung geht es beispielsweise darum, das Sehfeld der bisherigen HUD-Anzeige zu verbreitern, um weiteren Raum für wichtige Inhalte zu schaffen.

Nächste HUD-Generation mit Augmented Reality

Sein wirkliches Potenzial hat das HUD mit der bisherigen Nutzungsform jedoch noch längst nicht erreicht. Um den Fahrer zu entlasten und die Verkehrssicherheit weiter zu erhöhen, ist es beispielsweise sinnvoll, die Mensch-Maschine-Schnittstelle (Human Machine Interface, HMI) gezielt für neue Fahrerassistenzsysteme zu optimieren. Das HUD hat auch für diese Aufgabe den großen Vorteil anzubieten, dass es die Phase der Blickabwendung vom Straßenverkehr verkürzen beziehungsweise erübrigen kann. Allerdings lässt sich das mit dem heutigen, kleinen HUD-Sehfeld mit 6° Breite und 2° in der Höhe nicht optimal realisieren.

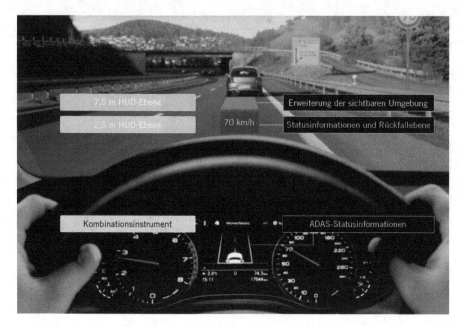

Inside image labels:
7,5 m HUD-Ebene
2,5 m HUD-Ebene
70 km/h
Erweiterung der sichtbaren Umgebung
Statusinformationen und Rückfallebene
Kombinationsinstrument
ADAS-Statusinformationen

Bild 2
Vorschlag zur Strukturierung eines HMI, das Kombiinstrument, Standard-HUD und AR-HUD verbindet

Continental arbeitet deshalb daran, die heute etablierte HUD-Anzeige im Nahfeld um eine zweite, deutlich größere HUD-Anzeige im Fernbereich zu ergänzen, Bild 2. Damit ist es möglich, die reale Ansicht der Straße vor dem Fahrzeug kontakt-analog (also für den Fahrer optisch passgenau) mit virtuell erzeugten Hinweisen transparent zu überlagern. Bei dieser unterstützten und ergänzten Wirklichkeit (Augmented Reality, AR) hat der Fahrer den Eindruck, als ob auf der Fahrbahn eigens für ihn situativ hilfreiche Markierungen angebracht wären. Das dafür erforderliche größere Anzeigenfeld befindet sich oberhalb der bisherigen HUD-Anzeige, um ins direkte Sichtfeld des Fahrers zu gelangen. Um das AR-Sehfeld kompatibel mit der ständigen Sehschärfenanpassung des Fahrers auf „unendlich" zu machen, muss der Strahlengang bis zur größeren Anzeige länger sein als beim heutigen Standard-HUD. Realistisch sind hier etwa 7,5 m, Bild 3. Dieser zweite Strahlengang wird von einer zweiten PGU mit 3,1"-TFT-Display im selben Gerät erzeugt. Auch wenn das

eine Herausforderung für die räumliche Integration bedeutet, zeigt sich, dass dieser Raum in der Premiumklasse bei entsprechend frühzeitiger Planung zur Verfügung gestellt werden kann.

Beide Anzeigen des HUD ergänzen sich in ihrer Funktion: Die Ebene der Augmented Reality erleichtert dem Fahrer die Informationsverarbeitung, weil er nicht erst die Bedeutung einer symbolischen Darstellung für die reale Situation skalieren muss, sondern fahrrelevante Informationen perfekt in die Verkehrssituation eingepasst und intuitiv leicht verständlich geliefert bekommt. Gleichzeitig kann er wichtige Fahrzeugzustände durch minimales Senken des Blicks erfassen.

Künftige Einsatzbereiche des AR-HUD

Augmented Reality dient dazu, den realen Sehbereich des Fahrers und die Ebene der Informationen über das Fahrzeug und seine Umgebung zu verschmelzen. Eine erste prototypische Umsetzung

Bild 3
Doppelter Strahlen-
gang im AR-HUD
mit der großen
AR-Anzeige in rund
7,5 m Entfernung
und der kleinen
HUD-Anzeige
in rund 2,5 m
Entfernung

ist die Integration einer Spurverlassenswarnung (Lane Departure Warning,
LDW) als kontaktanaloger Hinweis. Prototypisch ebenfalls realisierbar ist auf
dem erreichten Stand bereits die Überlagerung von Hinweisen eines adaptiven
Tempomats (Adaptive Cruise Control,

ACC) mit Bezug auf das vorausfahrende Fahrzeug. Die AR-Anzeige des
HUD bestätigt dem Fahrer dabei durch
kontaktanaloge Markierungen vom ACC
erkannte Fahrzeuge vor ihm und unterstützt damit das Vertrauen in die ACC-
Funktion. Je höher der Anteil der Phasen

**Bild 4
AR-HUD-Anzeige
mit kontaktana-
logem Navigations-
hinweis (hell)**

des (teil-)automatisierten Fahrens künftig wird, desto wichtiger wird eine solche
Form der Anzeige, weil der Fahrer zu
jedem Zeitpunkt in der Lage sein muss,
die Fahraufgabe wieder vom Assistenzsystem zu übernehmen, sobald das System an seine Regelgrenze gelangt. Da
dieser Übergang schnell erfolgen muss,
ist es unabdingbar, dem Fahrer in einer
visuell auf einen Blick erfassbaren Dar-
stellungsweise den aktuellen Fahrzu-
stand und die vordringliche Regelaufgabe
zu signalisieren. Welche Darstellung
könnte sich dazu besser eignen, als die
Augmented-Reality-Anzeige in der realen
Außenansicht vor dem Fahrzeug? Das
AR-HUD erspart dem Fahrer die Notwendigkeit, ausgerechnet in einer sensiblen
Phase zwischen der klassischen Instrumentierung im Nahbereich und der Verkehrssituation im Fernbereich hin und
her zu sehen. Damit kann das AR-HUD
eine wichtige Funktion im sogenannten
Workload Management übernehmen.
Eine weitere Anwendung besteht darin,

Hinweispfeile für die nächste Navigati-
onsanweisung (Turn-by-Turn-Naviga-
tion) ins direkte Sehfeld des Fahrers zu
verlegen, Bild 4. Eine voll funktionsfähige
Umsetzung solch eines Navigationssystems mit AR-Fahrhinweisen in Form von
virtuellen Fahrbahnmarkierungen läuft
derzeit.

Zusammenfassung

Mit der zusätzlichen Ebene der Augmented Reality bietet das Windschutzschei-
ben- AR-HUD zusätzliches Potenzial für
ganz neue Anzeigeinhalte. In Kombination mit der bereits etablierten kleinen
HUD-Anzeige gelingt beim AR-HUD vor
allem eine noch bessere Visualisierung
für Assistenzsysteme, weil der Fahrer
beziehungsweise die Fahrerin künftig
auch für solche Anzeigen nicht mehr
nach unten blicken muss. Stattdessen
erfasst der Mensch am Steuer die Bedeutung der für ihn gedachten Informationen oder Hinweise durch Einbindung in

die reale Fahrsituation viel schneller und intuitiver.

Ausblick

Zukünftig ist auch die kontaktanaloge Nachtsichtunterstützung im oberen Feld des AR-HUD denkbar. Von einem Night-Vision-System erkannte Personen am Fahrbahnrand etwa lassen sich damit in der realen Außenansicht hervorheben. Im Vergleich zur heutigen Umsetzung von Night-Vision-Anwendungen mit Dar-stellung im Kombiinstrument entfällt beim AR-HUD die kognitive Transferleistung des Fahrers von der kleinen Bildschirmansicht zur Ortung der Personen in der realen Welt. Auch hier läuft die Entwicklungsarbeit weiter.

Literaturhinweis

[1] Schumm, T.; Worzischek, R.: Serienfertigung von Head-up-Displays. In: http://www. springerprofessional.de: ATZproduktion (2011), Nr. 4, S. 32–37

Teil 3

Konzepte

Inhaltsverzeichnis

Assistenzsystem für mehr Kraftstoffeffizienz

Philip Markschläger | Hans-Georg Wahl | Dr. Frank Weberbauer | Dr. Matthias Lederer

Porsche hat ein Fahrerassistenzsystem entwickelt, das die Umsetzung intelligenter Fahrstrategien erleichtert. InnoDrive kennt die technischen Eigenschaften des Fahrzeugs genau und integriert alle verfügbaren Informationen über die vorausliegende Fahrstrecke. Das System erzielt so bei mindestens gleicher Durchschnittsgeschwindigkeit Verbrauchsersparnisse von durchschnittlich 10 %.

Motivation

Der Kraftstoffverbrauch und damit die Wirtschaftlichkeit von Kraftfahrzeugen wandern als Kaufkriterium immer weiter an die Spitze. Dabei sind für Neuwagenkunden nicht nur rein rationale, also auf Kostenreduktion beschränkte Aspekte, sondern zunehmend auch emotionale Gesichtspunkte wie die soziale Akzeptanz entscheidend. Gerade Hersteller von Premiumfahrzeugen nehmen in der Entwicklung verbrauchsreduzierender Maßnahmen verstärkt eine Vorreiterrolle ein. Bis Ende der 90er-Jahre konzentrierten sich die Automobilentwickler in Sachen Verbrauchsreduzierung hauptsächlich darauf, einzelne Fahrzeugantriebskomponenten (Verbrennungsmotor, Getriebe, Lager, etc.) bezüglich ihres Wirkungsgrades zu optimieren. Bis heute wurden so beachtliche Entwicklungsfortschritte erzielt, die sich auch künftig in weiteren evolutionären Verbesserungen fortsetzen werden.

Neben der reinen Antriebsoptimierung rücken seit etwa zehn Jahren zunehmend Gesamtfahrzeugmaßnahmen wie Leichtbau, Rollwiderstandsreduzierung, Aerodynamik, neue Betriebsstrategien, beispielsweise Start/Stopp, 12-V-Bordnetz-Rekuperation oder auch Thermomanagement, in den Fokus.

Effizienzmaßnahmen, die mit intelligenten Betriebsstrategien unnötigen Motorbetrieb vermeiden, wie Segeln (Freilauf mit Motor an [1]), Stop-on-the-move (Freilauf mit Motor aus) sowie die Mild-, Full- und Plug-in-Hybridisierung, setzen zunehmend ein. Bei optimaler Nutzung dieser Maßnahmen erschließen sich erhebliche Verbrauchseinsparungen. Dies setzt jedoch voraus, dass der Fahrer deren Funktionsweise kennt und seine Fahrweise an das Fahrzeugverhalten adaptiert. Um diese Funktionen maximal effizient einsetzen zu können, ist vorausschauendes Fahren und eine genaue Kenntnis des Streckenverlaufs erforderlich. Bild 1 stellt den beschriebenen Fortschritt in der Entwicklung von Verbrauchsmaßnahmen dar.

Das Verbrauchs- und Komfortpotenzial lässt sich nur dann voll ausschöpfen, wenn Fahrzeugfunktionen und Streckenverlauf optimal aufeinander abgestimmt sind. Daher wächst der Wunsch nach einem Fahrerassistenzsystem, das die optimale Nutzung dieser Effizienzfunktionen automatisiert, indem es für den Kunden die Betriebs- und Fahrstrategieoptimierung übernimmt. Für ein solches Fahrerassistenzsystem ist die Verfügbarkeit prädiktiver Streckendaten mit hochgenauen Informationen bezüglich Geschwindigkeitsbegrenzungen, Fahr-

Bild 1
Weiterentwicklung
von Ansätzen
zur Verbrauchs-
reduzierung

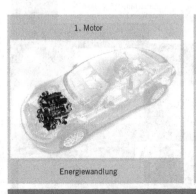

1. Motor

Energiewandlung

2. Gesamtfahrzeug

Reduzierung der Fahrwiderstände

3. Betriebs- und Fahrstrategie

Interaktion Fahrer-Fahrzeug-Umwelt

Heute

bahnsteigung und Kurvenkrümmungen unabdingbar.

Das in der Energiemanagement-Vorentwicklung der Porsche AG in Kooperation mit dem Karlsruher Institut für Technologie (KIT) – Institut für Fahrzeugsystemtechnik und dem FZI Forschungszentrum Informatik entwickelte und als Prototyp im Fahrzeug umgesetzte Fahrerassistenzsystem namens Porsche InnoDrive optimiert die Betriebs- und Fahrstrategie ganzheitlich und setzt sie mittels einer automatisierten Längsführung um. Die Besonderheit ist, dass es erstmals gelungen ist, einen echtzeitfähigen Ansatz mit einem mehrdimensionalen numerischen Optimierungsverfahren zu realisieren, das neben dem Kraftstoffverbrauch auch die Fahrdynamik und den Komfort berücksichtigt. In Echtzeit werden bei diesem Konzept Beschleunigungs-, Konstantfahrt- und Verzögerungsvorgänge hinsichtlich des Gesamtoptimums intelligent geregelt [2].

Das System nutzt sämtliche zur Verfügung stehenden Fahrzeug- und Umfeldinformationen, um unter Einbezug der im Fahrzeug vorhandenen Effizienzmaßnahmen ein Minimum an Kraftstoffverbrauch zu erzielen, ohne dabei an Dynamik einzubüßen. Damit verringert es den Einfluss des Fahrers auf den Kraftstoffverbrauch und eröffnet zudem die Chance, die bisherige Diskrepanz zwischen Zyklus- und Kundenverbrauch zu minimieren.

Randbedingungen im Fahrzeug

Die Neuentwicklung geht deutlich über den heute in Serie befindlichen Radar-Abstandsregeltempomaten Adaptive Cruise Control (ACC) hinaus. Das Porsche-Konzept benötigt zusätzlich für die Ermittlung und Umsetzung einer optimalen Betriebs- und Fahrstrategie Zugriff auf Motor- und Getrieberegelgrößen sowie folgende Fahrzeugsensoren und Umfeldinformationen, Bild 2:

- GPS-System: Positionserfassung
- prädiktive Streckendaten: Kenntnis des vorausliegenden Streckenverlaufs
- Kamera: Erkennung von vorausfahrenden Fahrzeugen und Verkehrszeichen sowie Fahrspurdetektion
- Radar: Fahrverhalten vorausfahrender Fahrzeuge
- Fahrzeugsensorik: Ermittlung von Straßenverhältnissen, Beladung, Fahrzeugzustand und Wetter
- Fahrzeugcharakteristik: echtzeitfähiges Fahrzeug- und Verbrauchsmodell

Bild 2
Fahrzeugsensorik und Umfeldinformationen für Porsche InnoDrive

Fahrerwunsch: Dynamik, Komfort, Effizienz

Kamera: Vorausfahrende Fahrzeuge, Verkehrszeichen, Fahrspur

GPS & Digitale Straßenkarten: Geschwindigkeitsbeschränkung, Steigung, Krümmung

Fahrzeugsensorik: Straßenverhältnisse, Beladung, Fahrzeugzustand, Wetter

Adaptive Cruise Control: Fahrverhalten vorausfahrender Verkehrsteilnehmer

Fahrzeugcharakteristik: Antriebsstrang-Wirkungsgrade

zur Online-Berechnung des Gesamt-fahrzeug-Wirkungsgrades
- Fahrprofil: Berücksichtigung des Fahrerwunschs, zum Beispiel Dynamik, Komfort, Effizienz etc.

Das System fusioniert und verarbeitet die oben genannten Informationen in einer vorausschauenden sowie maximal effizienten automatisierten Längsführung. Dabei berücksichtigt es alle zukünftig im realen Fahrbetrieb möglichen Betriebszustände, abhängig von den im Fahrzeug verfügbaren Funktionen:

- Beschleunigung
- Konstantfahrt
- Schubabschaltung
- Segeln/Freilauf mit Motor an
- Stop-on-the-move/Freilauf mit Motor aus
- Rekuperation (Mild-, Full- beziehungsweise Plug-in-Hybrid, E-Fahrzeug)
- E-Fahren (Full- beziehungsweise Plug-in-Hybrid, E-Fahrzeug).

Funktionsbeschreibung

Maximal effizientes Fahren und kundennahes und markentypisches Anpassen der Dynamik bei einer harmonischen Fahrweise sind die geforderten Ziele, denen sich das System stellt. Es löst diesen Zielkonflikt, indem alle entscheidenden Größen in eine neue Zielfunktion einfließen, deren Lösung die Optimalität unter gegebenen Randbedingungen gewährleistet. Nur wenn alle zur Verfügung stehenden Informationen an einer Stelle zusammengeführt und verarbeitet werden, kann ein Fahrerassistenzsystem sowohl zur Entlastung als auch zu einem höheren Fahrspaß bei gleichzeitig niedrigerem Verbrauch führen.

Um in jeder Situation die maximal effiziente Fahrweise zu gewährleisten, basiert der Ansatz auf der Optimierungsmethode der dynamischen Programmierung nach Bellman [3]. Der ideale Betriebszustand wird demnach nicht fallspezifisch gewählt. Der Algorithmus sucht aus allen möglichen Betriebszuständen in einem relevanten vorausliegenden Horizont die Abfolge von Zuständen heraus, die unter den Randbedingungen gesamtoptimal sind.

Bild 3 zeigt an einem Fallbeispiel einer Fahrstrecke mit wechselnden Steigungs- und Gefälleanteilen die Vorteile des globalen Optimierungsansatzes bei Porsche InnoDrive gegenüber einer Fahrstrategie, die fallspezifisch Beschleunigungs-, Konstantfahrt- und Verzögerungsvorgänge einleitet. Porsche InnoDrive nutzt

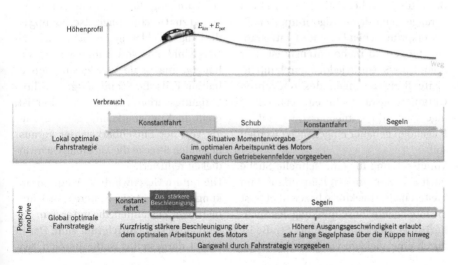

Bild 3
Fallbeispiel zur Verdeutlichung des globalen Optimierungsansatzes bei Porsche InnoDrive

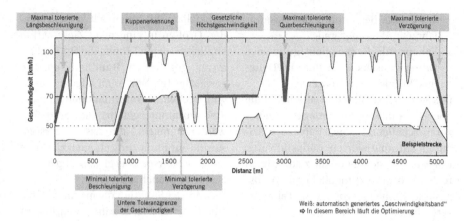

Bild 4
Erzeugung eines
Geschwindigkeits-
bands zur Ein-
grenzung des
Optimierungsraums

über den gesamten Vorausschauhorizont die kinetische und potenzielle Energie des Fahrzeugs voll aus. Die vorausschauende „Investition" in zusätzliche kinetische Energie vor dem ersten Gefälle zahlt sich dort aus. Sie ermöglicht eine sehr lange Segelphase über den kleineren Anstieg hinweg, die verbrauchsgünstiger als eine Mischung aus Schub- und Zugphasen ist. Insgesamt kann der Streckenverbrauch also durch eine global optimierte Fahrstrategie gegenüber einer ereignisbasierten Strategie bei gleicher Fahrtzeit deutlich reduziert werden.

Die Suche nach dem globalen Optimum nach Bellman wird in der Literatur fast ausschließlich als Referenz und zur Bewertung von heuristischen Verfahren herangezogen, da der Algorithmus in seiner ursprünglichen Form für Echtzeitanwendungen zu rechenintensiv ist. Der Algorithmus wurde jedoch durch intelligente Reduzierungen des relevanten Optimierungsraums für eine echtzeitfähige Anwendung angepasst, worauf im Folgenden genauer eingegangen werden soll.

Voraussetzung für eine schnelle Suche nach einem optimalen Fahrverlauf – im Weiteren als Trajektorie bezeichnet – ist die intelligente Einschränkung des Suchhorizonts. Das Fahren auf der Straße ist durch eine Vielzahl von physikalischen Randbedingungen beschränkt, die die Wahl der Geschwindigkeiten eingrenzen, wodurch irrelevante Bereiche von vorne herein ausgeschlossen werden können.

Dazu wird ein Geschwindigkeitsband generiert, das mit einer maximalen und minimalen Geschwindigkeit den Optimierungsraum über die Strecke aufspannt. In Bild 4 ist exemplarisch ein Geschwindigkeitsband dargestellt. Unterschiedliche Dynamik- aber auch Komfortfaktoren beschreiben das Geschwindigkeitsband und helfen damit, den Optimierungsraum sinnvoll zu reduzieren. Neben der gesetzlichen Höchstgeschwindigkeit schränken enge Kurven durch eine maximal tolerierte Querbeschleunigung das Band ein. An einem Schild zur Geschwindigkeitserhöhung ist die Längsbeschleunigung, beim nächsten Ortsschild eine vom Fahrerwunsch abhängige maximale Verzögerung einzuhalten. Falls die Straße aufgrund ihres Steigungsverlaufs nicht einsehbar ist, greift die Kuppenerkennung, die abhängig von der Einsehbarkeit der vorausliegenden Strecke die Maximalgeschwindigkeit reduziert.

Die untere Geschwindigkeitseinschränkung ermöglicht ein weiteres Ausklammern von Zuständen, die unter dem Dynamikaspekt nicht relevant sind. Der in Bild 4 dargestellte weiße Bereich zwi-

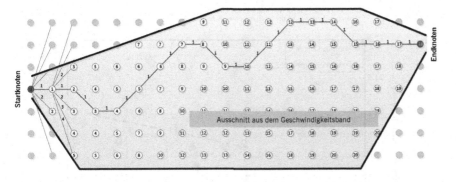

Startknoten

Endknoten

Ausschnitt aus dem Geschwindigkeitsband

Bild 5
Einschränkung
der Punkte im
Geschwindigkeits-
raster und mögliche
Teiltrajektorie

schen der oberen und unteren Geschwindigkeitseinschränkung stellt einen Optimierungsraum dar, in dem nun ein rasterförmig diskretisiertes Netz von möglichen Geschwindigkeitsstufen und Gängen aufgebaut wird. Beim Aufbau dieser Rasterpunkte, durch die die unterschiedlichen Trajektorien verlaufen, werden nur solche Knoten in Betracht gezogen, die durch das Fahrzeug an diesem Streckenpunkt erreichbar sind. Dazu sind ein präzises Fahrzeugmodell sowie eine genaue Fahrwiderstandsabschätzung unabdingbar. Weitere Knoten, die nicht erreichbar sind, werden ausgeschlossen und der Optimierungsraum auf diejenigen Knoten reduziert, durch die eine mögliche Trajektorie verlaufen kann, Bild 5.

Damit durch die dynamische Programmierung eine Rückwärtssuche der optimalen Trajektorie durch die Knoten möglich ist, müssen für alle Knoten Kosten festgelegt werden. Da bei Porsche InnoDrive nicht nur die Minimierung des Kraftstoffverbrauchs, sondern auch die vom Fahrer gewünschte Dynamik und die Fahrbarkeit eine Rolle spielen, wurde folgende Kostenfunktion gewählt, Gl. 1:

GL. 1 $J = M + \beta_1 C_1 + \beta_2 C_2 \dots$

M stellt den Kraftstoffverbrauch dar, während die Dynamik zum Beispiel in

Form von einer Geschwindigkeitsabweichung von der möglichen Maximalgeschwindigkeit sowie andere Faktoren C – wie beispielsweise Komfort – über einen Gewichtungsfaktor β in die Gesamtkosten eingerechnet werden können.

Eine Parametrierung der Kostenfunktion ermöglicht die Auswahl beliebig vieler Dynamikstufen und garantiert die auf den Kraftstoffverbrauch bezogen effizienteste Geschwindigkeits- und Gangtrajektorie. Die optimale Reihenfolge von Betriebszuständen kann aus der Trajektorie extrahiert werden. Diese Zustände sind wiederum über Steuergrößen wie Momentenverteilung, Gangwahl, Bremsdruck etc. definiert und können so im Fahrzeug eingeregelt werden.

Ergebnisse und Kundennutzen

Porsche InnoDrive kennt die technischen Eigenschaften des Fahrzeugs genau und integriert alle verfügbaren Informationen über die vorausliegende Fahrstrecke. Das System erzielt so bei mindestens gleicher Durchschnittsgeschwindigkeit Verbrauchsersparnisse von durchschnittlich 10 %.

Diese Zielsetzung konnte auch während einer Presseveranstaltung im Mai 2011 validiert werden, bei der Journalisten ein konventionell angetriebenes Fahrzeug zunächst selbst und anschließend mit aktivierter Funktion um eine abwechs

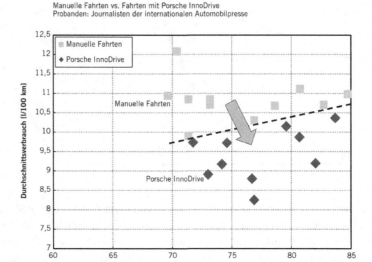

Manuelle Fahrten vs. Fahrten mit Porsche InnoDrive
Probanden: Journalisten der internationalen Automobilpresse

Bild 6
Reales Einsparpo-
tenzial von Porsche
InnoDrive (gemes-
sen im Mai 2011)

lungsreiche Teststrecke im Raum Weissach führen. Bild 6 zeigt die dabei gemessenen Durchschnittsgeschwindigkeiten und -verbräuche.

Die Schere zwischen Norm- und Realverbrauch kann also deutlich verkleinert werden, ohne dass der Fahrer Kompromisse bei der Fahrtzeit hinnehmen muss. Gleichzeitig bietet das Assistenzsystem durch die automatische Anpassung der Geschwindigkeit an die Straßentopografie einen zusätzlichen Komfortaspekt. Der von Porsche entwickelte Optimierungsansatz bewertet über den gesamten zur Verfügung stehenden Vorausschauhorizont die Fahrbarkeit des gewählten Geschwindigkeitsverlaufs und gewährleistet so auch auf dynamischen und abwechslungsreichen Strecken eine harmonische Fahrweise. Für einen denkbaren Serieneinsatz ermöglicht das System dem Fahrer des sportlichen Premiumsegments neben täglich erlebbarer Effizienz auch die individuelle Einstellung der gebotenen Dynamik – unter den gewählten Randbedingungen immer maximal effizient.

Ausblick und künftige Handlungsfelder

Das aktuelle Konzept von Porsche InnoDrive basiert weitestgehend auf einem statischen Vorausschauhorizont. Das heißt, die Optimierung erfolgt auf Basis von unveränderlichen Navigationsdaten. Lediglich über Kamerasensorik und Radar werden aktualisierte Daten in den Algorithmus integriert. Insbesondere veraltete Kartendaten führen zu Einschränkungen bezüglich Funktionskomfort, da das System dann auf Basis falscher Daten optimiert und nur kurzfristig im Rahmen der Sensorreichweite von Kamera beziehungsweise Radar auf die korrekten Daten reagieren kann. Im Fall von Änderungen an der Straßenführung oder Topologie ist dann ein Fahrereingriff notwendig, da die Sensorik diese Änderungen nur teilweise identifizieren kann. Um die Aktualität der Kartendaten sicherzustellen, werden zukünftig Updates der Navigationsdaten unabdingbar sein. Darüber hinaus ist jedoch auch eine weitere Vernetzung des Fahrzeugs hilfreich, die häufig unter der Bezeichnung Car-to-Infrastructure- oder Car-to-Car-Kommunikation (zusammengefasst C2X) in der Literatur beschrieben wird. Mit der Einbindung von C2X-Informationen wird es zukünftig möglich sein, aus dem statischen einen dynamischen Vorausschauhorizont zu machen. So können explizite Geschwindigkeitsvorgaben aus Verkehrsleitsystemen genauso wie implizite Geschwindigkeitsvorgaben durch Verkehrsaufkommen in die Vorausschau integriert werden. Dies wird einerseits den Komfort verbessern, zum anderen aber auch das Effizienzpotenzial bei dynamischen Änderungen des Geschwindigkeitslimits erhöhen. Insbesondere Hybrid- und Plug-in-Hybridfahrzeuge profitieren davon, wenn Porsche Inno Drive mit großem Vorausschauhorizont den Bereich des elektrischen Fahrens ausweiten kann. So können Betriebs- und Fahrstrategie optimal miteinander vernetzt werden, um dem Fahrer beispielsweise zu einem gewünschten Streckenpunkt einen Mindestladezustand der Batterie und damit einen Nullemissionsbetrieb gewährleisten zu können.

Mit der stärkeren Vernetzung des Fahrzeugs mit der Infrastruktur und anderen Verkehrsteilnehmern wird es dann auch möglich sein, die Ampelsignalphasen sowie stehende Fahrzeuge in die Geschwindigkeitsbandgenerierung mit einzubeziehen und entsprechend auch innerstädtische Fahrten mit Porsche InnoDrive zu ermöglichen. Vielleicht ist es dann in einigen Jahren möglich, durch eine Großstadt wie Stuttgart zu fahren, ohne ein einziges Mal anhalten zu müssen.

Literaturhinweise

[1] Dr. Ing. h.c.F. Porsche AG: Porsche Technologie Lexikon – Segeln. http://www.porsche.com/microsite/technology/default.aspx?pool=germany&ShowSingleTechterm=PTSegeln, 2012

[2] Roth, M.; Radke, T.; Lederer, M. et al.: Porsche InnoDrive – An Innovative Approach for the Future of Driving, 20th Aachen Colloquium Automobile and Engine Technology 2011

[3] Bellmann, R. E.: Dynamic Programming. Princeton University Press, 1957

Teilnetzbetrieb – Abschaltung inaktiver Steuergeräte

Stephan Esch | Jürgen Meyer | Günter Linn

Der CAN-Teilnetzbetrieb ermöglicht die Reduzierung der elektrischen Leistungsaufnahme von Steuergeräten sowohl im Fahrbetrieb als auch in den Standphasen eines Fahrzeugs. Audi arbeitet in Kooperation mit anderen OEMs und Halbleiterherstellern an der Entwicklung und Standardisierung dieser Technologie. Der Teilnetzbetrieb ist zukünftig ein fester Bestandteil im Technologiebaukasten Vernetzung des Volkswagen-Konzerns. Eine Serieneinführung ist für 2014 geplant. Der Beitrag von Audi beschreibt die Entwicklung, mögliche Anwendungsfälle und die Absicherung des Teilnetzbetriebs. Ergänzend wird das Vorgehen zur Standardisierung in den OEM-übergreifenden Gremien Switch, Autosar und ISO dargestellt.

Motivation

Motiviert durch den stetigen Anstieg der vernetzten Funktionen im Fahrzeug und der damit verbundenen Erhöhung der Steuergeräteanzahl ist die Suche nach intelligenten und energieeffizienten Vernetzungskonzepten erforderlich. Vor 15 Jahren benötigte ein Audi A8 gerade mal fünf vernetzte Steuergeräte. Ein aktueller Audi A8 hat die Anzahl von 100 vernetzten Steuergeräten bei Vollausstattung bereits überschritten. Dementsprechend hat sich der Leistungsbedarf für die Logikversorgung der Steuergeräte von rund 10 W auf bis zu 200 W erhöht. Diese elektrische Leistung muss dauerhaft während dem Fahrbetrieb durch den Generator erzeugt werden und schlägt sich in einem zusätzlichen Kraftstoffverbrauch nieder. Eine Reduzierung der Stromaufnahme um 50 % würde somit den Verbrennungsmotor um 100 W entlasten. Dies würde eine Kraftstoffeinsparung von 0,1 l beziehungsweise einer CO_2-Einsparung von 2,5 g bedeuten.

Neben der weiteren Optimierung der CO_2-Emissionen stellt insbesondere die Einführung von E-Fahrzeugen völlig neue technische Anforderungen. Es werden Technologien benötigt, die für künftige Anwendungsgebiete Lösungen bieten:

- Reduzierung von Kraftstoffverbrauch und CO_2-Emissionen
- Reduzierung der Batteriebelastung bei aktiven Funktionen ohne Motorbetrieb
- Optimierung der Betriebsstrategie beim Laden von EV und PHEV durch intelligente Weckkonzepte
- Vermeidung von erhöhten Lebensdaueranforderungen für Steuergeräte aufgrund neuer Betriebsmodi.

Der CAN-Teilnetzbetrieb bietet hierzu einen Lösungsansatz, der alle genannten Anforderungen in einem Konzept vereint und zusätzlich Freiheitsgrade bei der Auslegung der Fahrzeugarchitektur ermöglicht. Bei Audi werden aktuell zahlreiche Einsatzmöglichkeiten für die Anwendung des Teilnetzbetriebes untersucht. Für einen Teil der Anwendungsfälle sind bereits die Entscheidungen für eine Serieneinführung gefallen:

- intelligente Weckkonzepte und Buskopplung im Nachlauf
- Betriebsstundenreduzierung (Lebensdauer Steuergerät)
- bedarfsgerechte Abschaltung von Steuergeräten.

Intelligente Weckkonzepte und Buskopplung im Nachlauf

Für den Fahrzeugzugang oder für die Konditionierung des Fahrzeuges werden relativ wenige Steuergeräte für eine kurze Zeitdauer benötigt. Beim Einschalten der Standheizung ist lediglich eine Kommunikation zwischen Motorsteuergerät, Gateway, Klima und Standheizung notwendig. Die heutigen Weckkonzepte bedingen in bestimmten Betriebsphasen das Wecken aller Steuergeräte obwohl nur drei Steuergeräte für diese Funktion benötigt werden. Somit ergibt sich durch Umstellung auf ein selektives Weckkonzept ein Einsparpotenzial von durchschnittlich circa 0,3 Ah (Reduzierung um circa 5 %).

Eine weitere Anwendung ist die energieeffiziente Kopplung von Busdomänen im Fahrzeugnachlauf. Durch die Definition von Funktionscluster können nur die jeweils für die Funktion benötigen Busdomänen durch das Gateway angefordert werden. Die nicht benötigten Busdomänen bleiben abgeschaltet. Im Zuge der zukünftig stark wachsenden Vernetzung des Fahrzeugs mit seiner Umwelt und der daraus resultierenden Anwendungen wird diese energieeffiziente Umsetzung der Kommunikation außerhalb des Fahrbetriebs ein entscheidender Faktor sein.

Betriebsstundenreduzierung (Lebensdauer Steuergerät)

In zukünftigen Fahrzeugprojekten wird für neue Funktionen, wie das Laden von EV und PHEV, eine dauerhafte Kommunikation der Teilnehmer im Fahrzeugruhezustand (KL15 AUS) notwendig. Auch hier ergibt sich die Situation dass alle Steuergeräte der betroffenen Busdomäne an der Kommunikation teilnehmen müssen, obwohl diese für die Ladefunktion nicht benötigt werden. Dies führt zu einer bis zu dreifachen Erhöhung der Betriebsstunden. Durch selektive Abschaltung der nicht betroffenen Steuergeräte kann der Teilnetzbetrieb eine Erhöhung der Lebensdaueranforderungen und die damit verbundene Kostensteigerung vermeiden.

Bedarfsgerechte Abschaltung von Steuergeräten

Während dem Fahrbetrieb werden viele Komfortfunktionen nicht permanent benötigt. Applikationen wie die Sitz-, Schiebedachverstellung oder Einparkhilfe sind meistens nur für kurze Zeitabstände aktiv. Demgegenüber beteiligen sich diese Steuergeräte aber dauerhaft an der Kommunikation und benötigen im Durchschnitt laufend eine Leistung von bis zu 2 W. Umgerechnet bedingt dies einen unnötigen CO_2-Verbrauch von 0,05 g/km je Steuergerät. Durch eine bedarfsgerechte Aktivierung und Abschaltung der betroffenen Steuergeräte können diese Emissionen eingespart werden.

Einführungsszenario Teilnetzbetrieb bei Audi

Zu Erreichung der zukünftigen CO_2-Fahrzeugemissionsgrenzwerte sind alle Automobil-hersteller gezwungen jede kommerziell sinnvolle Maßnahme zur CO_2-Reduzierung zu nutzen. Der stetige Anstieg der Steuergeräteanzahl bietet sich die Chance durch eine Steuergeräteabschaltung einen kommerziell interessanten Beitrag zur Zielerreichung zu leisten.

Durch den stetigen Anstieg der Steuergeräteanzahl bietet sich die Chance durch eine Steuergeräteabschaltung einen kommerziell interessanten Beitrag zur Zielerreichung zu leisten. Audi hat als Premiumhersteller aufgrund der Kundenwünsche wesentlich höhere Ausstattungsraten als OEMs im Volumensegment (Anzahl Steuergeräte). Insofern ergibt sich durch die Nutzung des Teilnetzbetriebs zur selektiven Steuergeräteabschaltung ein entsprechend großes Stromeinsparpotenzial. Für die nächste Generation der MLB-Plattform (Modularer Längsbaukasten) wurde nach einem sinnvollen Einführungsszenario gesucht, dass die Voraussetzungen zur Technologiebereitstellung bietet aber auch die kommerziellen Gesichtspunkte berücksichtigt. Bei Audi werden deswegen zukünftig zwei Möglichkeiten zur Steuergeräteabschaltung genutzt:

- Abschaltung ganzer Bussegmente
- Abschaltung einzelner Steuergeräte (selektiver Teilnetzbetrieb).

Bei der Bussegmentabschaltung werden komplette Busdomänen in den Ruhezustand versetzt, Bild 1. Es muss dabei sichergestellt werden, dass nur thematisch gekapselte Funktionen auf einem Bus vorhanden sind (zum Beispiel „Infotainment Aus" im Folgenden „Most-Bus Aus"). Bei einer Funktionsdurchmischung besteht die Gefahr, dass durch die unterschiedlichen Funktionsabhängigkeiten eine Abschaltung verhindert oder nur sehr selten erfolgen kann.

Wirksamer ist die bedarfsgerechte Abschaltung einzelner Steuergeräte. Während des Fahrbetriebs werden viele Komfortfunktionen nur für kurze Zeitabschnitte benötigt. So konnte durch Messungen bestätigt werden, dass ein

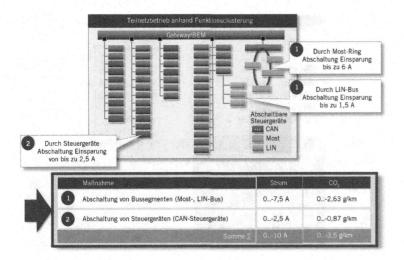

Bild 1
Einsparpotenzial Teilnetzbetriebskonzepte CAN-, LIN- und Most-Domänen

Heckdeckelsteuergerät nur in 3 % der Gesamtaktivität des Fahrzeugs zur Funktionsausübung notwendig ist. Für die restlichen 97 % wird unnötig Strom verbraucht. Für beide Mechanismen ist ein Einsparpotenzial von bis zu 10 A möglich:

- Infotainment-Busabschaltung (Most) mit 6A
- LIN-Bus-Abschaltung mit 1,5 A
- selektive Abschaltung CAN-Steuergeräte mit 2,5 A.

Herausforderungen bei der Einführung

Die Vernetzungstechnologien und insbesondere der CAN-Bus hat sich seit seiner Einführung zu Beginn der 90er Jahre etabliert und zeichnet sich durch seine Robustheit und hervorragende Qualitätszahlen aus. Die Entwicklung und Absicherung war bisher auf die Absicherung von zwei Betriebszuständen fokussiert (Kl15 EIN und Kl15 AUS).

Durch den Teilnetzbetrieb wird auf Basis der vorhandenen robusten Mechanismen eine neue Komplexitätsstufe eingeführt. Durch die Steuergeräteabschaltung müssen zukünftig weitere Funktionszustände abgesichert und auf ihre Funktionstüchtigkeit hin überprüft

werden. Die Anzahl der Funktionszustände und somit die Komplexität ist abhängig von der Anzahl der gewählten Teilnetze. Zusätzlich muss das Hochstartverhalten der Steuergeräte optimiert werden. Für den Kunden dürfen durch die Deaktivierung einer Funktion keine Verzugszeiten bei der Reaktivierung bemerkbar werden, Bild 2.

In Zusammenarbeit mit den Fachbereichen wurden Analysen der einzelnen betroffenen Funktionen in den Steuergeräten erstellt und einem Komplexitätsschema zugewiesen. Anhand festgelegter Kriterien wie Funktionsumfang, Vernetzungsgrad, Sicherheitseinstufung oder Testaufwand erfolgte die Festlegung der abschaltbaren Steuergeräte für das Einführungsszenario.

Unabhängig der Funktions- und Komplexitätsanalysen ist es ebenfalls notwendig die heute im Fahrzeug umgesetzten Vernetzungskonzepte anzupassen. Dabei sind folgende Anforderungen zu berücksichtigen:

- Steuergeräte müssen einzeln oder in Gruppen ansprechbar beziehungsweise aktivierbar sein
- Vermeidung von Topologieabhängigkeiten (Möglichkeit der Funktionsverlagerung)

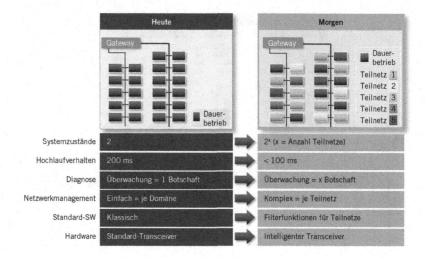

Bild 2
Übersicht der Änderungen bei Umsetzung eines Teilnetzbetrieb

- einfacher Weckmechanismus (keine Verletzung CAN-Protokoll)
- Busübergreifendes Wecken
- Schlaf-Modus eines Steuergeräts unabhängig von der Busaktivität
- jedes Steuergerät muss ein abgeschaltetes Steuergerät anfordern können
- Status der abgeschalteten Steuergeräte im Gesamtfahrzeug ersichtlich.

Technische Änderungen

Abgeleitet aus den genannten Anforderungen sind standardisierte technische Anpassungen über alle Netzwerkschichten umzusetzen. Betroffen sind die HW-Technologie, das Netzwerkmanagement

(NM), das Weckkonzept, die Kommunikationsdiagnose und die Applikations-SW im Steuergerät Bild 3.

Funktionscluster

Zur Steuerung des Weckmechanismus und des Nachlaufs wurde bei Audi das Konzept der Funktionscluster entwickelt. Ein Funktionscluster beschreibt eine spezifische Funktion deren mehrere Steuergeräte angehören können. Benötigt ein Steuergerät eine abgeschaltete Funktion kann es das entsprechende Funktionscluster anfordern und die dem Funktionscluster zugeordneten Steuergeräten beteiligen sich wieder an der Kommuni-

Bild 3
Technische Änderungspunkte

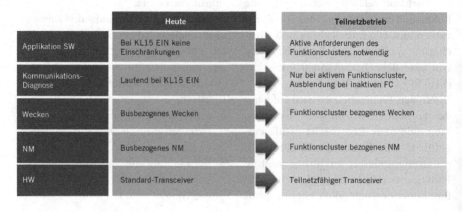

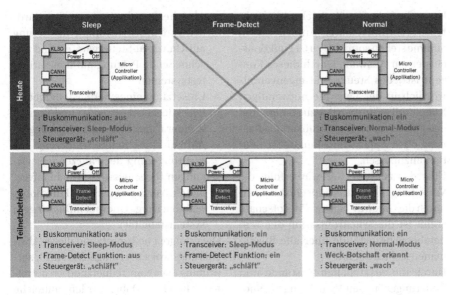

Bild 4
Verhalten teilnetz-
fähiger Transceiver

kation. Das anfordernde Steuergerät benötigt somit keine Kenntnisse über den Steuergeräteverbau im Fahrzeug und eine geänderte Funktionspartitionierung hat keinerlei Auswirkungen. Das Funktionsclusterkonzept ist somit topologieunabhängig.

HW-Technologie

Für ein gezieltes Einschalten von Steuergeräten darf der Bus-Transceiver im Teilnetzbetrieb nur auf vordefinierte CAN-Botschaften (Weckframes) reagieren. Diese Intelligenz bieten heute auf dem Markt befindliche Standard-Transceiver noch nicht. Zur Funktionserweiterung muss in den Transceiver ein interner Oszillator und Teile eines CAN-Controllers und ein neuer Betriebsmodus „Frame-Detect" integriert werden. Zusätzlich muss ein neuer Betriebsmodus „Frame-Detect" umgesetzt werden. Bei normaler Kommunikation wird der Transceiver beziehungsweise das Steuergerät erst geweckt, nachdem der konfigurierte Weckframe erkannt wurde. Wird das Steuergerät nicht mehr angefordert, wird der Transceiver in den Frame-

Detect-Modus zurückgeschaltet und das Steuergerät abgeschaltet. Findet keine Buskommunikation mehr statt, wechselt der Transceiver automatisch ebenfalls in den Schlaf-Modus, Bild 4.

Die Konfiguration der Weckframes erfolgt über eine SPI-Schnittstelle und kann deaktiviert werden. Ohne Konfiguration verhält sich der teilnetzfähige Transceiver wie die heute im Serieneinsatz befindlichen Standard-Transceiver (ISO11898-5).

Änderung Weck- und Netzwerk-management-Konzept (NM)

Aufgrund der positiven Felderfahrungen soll das heute verwendete robuste, dezentrale Weckkonzept über NM-Botschaften weiterhin erhalten bleiben. Zur Aktivierung der Funktionscluster wurde das Layout der NM-Botschaften angepasst.

Jedes Steuergerät kann über definierte Signale in der NM-Botschaft alle definierten Funktionscluster anfordern und für die notwendige Dauer aktiv halten. Jedes Signalbit entspricht dabei einem Funktionscluster und durch die Bitcodierung kann ein Steuergerät gleichzeitig mehrere Funktionscluster anfordern. In Summe stehen somit bis zu 64 Funktionscluster zur Auswahl. Durch dieses Konzept ist jedes Steuergerät eigenverantwortlich in der Lage die notwendigen Kommunikationspartner zu steuern und beispielsweise die Kommunikationsdiagnose oder Applikation funktionsorientiert anzupassen.

Über das zentrale Gateway erfolgt die Verteilung der Funktionscluster-Stati durch die Gateway-eigene NM-Botschaft. Somit ist die Synchronisation der Teilnetzbetriebszustände über alle Busdomänen sichergestellt.

Durch die zusätzlichen Zustände und Änderungen an den Vernetzungstechnologien wird ein Mehraufwand bei der Einzelsteuergeräte- und Vernetzungsprüfung notwendig. Zur Sicherstellung dieser zusätzlichen Testkapazitäten ist im Vorfeld eine Identifizierung des Mehraufwands durchgeführt worden. Für das gewählte Einführungsszenario beträgt dieser rund 25 % und wird im Rahmen der Neubeschaffung von Prüfkapazitäten entsprechend berücksichtigt.

Grundabsicherung

Zur Grundabsicherung der Teilnetzfunktion für den Serieneinsatz sind alle technischen Änderungen im Rahmen von Vorprojekten betrachtet worden:

- Absicherung Grundkonzept durch prototypische SW-Implementierung auf Universal-Steuergeräten
- theoretische Analyse aller HW-Konzepte der relevanten Halbleiterhersteller durch das unabhängige Testhaus C&S (Fokus Robustheit und Funktionstüchtigkeit)
- Absicherung der Hardware über vier spezifische Bereiche: Bauteilprüfung, Systemprüfung, EMV-Robustheit, Conformance- und Interoperabilitätstest

- Absicherung der Autosar-Standard-Software durch Testimplementierung auf Universal-Steuergeräten und anschließende Prüfung auf den Serientestsystemen
- Umsetzung eines Seriensteuergeräts (Heckdeckelsteuergerät) und Betrieb in einer realen Fahrzeugumgebung
- Aufbau eines Referenzfahrzeug zur Identifizierung der Fahrzeugauswirkungen (beispielsweise Hochlaufverhalten, Verzugszeiten bei Funktionsreaktivierung, Querbeeinflussungen, Systemstabilität).

Die erfolgreiche Umsetzung dieser Absicherungsprojekte ermöglichte eine Überprüfung aller vom Teilnetzbetrieb betroffenen Bereiche. Dabei wurden zahlreiche Auffälligkeiten identifiziert und in das finale Konzept eingearbeitet. Auf Basis dieser Grundabsicherung konnte der Serieneinsatz für die nächste Fahrzeugplattform positiv entschieden werden. Die Herausforderung liegt nun darin die anstehende Serienentwicklung von Hardware und Software mit den Anpassungen der Prüfinfrastruktur in der gewohnten Qualität ins Ziel zu bringen.

Standardisierung

Aufgrund der technischen Vorteile und zahlreichen Anwendungsmöglichkeiten zeigten bereits zu Projektbeginn alle OEMs aus dem VDA-Verband Interesse an einer Zusammenarbeit zur Standardisierung der Technologie. Im Rahmen der VDA-Arbeitskreise wurde ein einheitliches Hardware- und Software-Konzept erstellt und verabschiedet. Die Machbarkeitsanalyse erfolgte über gemeinsame Workshops mit interessierten Halbleiterherstellern.

Zur Vorbereitung der Hardware-Standardisierung wurde die Switch-Arbeitsgruppe bestehend aus Vertretern der OEMs und Halbleiterhersteller initiiert (Switch – Selective WakeUp Interoperability Transceiver CAN Highspeed). Für die Koordination konnte das Testhaus C&S gewonnen werden. Die Switch-Mitglieder sind die Firmen Audi, BMW, Daimler, Elmos, Freescale, Infineon, NXP, Porsche, PSA Peugeot Citroën, ST Microelectronics und Volkswagen. Nach Detaillierung der Spezifikation startete der ISO-Standardisierungsprozess mit Einreichung des Normierungsvorschlags (NWIP) Anfang 2011. Die ISO-Standardisierung selbst wird aktuell unter Beteiligung aller Partner innerhalb der ISO-Arbeitsgruppe durchgeführt. Der Abschluss der Arbeiten ist für Ende 2012 geplant.

Parallel dazu wurde die Standardisierung der notwendigen Software-Änderungen in Autosar gestartet. Der Standardisierungsprozess konnte bereits Anfang 2011 mit der Veröffentlichung der Autosar Release 3.2 abgeschlossen werden. Durch diesen Schritt wird ein identisches Betriebsverhalten aller am Teilnetzbetrieb beteiligten Steuergeräte sichergestellt.

Die erfolgreiche Vorbereitung der Standardisierung wurde durch einen gemeinsamen Aufruf der EE-Leiter in Ludwigsburg 2011 untermauert. Alle OEMs planen in Abhängigkeit Ihrer Fahrzeugroadmaps eine Serieneinführung der CAN-Teilnetztechnologie. Es sind alle Halbleiterhersteller und Lieferanten eingeladen sich aktiv an der erfolgreichen Umsetzung der Teilnetztechnologie zu beteiligen.

Ausblick

Ziel ist es den Teilnetzbetrieb mit der anstehenden Serienentwicklung als weiteren Baustein in den Technologiebaukasten Vernetzung des Volkswagen-Konzerns zu integrieren und die Standardisierung in den einzelnen Gremien abzuschließen. Die Serieneinführung der Technologie ist für den Start der nächsten großen Fahrzeugplattform in 2014 geplant. Bis zu diesem Zeitpunkt werden alle neuentwickelten Steuergeräte auf die neue Technologie vorbereitet Bis zu diesem Zeitpunkt werden alle neuentwickelten Steuergeräte in der Plattform auf die neue Technologie vorbereitet.

Durch diese Maßnahme ist es anschließend möglich sukzessive weitere Anwendungsfälle in den betroffenen Fahrzeugprojekten umzusetzen. In Zukunft stehen insbesondere durch die Elektrofahrzeuge und die Vernetzung des Fahrzeugs mit seiner Umwelt neue Kundenfunktionen im Fokus. Die Fernkonfiguration, die Mobilitätsplanung oder das Lademanagement via Smartphones wird jederzeit möglich. Auch Onlineverbindungen zum Download von Musik- oder Navigationsdaten werden vom Kunden erwartet. Über eine zentrale Datenschnittstelle müssen diese Daten für zahlreiche Steuergeräte bereitgestellt werden. Durch die energieeffiziente Kommunikation im Teilnetzbetrieb kann für diese Anwendungen die Verfügbarkeit außerhalb des Fahrbetriebs maßgeblich erhöht werden.

Vollautomatische Kamera-zu-Fahrzeug-Kalibrierung

Dipl.-Inf. Juri Platonov | Pawel Kaczmarczyk (M. Sc.) | Dipl.-Ing. Thomas Gebauer

Kamerabasierte Fahrerassistenzsysteme funktionieren nur dann exakt und zuverlässig, wenn die Kamera-Orientierungen zum Fahrzeug präzise bekannt sind. Die werksseitige Kalibierung gerät im Laufe der Nutzung eines Fahrzeugs „aus dem Lot". Beim Manövrieren, beispielsweise mithilfe eines Top-View-Systems, führt das zu störenden Fehlern in der Darstellung. Es muss nachjustiert werden. Die meisten bekannten Systeme für die Online-Kalibrierung verwenden die Fahrbahnmarkierungen als natürliche Informationsquelle, was mit erheblichen Einschränkungen in der Verfügbarkeit, der Konvergenzzeit und der Kameralage verbunden ist. ESG hat eine prototypische Lösung parat – und verrät Details einer neuartigen Online-Kalibrierung, die der Entwicklungsdienstleister derzeit einigen OEMs vorstellt.

Warum können Kamerasysteme nicht exakt funktionieren?

Seit einigen Jahren werden forciert Videokameras in Fahrzeugen eingesetzt. Tendenz steigend. Viele Fahrerassistenzsysteme (FAS) setzen diesen flexiblen und vergleichsweise günstigen Sensor entweder als die Hauptinformationsquelle oder im Rahmen eines Sensorverbunds ein. Bei den meisten dieser FAS ist das Wissen um die räumliche Beziehung zwischen Fahrzeug und Videokamera von entscheidender Bedeutung. Insbesondere sicherheitskritische Assistenzsysteme, die in das Lenk- beziehungsweise Bremsverhalten des Fahrzeugs eingreifen, benötigen zu jedem Zeitpunkt präzise Information über die Position und die Orientierung (sogenannte Pose) der Videokamera bezüglich des Fahrzeugkoordinatensystems. Aber auch Komfortfunktionen benötigen diese Information, um beispielsweise aus den Bildern mehrerer Videokameras eine virtuelle Draufsicht auf das eigene Fahrzeug (Top View) zu generieren. Der Orientierung kommt dabei eine besondere Bedeutung zu, denn der Fehler in der Orientierung der Videokamera zum Fahrzeug führt zu einem Positionsfehler im Umfeldmodell, der proportional zum Abstand zwischen der Videokamera und der Umwelt steigt. Die Ermittlung der Pose einer Videokamera findet heute üblicherweise im Rahmen eines Einmess-Vorgangs während der Endkontrolle am Ende einer Fahrzeugfertigung statt (End-of-Line-Kalibrierung). Neben den Kosten, die ein solcher Kalibrierungsschritt verursacht, stellt vor allem die häufige Dekalibrierung der Videokameras im Laufe der Benutzung durch den Endanwender ein ernsthaftes Problem dar. Die Ursachen für eine Dekalibrierung sind in erster Linie mechanische und thermische Einflüsse, denen ein Fahrzeug während seiner Benutzung ausgesetzt ist.

Eine Lösung für die dargestellten Probleme bietet die vollautomatische Ermittlung der Kameraorientierung bezüglich des Fahrzeugs, auch Online-Kalibrierung genannt. Im Gegensatz zur End-of-Line-Kalibrierung stehen keine dedizierten Hilfsmittel, wie Marker oder Justiervorrichtungen zur Verfügung, sodass die natürliche Umgebung bei üblichen und alltäglichen Fahrszenarien als Informationsquelle herangezogen werden muss.

Online-Kalibrierung heute

Die meisten bekannten Systeme für Online-Kalibrierung verwenden die Fahrbahnmarkierungen als natürliche Informationsquelle, um von berechneten Fluchtpunkten auf die Kameraorientierung zurück zu schließen. Dieser Ansatz schränkt zum einen die für die Kalibrierung geeigneten Umgebungsarten stark ein, weil das Vorhandensein der Fahrbahnmarkierungen erwartet wird. Zum anderen führt er zu Schwierigkeiten bei seitlich montierten Videokameras, deren Bilder eine deutlich weniger stabile Berechnung des Fluchtpunkts gestatten. Es werden auch Versuche unternommen, die natürlichen Merkmale in der Fahrbahntextur zu verwerten. Hier liegen die Schwierigkeiten in der relativen Texturarmut der Fahrbahnoberfläche, die bereits bei moderaten Geschwindigkeiten aufgrund der Bewegungsunschärfe nur schwer zu detektieren ist.

So kann künftig präzise kalibriert werden

Das von ESG prototypisch umgesetzte System verwendet als Grundlagentechnologie die visuelle Bewegungsschätzung in sechs Freiheitsgraden (6-DOF). Das heißt, neben der Positions- wird auch die Orientierungsänderung ermittelt. Die visuelle Bewegungsschätzung basiert wiederum auf der Verfolgung einer rela-

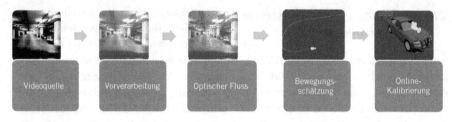

Bild 1
Die algorithmische
Wirkkette der
Online-Kalibrierung

tiv kleinen Menge (100 bis 200) interessanter Punktmerkmale im Videostrom. Es werden dabei keine Einschränkungen auf die geometrische Anordnung dieser Merkmale (zum Beispiel Ebene) auferlegt. Mit einer vorgeschalteten Normalisierung der Helligkeitswerte im Videostrom erreicht man eine große Flexibilität bezüglich der für die Kalibrierung geeigneten Umgebungen und Wetterverhältnissen. Die auf die Bewegungsschätzung aufsetzende Logik unterteilt die Bewegung in geradlinige Abschnitte und Manöver, aus den schließlich die eigentliche Orientierung der Videokamera geschätzt wird. Die Architektur ist schematisch in Bild 1 dargestellt. Im Folgenden wird detaillierter auf einzelne Systemkomponenten eingegangen.

Bildvorverarbeitung

Während der Vorverarbeitungsphase wird das Bild zuerst auf die gewünschte Auflösung herunter skaliert, um eine effizientere Verarbeitung durch die nachgelagerte Algorithmen zu ermöglichen. In der Praxis arbeiten die Ingenieure mit Auflösungen zwischen 320×240 und 640×480 Pixel. Nach der Verkleinerung wird das Bild bezüglich der Helligkeitswerte normalisiert, sodass plötzliche Änderungen der Lichtverhältnisse einen möglichst geringen Einfluss ausüben.

Optischer Fluss

Nach der erfolgten Bildvorverarbeitung findet eine Suche nach markanten zwei-dimensionalen Merkmalen statt, wobei auf eine möglichst gleichmäßige Verteilung der Merkmale im Bild geachtet wird. Die detektierten Merkmale werden dann im Videostrom verfolgt, bis sie die Grenze des Bilds erreicht haben oder aufgrund schlechter Qualität verworfen werden. Sinkt die Anzahl der verfolgten Merkmale unter einen vordefinierten Schwellenwert, wird die erneute Suche nach Merkmalen angestoßen. Bei der Verfolgung der Merkmale findet die Suche nach Korrespondenzen auf Bildpyramiden statt, wodurch größere Distanzen im Bild überbrückt werden können.

Visuelle Bewegungsschätzung

Die Aufgabe der Bewegungsschätzung besteht in der Ermittlung der 6-DOF-Bewegung einer Videokamera im 3D-Raum. Als Eingabedaten werden dabei die im Rahmen des optischen Flusses ermittelten Merkmalsspuren übergeben.
In ersten Prototypen wurden zwei unterschiedliche Algorithmen zur Bewegungsschätzung umgesetzt, die sich hinsichtlich ihren Ressourcenanforderungen und Genauigkeit unterscheiden. So ermittelt der erste Algorithmus die Bewegung zwischen benachbarten Bildern, also auf der Basis von Bildpaaren. Bei dem zweiten Algorithmus handelt es sich um ein sogenanntes Bewegungsstereo-Verfahren (englisch: Structure from Motion), das für die Bewegungsschätzung Punktkorrespondenzen mehrerer Bilder (momentan sechs) auf einmal verarbeitet und die Berechnung der 3D-Umgebungsstruktur

beinhaltet. Die Ergebnisse dieses Verfahrens zeichnen sich durch exzellente relative Genauigkeit aus, beanspruchen jedoch durch die deutlich komplexere Algorithmik, je nach Konfiguration, drei- bis vierfache Rechenkapazität.

Online-Kalibrierung

Die von der Bewegungsschätzung ermittelten Daten werden an die Komponente für die Online-Kalibrierung weiter geleitet. Diese interpretiert nun, ob es sich bei der Bewegung um eine geradlinige Fahrt oder um einen Manöver handelt. Im Fall einer geradlinigen Fahrt wird der geschätzte Zustand des Nick- und des Gierwinkels aktualisiert, während bei einem Manöver vor allem der Rollwinkel aktualisiert wird.

Es soll auch nicht unerwähnt bleiben, dass es sich bei der Schätzung der Kameraorientierung um ein globales Optimierungsverfahren handelt. Das heißt, keine Initialisierung mit Näherungswerten notwendig ist. Außerdem werden aktuell keine Daten des CAN-Busses ausgewertet und die Kalibrierung wird ausschließlich auf der Bildverarbeitung basierend durchgeführt.

Testmethoden

Für die Beurteilung der Genauigkeit und der Robustheit der eingesetzten Algorithmen entwickelte man eine zweigleisige Teststrategie. Die erste Stufe bilden dabei synthetisch generierte Videosequenzen, für die perfekte Referenzdaten vorliegen. Für die Herstellung dieser Sequenzen

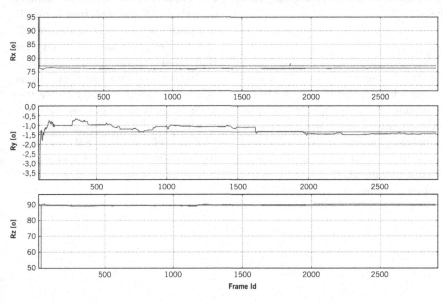

Bild 2
Die Konvergenzkurven der drei Euler-Winkel für eine Tiefgaragensequenz

kam eine kommerzielle Animationssoftware zum Einsatz.

Nachdem auf synthetischen Videosequenzen zufriedenstellende Ergebnisse erreicht wurden, ging man zu Tests auf realen Daten über. Dazu wurde ein Versuchsträger aufgebaut, der über vier GigE-Fischaugenkameras verfügte, wie sie bei einem Top-View-System zum Einsatz kommen. Zusätzlich wurde auf der Höhe des Rückspiegels eine Frontkamera mit einem horizontalen Öffnungswinkel von 50° montiert. Als Rechenplattform kam ein PC mit Core i5 3.1 GHz und Windows 7 zum Einsatz. Die Software selbst ist plattformunabhängig und kann problemlos auch unter Linux ausgeführt werden. Die Kalibrierung verwendet einen Kern und läuft mit circa 25 Bildern pro Sekunde. Die Referenzdaten wurden mittels eines Aufbaus erhoben, mit dessen Hilfe ein Kalibriermuster am Fahrzeug ausgerichtet werden konnte.

Die Anschließenden Testfahrten umfassten unterschiedliche Szenarien, wie Ein- und Ausparkmanöver auf offenen Parkplätzen und in Tiefgaragen, urbane Umgebungen, Landstraßen und Autobahnen, sowie diverse Umfeldbedingungen (Regen, Gegenlicht, spiegelnde Fahrbahn).

Ergebnisse

Die Tests haben gezeigt, dass die Konvergenzgeschwindigkeit für alle drei Winkel in urbanen Szenarien und insbesondere in Tiefgaragen meistens unter einer Minute liegt, wobei eine sehr gute initiale Schätzung oft bereits nach wenigen Sekunden vorliegt, Bild 2. Die Genauigkeit ist im Subgradbereich anzusiedeln.

Unterschiedliche Wetterverhältnisse beziehungsweise die Tageszeit, Dämmerung eingeschlossen, hatten bei den Tests von ESG keinen spürbaren Einfluss auf die Performanz der Algorithmen. Auf Landstraßen und Autobahnen ist insbesondere bei dem Rollwinkel mit niedrigerer Konvergenzgeschwindigkeit zu rechnen, die dann im Schnitt drei bis fünf Minuten beträgt.

Fazit und Ausblick

ESG hat die prototypische Realisierung einer auf der 6-DOF-Bewegungsschätzung basierenden vollautomatischen Kamera-zu-Fahrzeug-Kalibrierung vorgestellt. Diese zeichnet sich durch kurze Konvergenzzeiten sowie eine weitgehende Invarianz gegenüber Umgebung, Wetterverhältnissen und Tageszeit aus. ESG ist davon überzeugt, dass ein derartiges System die end-of-Line-Kalibrierung vollständig ablösen kann und damit zur Kostenersparnis bei der Fahrzeugherstellung beiträgt. Dies neue Art der Kamera-Kalibrierung kann außerdem zur Erhöhung der Endkundenzufriedenheit beitragen. Denn, sie gewährleistet eine erhöhte Verfügbarkeit der kamerabasierten FAS und redeziert somit die Anzahl der nötigen Werkstattaufenthalte und Serviceintervalle. Im Bereich der Online-Kalibrierung sind weitere Verbesserung der Konvergenzgeschwindigkeit des Rollwinkels mittels der Auswertung der bei dem Bewegungsstereo-Verfahren anfallenden 3D-Struktur geplant. Des Weiteren soll der Ansatz auf die automatische Kalibrierung eines Stereokamerasystems ausgeweitet werden.

Apps nutzen offene Telematik-plattform für Flottenfahrzeuge

Thomas Rösch

Gemeinsam mit Intel entwickelt ZF Friedrichshafen eine offene Plattform, mit der eine Vielzahl verschiedener Telematik-Dienste in ein Fahrzeug integriert werden können. Unter der Verantwortung der Firma Openmatics soll das Telematiksystem in Zukunft auch im Automobil eingesetzt werden. Dieses nutzt eine Linux-basierte Softwareplattform. Damit können auch Drittanbieter eigene Apps auf der Plattform integrieren.

Heterogener Telematikmarkt

Für viele Zwecke werden heute digitale Informationen von und zu fahrenden Fahrzeugen übermittelt, beispielsweise für Flottenmanagement, Fahrgastinformationen, Werbung und Fahrzeugdiagnose. Doch meist sind die dafür eingesetzten Telematiksysteme speziell auf einen Dienst oder einen Fahrzeughersteller zugeschnitten. Und bei den derzeit am Markt befindlichen, und im Nutzfahrzeugbereich eingesetzten, Systeme handelt es sich überwiegend um proprietäre Einzellösungen. Viele dieser Systeme greifen teilweise auf die selben Datenquellen zurück und übertragen die gesammelten Daten parallel über gleiche Übertragungsmedien, zum Beispiel GPRS (General Packet Radio Service).

Aus diesem Grund bauen die Nutzfahrzeughersteller in manchen Stadtbusflotten mehrere On-board-Units (OBU) parallel ein, Bild 1. Auf dem Fahrzeugdach befinden sich zudem verschiedene Antennen zur Datenübertragung und Positionsermittlung. Dieser vertikale Ansatz führt zu hohen Investitionen, Betriebs- und Servicekosten sowie Aufwendungen für die Instandsetzung. Eine Verknüpfung der Daten lässt sich zudem nur mit erheblichem Aufwand realisieren. Darüber hinaus sind die aktuellen Systeme nur limitiert oder lassen sich nur mit großem Aufwand erweitern.

Systemunabhängige Telematikplattform

Mit der offenen und systemunabhängigen Telematikplattform Openmatics ist es künftig möglich, innerhalb einer On-Board-Unit sämtliche Daten zu erfassen und zu versenden. Das Auswerten der Informationen geschieht auf einem Webgestützten Portal. Im Kern besteht die Bordnetz-Einheit aus der OBU, einer Middleware mit verschiedenen Server-Applikationen, einem Web-Portal sowie dem leistungsfähigen Atom-Prozessor von Intel. Damit ist die Box auch für künftige Anforderungen gerüstet wie etwa Multimedia-Anwendungen. Die OBU erfasst aus verschiedenen Quellen die Daten im Fahrzeug und sendet diese an einen Server. Dort werten spezielle Anwendungsprogramme (Apps) die Informationen aus und bereiten diese auf. Autorisierte Benutzer können die Ergebnisse dann im Internet über ein Online-Portal abrufen.

Openmatics ist dadurch unabhängig von Branchen, Fahrzeug- und Komponentenherstellern. So können auch Fahrzeughersteller und Drittanbieter eigene Apps

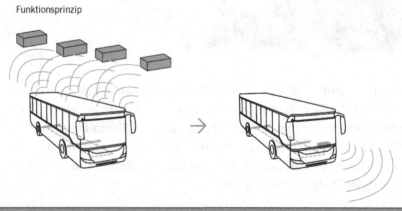

Bild 1
Openmatics vereint zahlreiche Insellösungen

Funktionsprinzip

Heute

Mit Openmatics

programmieren und diese über das Openmatics-Portal selbst definierten Nutzergruppen zum Download anbieten. Ein weiterer Vorteil bietet sich zukünftig auch den Flottenbetreibern und Verkehrsbetrieben, wenn sie nur noch ein einziges Telematik-System für die ganze Flotte im Einsatz haben.

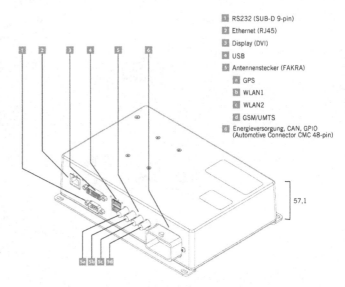

1 RS232 (SUB-D 9-pin)
2 Ethernet (RJ45)
3 Display (DVI)
4 USB
5 Antennenstecker (FAKRA)
  5a GPS
  5b WLAN1
  5c WLAN2
  5d GSM/UMTS
6 Energieversorgung, CAN, GPIO
  (Automotive Connector CMC 48-pin)

57,1

Systemarchitektur

Das Openmatics-System besteht im Wesentlichen aus vier Komponenten:
- On-board-Unit (OBU): Hier werden Daten erfasst und vorverarbeitet
- Web-Portal: Dieses bietet den Zugriff per Internet auf die Daten.
- Openmatics-App-Shop: Der bietet die Möglichkeit, weitere Apps zu kaufen.
- Apps: zur Verarbeitung und Anzeige der Daten.

Modular aufgebaute On-Board-Unit

Als Zentralrechner verwendet die Openmatics-OBU die Intel-Atom-Z510-CPU (CPU, Central Processing Unit), Bild 2. Zur Datenerfassung verfügt sie über eine große Anzahl von Schnittstellen und die direkt auf der Platine verbauten Sensoren. Die modulare Struktur erlaubt schnelle Weiterentwicklungen und das Adaptieren auf lokale Gegebenheiten. So ist zum Beispiel ein Wechsel von UMTS auf den zukünftigen LTE-Standard (LTE, Long Term Evolution) durch einen einfachen Austausch des PCIe-Sendemoduls möglich (PCIe, Peripheral Component Interconnect Express). Als Betriebssystem wird eine auf Linux basierende Plattform eingesetzt. Als Applikationsschicht kommt das Equinox-OSGI-Framework zum Einsatz (OSGI, Open Services Gateway Initiative). Es basiert auf Java und dient beispielsweise auch als Grundlage der Plug-in-basierten Entwicklungsumgebung Eclipse.

Das System ist offen für Apps

Openmatics wurde bewusst als offenes System konzeptioniert. Damit wird es Drittanbietern ermöglicht, eigene Anwendungen zu entwickeln. Sie können dazu das Software-Development-Kit (SDK) nutzen, um auf die „Application Programming Interfaces" (API), Bild 3, der einzelnen Komponenten zugreifen zu

Bild 2
Die On-Board-Unit wird von einer Intel-Atom-CPU gesteuert

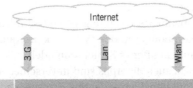

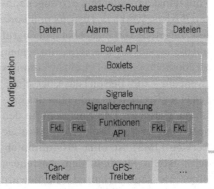

Bild 3
Openmatics setzt konsequent auf ein offenes Schichtenmodell

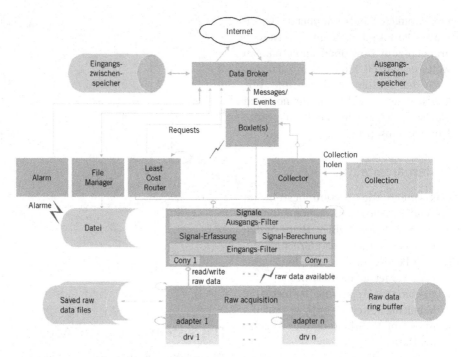

können. Das ist ein entscheidender Fort-schritt gegenüber bestehenden Telema-tiksystemen, deren Hard- und Software-komponenten lediglich mit dem Ziel entwickelt wurden, Kosten und Funktion zu optimieren. Die Folge: Diese Systeme sind nur mit erheblichem Aufwand und nur durch den Hersteller selbst erweiter-bar.

Openmatics setzt dagegen für sämtliche Komponenten des Systems konsequent auf ein offenes Schichtenmodell, Bild 4. Und auch die Apps sind in verschiedene Funktionskomponenten, den sogenann-ten Boxlets, Worklets, Displets und Port-lets, aufgeteilt. Das Boxlet hat den Zugriff auf die Signalschicht der OBU um Signale zu abonnieren. Tritt etwa ein bestimmtes Event ein – zum Beispiel das Überschrei-ten eines Grenzwerts – übergibt das Box-let die Daten als JMS-Nachricht an den sogenannten Data Broker. Java Message Service (JMS) ist eine Programmier-schnittstelle. Sie dient dem Ansteuern einer Message Oriented Middleware

(MOM) zum Senden und Empfangen von Nachrichten aus einem Client heraus.

Im Data Broker wird nun die Nachricht gespeichert (persistiert) bis sie je nach Priorität direkt oder nach Verfügbarkeit einer kostengünstigeren oder aber breit-bandigeren Übertragungsart versendet wird. Innerhalb der Middleware holt die Komponente Worklet die ihr zugeordne-ten Nachrichten aus dem Empfangsord-ner des Data Brokers und speichert diese in die entsprechende Datenbanktabelle der App. Um auf die jeweilige Datenta-belle des Webservers zuzugreifen, wird das Portlet beziehungsweise Displet benötigt. So lassen sich die Daten über den verwendeten Webbrowser bezie-hungsweise ein Display darstellen.

Die Server-/Webapplikationen und die Datenbank nutzen die Oracle-Technolo-gie-WebLogic-Server und ADF (Automa-tic Direction Finder). Diese Komponen-ten unterstützen ebenfalls standardisierte Schnittstellen, um den einfachen Daten-austausch mit anderen Systemen sicher-

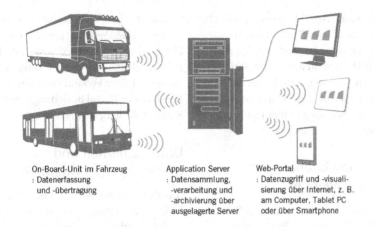

On-Board-Unit im Fahrzeug
: Datenerfassung
und -übertragung

Application Server
: Datensammlung,
-verarbeitung und
-archivierung über
ausgelagerte Server

Web-Portal
: Datenzugriff und -visuali-
sierung über Internet, z. B.
am Computer, Tablet PC
oder über Smartphone

Bild 5
Softwarearchitektur
der Linux-basierten
Plattform

zustellen. So erfolgt der Datenaustausch zwischen dem Webportal, Bild 5, und dem von IBM entwickelten Shop über Webservices nach der SO-Architektur (SOA, Serviceorientierte Architektur). Damit ist es für jeden Anwender möglich, seine persönliche Sicht auf die Daten hochflexibel aber im Rahmen seiner Zugriffsrechte anzupassen.

Das Geschäftsmodell leasen statt kaufen

Für Umsätze soll künftig ein eigenes Leasingmodell sorgen. Dem Anwender wird über die Vertragslaufzeit die On-Board-Unit überlassen, Bild 6. Im Basispaket sind die Gerätenutzung, die Datenspeicherung die Datenkommunikation und ausgewählte Basis-Apps enthalten. Weitere Anwendungsprogramme kön-

Bild 6
Das Geschäfts-
modell ist auf das
Leasen des Systems
ausgerichtet

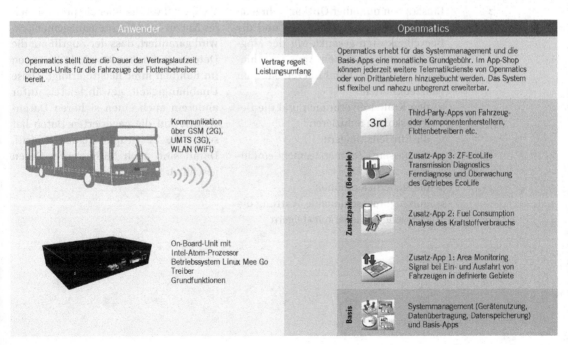

Anwender

Openmatics stellt über die Dauer der Vertragslaufzeit Onboard-Units für die Fahrzeuge der Flottenbetreiber bereit.

Vertrag regelt
Leistungsumfang

Openmatics

Openmatics erhebt für das Systemmanagement und die Basis-Apps eine monatliche Grundgebühr. Im App-Shop können jederzeit weitere Telematikdienste von Openmatics oder von Drittanbietern hinzugebucht werden. Das System ist flexibel und nahezu unbegrenzt erweiterbar.

Kommunikation
über GSM (2G),
UMTS (3G),
WLAN (WiFi)

3rd — Third-Party-Apps von Fahrzeug- oder Komponentenherstellern, Flottenbetreibern etc.

Zusatz-App 3: ZF-EcoLife Transmission Diagnostics Ferndiagnose und Überwachung des Getriebes EcoLife

Zusatz-App 2: Fuel Consumption Analyse des Kraftstoffverbrauchs

On-Board-Unit mit
Intel-Atom-Prozessor
Betriebssystem Linux Mee Go
Treiber
Grundfunktionen

Zusatz-App 1: Area Monitoring Signal bei Ein- und Ausfahrt von Fahrzeugen in definierte Gebiete

Zusatzpakete (Beispiele)

Systemmanagement (Gerätenutzung, Datenübertragung, Datenspeicherung) und Basis-Apps

Basis

nen über einen App-Shop hinzu gebucht werden. Auch von Drittanbietern oder vom Anwender selbst erstellte Apps können zum Verkauf an andere im Shop veröffentlicht werden. Für Freigabe, Vertrieb, Verrechnung und Marketing dieser Fremdanwendungen behält Openmatics 30 % vom Umsatzerlös ein.

Vorteile und Chancen für den Anwender

Durch den Einsatz der Openmatics-Telematikplattform ergeben sich für den Anwender neben der Reduktion verschiedener Systeme auf eine Plattform neue Möglichkeiten für:

- Flottenmanagement
- Fahrgastinformation
- Werbung
- Fahrzeugdiagnose
- weitere Anwendungen.

Der Flottenbetreiber hat dadurch deutlich geringere Investitions- und Installationskosten. Durch den Managed Service entstehen zudem keine Kosten für Hardware, Server und Software. Durch den Einsatz von nur einer OBU im Fahrzeug werden der Energieverbrauch und die Recyclingkosten gesenkt. Mit der Möglichkeit, mit speziellen Apps verschiedene Daten zu kombinieren können Fahrzeugflotten:

- den Kraftstoffverbrauch und die Betriebskosten reduzieren
- die Effizienz steigern
- ein besseres Zeitmanagement einführen
- die Sicherheit erhöhen
- durch vorausschauende Wartung die Fahrzeugverfügbarkeit steigern

- zusätzlichen Umsatz durch positionsabhängige Werbung generieren.

Darüber hinaus hat der Anwender die Möglichkeit, durch die Vermarktung eigener Apps oder dem Verkauf von Fahrzeugdaten über das Portal beziehungsweise den Shop zusätzlichen Umsatz zu generieren.

Datensicherheit und die Grenzen der Offenheit

Alle direkten Zugriffe auf die On-Board-Unit, beispielsweise über das Webinterface, sind über einen Login geschützt. Die Software der OBU ist zudem verschlüsselt. Ebenso die Fahrzeugdaten, die SSH-kodiert an den Application Server übertragen werden. SSH bezeichnet sowohl ein Netzwerkprotokoll als auch entsprechende Programme, mit deren Hilfe man auf eine sichere Art und Weise eine verschlüsselte Netzwerkverbindung mit einem entfernten Gerät herstellen kann. Das Hosting der Daten erfolgt mittels eines unabhängigen Hosting-Anbieters. Dadurch ist eine hohe Datensicherheit und Verfügbarkeit sichergestellt. Das Webportal verfügt über ein professionelles Nutzer- und Rechtemanagement. So wird garantiert, dass der Zugriff auf die Daten nur durch autorisierte Personen im Rahmen ihrer Rechte erfolgt. Diese Unabhängigkeit gewährleistet unter anderem auch einen sicheren Datenschutz. Auf die generierten Daten hat selbst die ZF Gruppe keinen Zugriff. Damit sind auch Mitbewerber-Daten geschützt.

Simuliertes GPS-Space-Segment und Sensorfusion zur spurgenauen Positionsbestimmung

DIPL.-ING. TOBIAS BUTZ | DIPL.-ING. UWE WURSTER | PROF. DR. ING. GERT F. TROMMER | DIPL.-ING. MATTHIAS WANKERL

Die Fusion von GPS-Signalen und Fahrdynamikdaten ermöglicht eine spurge-naue Positionsbestimmung. Da diese Sensorfusion sicherheitsrelevant sein kann, sollte die Funktion und Robustheit aller darauf beruhenden Systeme mög-lichst früh prüfbar sein. IPG Automotive hat ein sogenanntes „Space"-Segment mit virtuellen GPS-Satelliten für die Fahrdynamiksimulation CarMaker ent-wickelt. Integrierte Fehlermodelle bilden GPS- und Sensorschwächen nach, um realitätsnahe virtuelle Fahrversuche zu ermöglichen.

Motivation

Mit der wachsenden Zahl an Sensoren im Fahrzeug werden sich Sicherheit, Effizienz sowie Komfort weiter erhöhen. Vor allem durch Mehrfachnutzung von Sensorsignalen und durch Sensorfusion lassen sich neue, leistungsfähigere Assistenzsysteme [1] realisieren. Eine wichtige Rolle spielt dabei der GPS-Empfänger zur Positionsbestimmung des Fahrzeugs. Wegen der begrenzten Auflösung und den möglichen Fehlerquellen genügt das GPS (Global Positioning System) nicht als alleinige Datenbasis, um Funktionen zu realisieren, die eine spurgenaue Positionsbestimmung des Fahrzeugs erfordern. Zudem kann die GPS-Ortung etwa durch Abschattung ausfallen. Werden jedoch GPS-Daten mit Fahrdynamikinformationen von Inertialsensoren (INS) kombiniert, so kann die Stärke des einen Sensors die Schwäche des anderen ausgleichen. Neben einer höheren Genauigkeit erreicht man so zusätzlich eine Redundanz.

Weiter entwickelte Fahrwerksregelsysteme, Fahrerassistenzsysteme sowie vorausschauende Betriebsstrategien können diese Informationsbasis nutzen. Sobald es dabei um sicherheitsrelevante Systeme geht, müssen sie sehr hohe Ansprüche an ihre Funktion und Robustheit erfüllen. Wegen der Komplexität vernetzter Systeme sowie der Sensorfusion liegt es im Interesse der Entwickler, die Fusionsarchitektur einer GPS- und INS-basierten Lösung frühzeitig zu testen, bevor die Hardware zur Verfügung steht. IPG Automotive löst diese Anforderung mit dem neuen Space-Segment- Modell, das einen Himmelsbereich mit GPS-Satelliten simuliert, die sich auf ihren Umlaufbahnen um die Erde bewegen. Wird die Fahrdynamiksimulation CarMaker um dieses Modell erweitert, ermöglicht dies virtuelle Fahrversuche von Funktionen/Systemen auf der Basis von GPS-INS-Sensorfusion. Durch umfangreiche Fehlermodelle lassen sich Testszenarien einschließlich realitätsnaher Fehlerzustände darstellen.

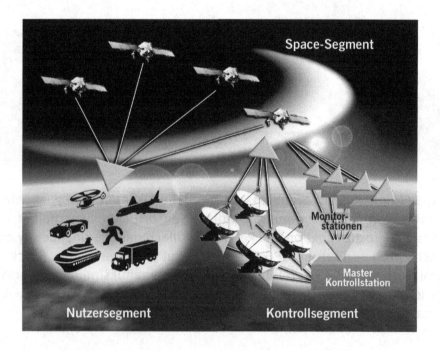

Bild 1
Die Bestandteile des Global Positioning System

Funktion und Erzeugung des Space-Segment-Modells

Bild 1 zeigt die Bestandteile des GPS sowie das darin enthaltene Space Segment. Das Space-Segment-Modell übernimmt im virtuellen Fahrversuch dieselbe Funktion: Es stellt simulierte Navigationsdaten bereit. Das hier dargestellte Nutzersegment wird im Test vom simulierten GPS-Empfänger im virtuellen Fahrzeug repräsentiert. Das Control-Segment, das im realen GPS die Konstellation der Satelliten (Uhrzeiten, Bahndaten) überwacht, wird im Test durch das Einbinden aktueller Navigationsdaten dargestellt.

Während im physischen GPS Position und Uhrenfehler des Empfängers auf der Basis des Empfängerzeitpunkts des Satellitensignals sowie den Pseudoranges von mindestens vier Satelliten berechnet werden, sind die Positionsdaten des virtuellen Fahrzeugs bekannt. Daher sieht der Rechengang hier anders aus, Bild 2. Zunächst muss die Position der Satelliten im Koordinatensystem des Sendezeitpunkts – das eigentliche Space-Segment-Modell – berechnet werden.

Dieser Teil der Modellierung ist anspruchsvoll, weil sich die Position eines Satelliten im Koordinatensystem zum Sendezeitpunkt von seiner Position zum Empfangszeitpunkt unterscheidet. Wie groß diese Abweichung ist, hängt von der Laufzeit des Signals ab und diese wiederum ist abhängig von der Position des Satelliten. Folglich ist die Berechnung ein iteratives Verfahren in sechs Einzelschritten, die teilweise wiederholt werden, bis sowohl die Satellitenposition zum Empfangszeitpunkt des Signals als auch die Signallaufzeit hinreichend genau ermittelt sind. Anschließend werden die für den virtuellen Fahrversuch benötigten Daten über die Satellitenpositionen und -geschwindigkeiten erzeugt, die an den simulierten GPS-Empfänger übergeben werden.

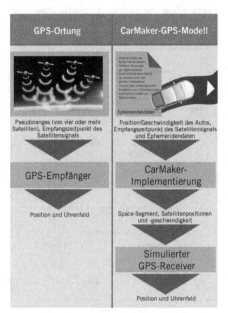

Bild 2
Normale GPS-Ortung und Erzeugung des Space-Segment Modells im Vergleich

Da die Satellitenkonstellation des Modells orts- und zeitabhängig ist, muss beides vor dem Beginn einer virtuellen Testfahrt definiert werden. Dies geschieht in einer grafischen Benutzerschnittstelle (Graphic User Interface, GUI), Bild 3. Dort wird auch der Elevationswinkel der Satelliten definiert, bis zu dem er für den GPS-Empfänger noch „sichtbar" ist. Auch Abschattungen, durch hohe Gebäude oder Unterführungen, können in der GUI mit dem integrierten Abschattungsmodell aktiviert werden.

Nachbildung realer Fehler und Störeinflüsse

Um im virtuellen Fahrversuch valide Aussagen über eine Sensorfusionsarchitektur zu gewinnen, genügt es nicht, den Test unter Idealbedingungen zu absolvieren. Diese liegen im realen Fahrbetrieb ebenfalls nur zeitlich begrenzt vor. De facto wird eine Sensorfusion aus GPS und INS von relativ vielen Fehlerquellen und Störgrößen beeinflusst. Die Fehlertoleranz der zu testenden Funktion im Fahr-

Bild 3
GUI zur Parametrie-
rung der Daten
für eine virtuelle
Testfahrt

Bild 4
GUI zur Parametrie-
rung beziehungs-
weise Aktivierung/
Deaktivierung
von GPS-Fehler-
quellen

rik implementiert. Diese werden über die GUI bedient. Bild 4 vermittelt beispielhaft einen Überblick über die möglichen GPS-Fehlerquellen.

Da sich einzelne Störgrößen und Fehler gezielt definieren und aktivieren lassen, können die Einflussgrößen sowohl einzeln als auch in Wechselwirkung analysiert werden. Damit ist bei auftretenden Funktionsstörungen die Möglichkeit zu einem „Drill-down" bis zur eigentlichen Ursache gegeben. Dass diese Analysemöglichkeit unter gleich bleibenden äußeren Bedingungen erfolgt, macht den virtuellen Fahrversuch zu einem sehr leistungsfähigen Instrument.

Die Beschäftigung mit den einzelnen Fehlern und Störgrößen erklärt auch, warum sich GPS und INS gegenseitig gut ergänzen: Der GPS-Sensor ist relativ langsam, insgesamt aber langzeitgenau, während die Inertialsensorik Informationen über hoch dynamische Bewegungen liefert, wegen ihres Drift jedoch nur kurzzeitgenau ist. Mit der Sensorfusion wird daher ein dynamisches und langzeitgenaues Positionssignal gewonnen.

Modellierte GPS-Fehler

Ein Überblick zeigt, welchen möglichen Einflüssen ein realer GPS-Sensor ausgesetzt ist: Neben dem Empfängeruhrenfehler sind dies Ungenauigkeiten in der Satellitenbahn sowie atmosphärische Einflüsse und das Empfängerrauschen. Ungenauigkeiten in der Umlaufbahn der Satelliten (Ephemeridenfehler) entstehen durch den Einfluss der Schwerkraft. Solche Abweichungen vom Sollkurs werden einerseits überwacht, andererseits auch korrigiert. Die exakten Bahndaten werden den Empfängern als Teil der Ephermeridendaten zur Verfügung gestellt. Daher ist dieser Fehlereinfluss relativ klein. Schwieriger zu kontrollieren sind Einflüsse der Ionosphäre (50 bis 1000 km Höhe) und der Troposphäre (bis

zeug ist daher ein wichtiges Kriterium für die spätere Sicherheit und Zuverlässigkeit der Funktion. Für eine möglichst realistische Simulation sind daher im Space-Segment- Modell Fehlermodelle für die GPS-Sensorik und für die Inertialsenso-

zu 10 km Höhe). Hier liegt die Fehlerursache in Laufzeitverzögerungen und Strahlkrümmung, verursacht durch die freien Elektronen in der Ionosphäre beziehungsweise Luftdruck und Temperatur in der Troposphäre. Hinzu kommt ein zufälliger Fehler, der vom Messrauschen des GPS-Sensors verursacht wird. Im GUI lassen sich beide Fehlerarten, also zufällige und zeitlich korrelierte Fehler, getrennt und einzeln parametrieren.

Modellierte Inertialsensoren-Fehler

Auch die Inertialsensorik ist Fehlern und Störgrößen unterworfen. In einer Einheit aus Beschleunigungs- und Drehratensensoren (Inertial Measurement Unit, IMU) wirken sich Biasfehler, Skalenfaktorfehler sowie das Sensorrauschen aus. Auch diese Fehler werden in der GUI parametriert. Mit Bias wird der Nullpunktfehler des Sensors sowie seine Scheindrehrate in °/s oder °/h beziehungsweise seine Scheinbeschleunigung in mg im ruhenden Zustand spezifiziert. Der Skalenfaktorfehler beziffert die ppm-Rate der Abweichung zwischen dem Anstieg des Sensorsignals und dem tatsächlichen Anstieg der Drehrate. Das Rauschen des Sensors beeinflusst je nach Intensität die schnelle Erfassung von dynamischen Bewegungen, während sich die anderen Fehler eher langfristig auswirken. Je nach Ausmaß der Fehler lassen sich die Sensoreinheiten in Qualitätsklassen unterteilen: In der Unterhaltungselektronik genügen oft kostengünstige IMUs, im Fahrzeug werden leistungsfähigere, präzisere IMUs benötigt. Die oberste Qualitätsklasse bildet die kostenintensive Inertialsensorik für militärische und Luftfahrtanwendungen. Für jeden Qualitätsbereich wurde ein exemplarischer Sensortyp mit charakteristischen Fehlern hinterlegt:

- Unterhaltungselektronik: MPU-6000 von InvenSense
- Automobil: MMQ50 von Systron Donner
- Luft- und Raumfahrt/Militär: SDI500 von Systron Donner.

Um dem Anwender größtmögliche Flexibilität zu geben, lassen sich im GUI auch die Fehlergrößen anderer IMUs nachbilden. Das ermöglicht den Test einzelner Sensorcluster hinsichtlich ihrer Eignung für eine bestimmte Fusionsarchitektur aus GPS und INS.

Anwendungsbeispiele

Es gibt zahlreiche Anwendungsmöglichkeiten für GPS/INS-basierte Integrations- und Fusionsalgorithmen mit spurgenauer Positionsbestimmung: etwa Spurhalte- und Abbiegeassistenten, Kollisionsschutzsysteme und viele mehr. Verbunden mit digitalem Kartenmaterial und einer Car-2-Car-Kommunikation vergrößert die Sensorfusion einerseits den Erfassungsbereich der Sensorik im Fahrzeug, andererseits kann die Position des eigenen Fahrzeugs umso präziser an andere Empfänger übermittelt werden. Neben sicherheitskritischen Anwendungen gehört auch die Effizienzsteigerung zu den Anwendungsfeldern für die Sensorfusion mit GPS- und INS-Anteil. So profitiert eine vorausschauende Fahrstrategie, die in Abhängigkeit von Streckentopografie, Kreuzungen und Verkehrszeichen unnötige Lastwechsel zu vermeiden hilft, von einer spurgenauen Positionsbestimmung. Insbesondere Hybridfahrzeugen profitieren von einer solchen Fahrstrategie, um das Wechselspiel von Verbrennungs- und Elektromotor beziehungsweise Generator zu optimieren [2].

Das Spektrum für die GPS/INS-Sensorfusion reicht dabei über den Pkw-Bereich hinaus. Etwa die Entwicklung neuer Funktionen für Nutzfahrzeuge, wo die

Kombination von GPS und INS vor allem dazu dient, die Produktivität von Arbeitsabläufen zu erhöhen. Ein konkretes Beispiel ist hier das Precision Farming als aktueller Trend in der Landwirtschaft.

Fazit

Bestand die Fahrdynamiksimulation CarMaker bisher aus den virtuellen Elementen Fahrzeug, Fahrer, Straße, Verkehr, digitale Karten sowie Umgebung/Bebauung, so kommt mit dem Space-Segment Modell noch ein GPS-Satellitensystem hinzu. Bei virtuellen Fahrversuchen mit dieser erweiterten Lösung lassen sich nicht nur die Funktion und Robustheit von Fusionsalgorithmen mit GPS-Anteil testen, zudem werden auch valide Aussagen über die Auswirkung dieser Funktion auf das Gesamtfahrzeug möglich. Damit sind lange vor der Serienreife umfassende Analysen und Bewertungen von Fusionsalgorithmen möglich. Neben der Bestätigung von Funktion und Robustheit ist vor allem auch die Möglichkeit zur detaillierten Fehleranalyse ein Beitrag zur frühzeitigen Absicherung der Systemreife.

Literaturhinweise

[1] Butz, T.: Implementierung eines Satelliten-Space-Segment Moduls in IPG CarMaker zur KFZ basierenden Integration. Diplomarbeit, Karlsruher Institut für Technologie (KIT), Institute of System Optimization, 2011

[2] Schick, B.; Leonhard, V.; Lange, S.: Vorausschauendes Energiemanagement im virtuellen Fahrversuch. ATZ 04/2012, 114. Jahrgang

[3] Katriniok, A.; Reiter, M.; Abel, D.: Kollisionsvermeidung mittels Galileo. Wiesbaden: ATZelektronik, Jahrgang 6, Nr. 1, 2011

[4] Vietinghoff, A. von: Nichtlineare Regelung von Kraftfahrzeugen in querdynamisch kritischen Fahrsituationen. Dissertation, Universität Karlsruhe (TH), Fakultät für Elektrotechnik und Informationstechnik, 2008

[5] Schramm, D.; Hiller, M.; Bardini, R.: Modellbildung und Simulation der Dynamik von Kraftfahrzeugen. Berlin, Heidelberg: Springer, 2010

Reichweitenprognose für Elektromobile

Dr.-Ing. Peter Conradi

Die Reichweite von Elektroautos variiert sehr stark in Abhängigkeit von den äußeren Einflüssen. Um eine exakte Vorhersage während der Fahrt zu geben, hat All4IP Technologies eine spezielle Software entwickelt, die unter anderem auch auf den CAN-Bus zugreift. Die App, programmiert für iOS- und Android-Betriebssysteme, berücksichtigt auch die Geländetopologie.

Bild 1
Eine App zeigt dem Fahrer von Elektroautos die maximale Reichweite an

Mangel an Voraussage

Batterieelektrische Fahrzeuge der Zukunft nehmen nicht nur auf internationalen Automobilausstellungen zunehmend Raum ein, sondern finden mit dem steigenden Ölpreis auch in der Öffentlichkeit eine immer größere Beachtung. Allerdings sind derzeit die Anschaffungskosten noch verhältnismäßig hoch und der limitierte Fahrradius ist ein starkes Hindernis für die Verbreitung der Elektromobilität [1].

Aber wie weit fahren wir wirklich mit unseren Fahrzeugen? Reicht nicht im Normalfall ein Radius von – sagen wir – 100 km für die meisten von uns? Die Erfahrungen in den verschiedenen Modellregionen Elektromobilität haben gezeigt, dass die Testfahrer sich sehr schnell an ihre Fahrzeuge gewöhnt hatten und sie täglich nutzen.

Die Grenze der Reichweite zu erfahren, Bild 1, und sich innerhalb dieser Grenze verlässlich bis zum Rand bewegen zu können, ist eine Herausforderung für

Elektromobilfahrer. Ein Liegenbleiben muss definitiv ausgeschlossen werden. Denn risikofreudig sind die Elektromobilitätskunden eher nicht, vielmehr schrecken sie vor Einsätzen im Grenzbereich zurück. Also gilt es, eine exakte und verlässliche Abschätzung der Reichweite zu errechnen und geeignet bei der Planung des Trips zu berücksichtigen.

Komplexe Parameter

Wenn man beispielsweise einen Berg herauf fährt, nimmt die Reichweite stärker ab, als wenn man in der Ebene unterwegs ist. Über die physikalischen Gesetze der potentiellen Energie im Gravitationsfeld ergibt sich der grobe Ansatz, dass ein typisches Elektrofahrzeug an Energie, gemessen in Kilowattstunden, folgendes verbraucht: $0,3 \times$ Gewicht in Tonnen $\times$ rein vertikale Höhe in Hundertmeter-Schritten.

Dieser Energieverbrauch ist zusätzlich zur Fortbewegung in der Ebene anzusetzen, um die entsprechende Höhe zu er-

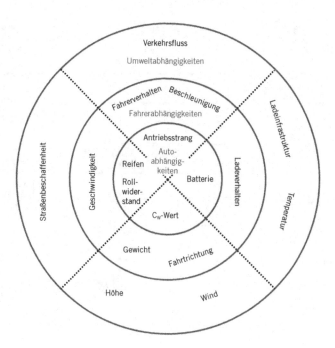

Verkehrsfluss

Umweltabhängigkeiten

Fahrerverhalten Beschleunigung

Fahrerabhängigkeiten

Ladeinfrastruktur

Antriebsstrang

Auto-
abhängig-
keiten

Reifen

Batterie

Roll-
wider-
stand

C_w-Wert

Straßenbeschaffenheit

Geschwindigkeit

Ladeverhalten

Temperatur

Gewicht

Fahrtrichtung

Höhe

Wind

Bild 2
Ursachendiagramm
möglicher Einflüsse
bei Fahrten mit dem
Elektroauto

klimmen. Fahrexperimente mit einem inklusive Beladung 1800 kg schweren Elektrofahrzeug zur 390 m hoch liegenden Burg Frankenstein bestätigten die Faustformel: knapp 2 kWh mussten für die vertikale Bezwingung der Burg aufgewendet werden. Natürlich hilft hier die Rekuperation – die Wiedergewinnung von elektrischer Ladung beim Bergabfahren – aber die Betrachtung der Energierückspeisung würde die exakte Voraussage ebenfalls verkomplizieren, Bild 2. Kommen zudem Windeinflüsse hinzu, wird die Berechnung der Reichweite noch schwieriger. Die Reichweitenangaben der Hersteller können die lokale Windsituation natürlich nicht einbeziehen. Je nach cw-Wert des Fahrzeugs entstehen dadurch weitere Energieverluste. Alle diese Umstände machen das Fahren mit einen Elektromobil zu einem Pokerspiel. Beim Fahrer erzeugen sie Planungsunsicherheiten und dürften den Einsatz von Elektromobilen auf Dauer eher behindern.

Bisherige Reichweiten-vorhersage mangelhaft

Während die Batteriemanagementsysteme von heute bereits die Batteriesteuerung für Ladung und Traktion übernehmen und den State of Charge (SoC) über das Bordnetz bekanntgeben, muss ein künftiges Gesamtsystem darüber hinaus die aktuellen elektrischen Verbraucher an Bord analysieren, das Fahrerverhalten kennen, die Topographie der Umgebung, Wetterdaten und vor allem die Batterie- und Umgebungstemperaturen einbeziehen. Dazu müssen verschiedene Datenquellen, wie Wetterinformationen, Geoinformationen, Stadtplan-Bitmaps, Straßenvektoren, etc. einbezogen werden, die über einen Internet-Server zusammengeführt und geeignet verknüpft werden, Bild 3. Über eine App beispielsweise wird mit diesem Internetserver kommuniziert und entsprechende Hinweise zur Routenführung und zum Reichweitenthema werden über die App zum Endnutzer übertragen.

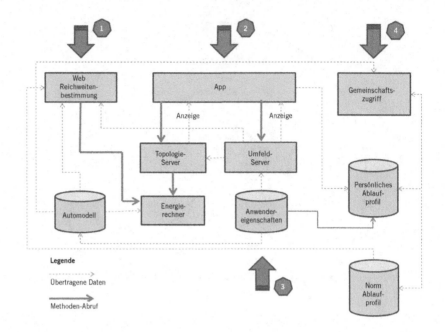

Öko-optimierte Strecken

Eine solche App hat das Softwareunternehmen All4IP Technologies vor Kurzem entwickelt. Mit dem Programm mapZero lassen sich Reichweiten mittels Geoinformationssystemen vorherzusagen und öko-optimale Strecken errechnen. Die für Android- und iOS-Betriebssysteme entwickelte Smart Phone App wird dazu je nach Einsatzwunsch auch mit einem Zugang ins Fahrzeug integriert. Dort befindet sich ein Sender, der sich über das Bordnetz zu den Eigenschaften der Batterie informiert und dies an die App weitermeldet. Das Programm holt sich verschiedene Zusatzinformationen, Bild 3, aus dem Internet und berät den Fahrer bezüglich optimaler Routenführung und erreichbarer Ziele sowie die Chancen, wieder nach Hause zu finden. MapZero läuft ebenso auf iPhone, iPad und Android-Handys.

Die App informiert allerdings nicht nur über die Ladesäulen oder den nächsten Bäcker in der Umgebung, sondern zeigt dem Fahrer auch den Energie-Grenzbereich des Elektromobils auf. Hierfür werden die Geschwindigkeit des Fahrzeugs und damit auch die Beschleunigung über Messungen am Rad oder die GPS-Position ermittelt. Der jeweilige SoC des Fahrzeugs wird entweder gemessen oder aus dem CAN-Bus ausgelesen. Dies ist vor allem notwendig bei Fahrzeugen, die starken Nebeneinflüssen wie Klimatisierung oder hybrider Antriebsweise unterliegen. Pedelecs zum Beispiel sind durch ihre hybride Antriebsweise extrem schlecht simulierbar und brauchen deshalb einen Messadapter. Typische Elektroroller hingegen weisen geringere Nebeneinflüsse auf und zeigen damit ein Reichweitenverhalten, das sich mit einem nur geschätzten SoC genügend genau simulieren lässt.

Die Graphentheorie als Berechnungsgrundlage

Die Berechnungen finden anhand eines Knoten/Kanten-Modells mit gerichteten Multigraphen statt, die sämtliche für das jeweilige Fahrzeug befahrbaren Strassen des Zielgebiets repräsentieren. Zur Beschleunigung der Ausbreitungssimulation werden Knoten und Kanten in der Datenstruktur mit einer Reihe vorberechneter Informationen ausgestattet wie Straßendetails, Höhe, Wind, etc.. Mit einem geographisch arbeitenden Zuordnungsalgorithmus lässt sich ausgehend von der momentanen Geoposition der nächste Knoten (also die nächste Straßenkreuzung) lokalisieren.

Über die davon abgehenden Kanten wird jeweils eine Fahrt simuliert und auf den außen liegenden Knoten die verbleibende Akkuenergie notiert. Die in Kantenrichtung aufgelösten Windanteile und die Höhenunterschiede können genauso wie die typischen/maximal erlaubten Geschwindigkeiten in die Ausbreitungsrechnung mit einbezogen werden. Die lokal übermittelten Windinformationen von Wetterstationen werden durch trianguläre Interpolation der Windangaben genügend genau angenähert. Die Höhenunterschiede sind in einer Granularität von etwa 90 Meter seit der Radar-Fernerkundung der NASA im Februar 2000 bekannt [6, 7] und lassen sich nach geeigneter Interpolation den Straßeninformationen auf den Kanten zuordnen.

Die Rechenergebnisse lassen sich anschließend als Polygonzug um den Standort des Fahrzeugs herum in alle möglichen Richtungen darstellen. Dies ist die Grenzmarkierung, auf der die an der Ausbreitungsrechnung beteiligten Knoten des Knoten-/Kanten-Modells die Akkuenergie als verbraucht erkennen. Dieses Erreichbarkeitspolygon kann dann auf einer Straßenkarte abgebildet werden, zusätzlich zur Routenvisualisierung. Hierbei erscheint der ursprüngliche Start der Reise als Home-Symbol auf der Karte.

Routenführung/Navigation

Ein Routing zum Ziel des Fahrzeugs lässt sich mit diesem Algorithmus in idealer Weise verbinden. Hierbei entsteht – sozusagen als Abfallprodukt – eine energieoptimierte Route, die nach Kriterien der geringsten Höhenbewältigung und der jeweils optimalen Straßenführung für die Geschwindigkeit des Fahrzeugs ausgelegt wird, bei der die geringste Traktionsenergie verbraucht wird.

Kompliziert wird es nach wie vor, wenn der Fahrer vor Reiseantritt wissen möchte, wie weit er fahren darf, um trotzdem noch sicher wieder nach Hause zu kommen. Hierfür haben sich die Entwickler von mapZero mit Palm Tree ein spezielles Berechnungsverfahren ausgedacht. Ausgehend vom erreichbaren Reiseziel innerhalb des Erreichbarkeitspolygons wird ein weiteres Polygon in einer anderen Farbe aufgespannt, das die Erreichbarkeit von Zielen von dort aus markiert.

Erfassen elektrischer Größen

Um die Reichweite vorherzusagen, wird das Fahrzeug mit einem Funkadapter ausgestattet, der über eine Bluetooth- oder Wlan-Schnittstelle den genauen Zustand der Batterieladung aus dem Batteriemanagementsystem mitteilt. Da viele Fahrzeuge diese Informationen auf dem bordeigenen CAN-Bus, Bild 4, bereitstellen, lassen sich die entsprechenden Werte des Batteriemanagementsystems relativ leicht über den CAN-Bus auslesen. Zum Einsatz kommt derzeit ein Bluetooth-Sendemodul, Bild 5, der Firma Case GmbH [2], das die gefilterten CAN-Bus-Daten über Bluetooth und durch das Betriebssystem des Smart Phones in die Verarbeitung der App überträgt. Der Adapter wird über einen Zwischenstecker an den ODB-2-Anschluss des Fahrzeugs gesteckt. Das Filtern der relevanten Informationen kann im Übrigen auch dort erfolgen.

Alternativ zur CAN-Bus-Lösung lassen sich Traktionsstrom und -spannung in

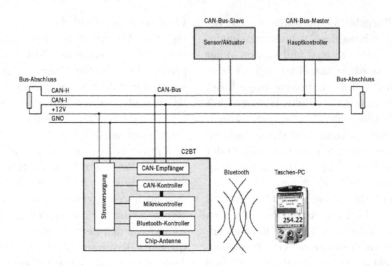

Bild 4
Der CAN-Bus-Adapter (C2BT) sammelt Informationen über den Energieverbrauch im Fahrzeug

einem Elektromobil mit zwischengeschalteten Stromwandlern erfassen. Hierfür muss ein solches Messmodul in die stromführenden Leitungen von der Traktionsbatterie zum Inverter montiert werden. Über Analog/Digitalwandlung, Multiplikation und Integration über die Zeit lässt sich damit der Energieverbrauch des Fahrzeugs bestimmen.

Prognose des Fahrstils

Wie schon bei handelsüblichen Navigatoren verbessern verschiedene Informationen die Prognose zur Route. Navigatoren schätzen heute bereits die Ankunftszeit des Fahrzeugs und können sicher in Zukunft auch Hinweise zum verbrauchsoptimalen Fahrerverhalten geben. Dazu ist eine Beurteilung des bisherigen Fahrstils unumgänglich. Der entsprechende Schätzwert setzt sich aus dem bisher beobachteten historischen Verhalten des Fahrers zusammen und erlaubt mit dieser Hilfe eine Einschätzung des typischen Fahrverhaltens.

Dies hängt aber auch von den typischen Straßenverhältnissen ab, wobei tageszeitabhängige Durchschnittsgeschwindigkeiten auf der Strecke ebenfalls einen

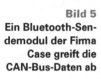

Bild 5
Ein Bluetooth-Sendemodul der Firma Case greift die CAN-Bus-Daten ab

großen Einfluss haben. Durch Zusammenlegen der Erfahrungen der Gemeinschaft lassen sich solche Daten mittels Crowd-Sourced Sensing zu verlässlichen Erwartungswerten zusammenführen [3, 4, 5].

Literaturhinweise

[1] Conradi, Bouteiller, Hanßen: Dynamic Cruising Range Prediction for Electrical Vehicles. Meyer, G.; Valldorf, J.:Advanced Microsystems for Automotive Applications 2011 Smart Systems for Green Cars. Springer, 2011

[2] www.case-gmbh.de/DS4113D.pdf

[3] http://en.wikipedia.org/wiki/Crowdsourcing

[4] http://inhabitat.com/the-chargecar-project-aims-to-create-crowdsourced-electric-vehicles/

[5] Surowiecki, J.: The wisdom of crowds. 2004.

[6] Shuttle Radar Topography Mission (SRTM), Feb. 2000

[7] Rodriguez, E.C.S.; Morris, J.E.; Belz, E.C.;-Chapin, J.M.; Martin, W.; Daffer, S.:Hensley 2005, An assessment of the SRTM topographic products. Technical Report JPL D-31639, Jet Propulsion Laboratory, Pasadena, California, 143 pp.

Funktionen vereint – Kombiinstrument, Infotainment und Flottenmanagement

PHILIPP HUDELMAIER

Für die Nutzfahrzeughersteller existiert beim Aufbau und der Gestaltung der Human Machine Interfaces sowie bei der E/E-Architektur erheblicher Überarbeitungsbedarf. Das macht sich bei den im Fokus des HMI stehenden Systemen – Kombiinstrument, Infotainmentsystem und Flottenmanagement – bemerkbar. Hinzu kommt, dass bildgebende Fahrerassistenzsysteme oder die Nutzerschnittstellen von Spezialaufbauten in das bisherige Konzept nicht integrierbar sind. Zudem besteht die Gefahr, dass die auf mehrere Anzeigeelemente verteilte Informationsflut zur Ablenkung des Fahrers führt. Verbesserungsvorschläge kommen von Fujitsu.

Motivation

Neue Funktionen in den Bereichen Fahrerassistenz, Infotainment und Flottenmanagement sollen für mehr Sicherheit, Komfort und Wirtschaftlichkeit im Nutzfahrzeug sorgen. Bedingt durch die mangelnde Anpassungsfähigkeit des Anzeige- und Bedienkonzepts sehen sich die Hersteller zunehmend mit der Frage konfrontiert, wie sie zukünftig Innovationen in die bisherige Mensch-Maschine-Schnittstelle (Human Machine Interface, HMI) integrieren können. Gleichzeitig besteht weiterhin die Forderung nach mehr Übersichtlichkeit und einer intuitiven Bedienbarkeit. Schließlich müssen die neuen Funktionen so integriert werden, dass sie den Fahrer entlasten und nicht ablenken.

Seitens der Kunden bleibt der Wunsch nach einem ergonomisch aufgebauten HMI. Diese sind letztendlich nur dann bereit in zusätzliche Funktionen zu investieren, wenn der suggerierte Mehrwert für sie auch wahrnehmbar ist. Um im preissensiblen Markt der Nutzfahrzeuge wettbewerbsfähig zu sein, sind die Hersteller gefordert, skalierbare Plattformlösungen einzusetzen, die die Anforderungen unterschiedlicher Markt- und Ausstattungsvarianten erfüllen.

Das LKW-Cockpit von heute

In einem Nutzfahrzeug, das im Fernverkehr zum Einsatz kommt, ist der Fahrer in der Regel mit drei Anzeigeelementen konfrontiert: Kombiinstrument, Infotainmentsystem und Flottenmanagement.

Im Kombiinstrument übernehmen große Rundinstrumente die Anzeige von Drehzahl und Geschwindigkeit. Ein Display dazwischen informiert beispielsweise über den Status der Geschwindigkeitsregelung, den Betriebszustand oder die aktuellen Tourendaten. Hinzu kommt noch eine Vielzahl von statisch angeordneten Warnlampen, die über Verfügbarkeit und Aktivierungszustand einzelner Funktionen Auskunft geben.

Im Infotainmentsystem sind Informations- und Entertainmentfunktionen aus den Bereichen Navigation, Multimedia und Kommunikation vereint. Dieses verfügt über ein eigenes Display und stellt für die Anbindung externer Geräte, zum Beispiel Musikspieler oder Mobiltelefone, eine Bluetooth- oder USB-Schnittstelle bereit. Für die Routenplanung ist ein Navigationssystem integriert, das über Staus auf der Route informiert. Zur Unterhaltung kann der Fahrer auf ein Radio, einen Audio-CD-Spieler oder auf die Wiedergabe von DVDs zurückgreifen. Bildgebende Assistenzsysteme, beispielsweise eine Rückfahrkamera, basieren auf analogen Kameras, für deren Widergabe im Fahrerhaus meist ein eigenes, zusätzliches Display notwendig ist. Im Sonderfall erfordert die Bedienung von komplexen Spezialaufbauten noch ein weiteres Display mit Touch-Funktionalität.

Um die Wirtschaftlichkeit der Fahrbetriebe zu erhöhen und Dispositionsprozesse effizienter zu gestalten, setzen immer mehr Transportunternehmen Flottenmanagementsysteme ein. Über einen Touchscreen kann der Fahrer die offenen Aufträge oder die Navigationsfunktion aufrufen.

Bezugnehmend auf die Architektur sind die einzelnen Komponenten über den Fahrzeugdatenbus miteinander verbunden, von dem sie ihre Informationen beziehen. Da die Systeme weitestgehend autark aufgebaut sind, findet zwischen ihnen nur wenig Kommunikation statt.

Mangelnde Flexibilität bremst Integration von Innovationen

Im Kombiinstrument sind die Kapazitäten nahezu erschöpft und bieten kaum mehr Möglichkeiten die Informationen hinzukommender Funktionen darzustellen. Dies hängt im Wesentlichen mit der statischen Anordnung von Zeigerinstrumenten und Warnlampen zusammen, die einen Großteil der verfügbaren Anzeigefläche besetzen. Daher sind Änderungen und Weiterentwicklungen mit einem hohen Ressourcen- und Kostenaufwand verbunden – sofern sie überhaupt umsetzbar sind. Ein weiterer Nachteil des bisherigen HMI-Konzepts ist die mit unterschiedlichen Designs auf eine Vielzahl von Displays verteilte Informationsdarstellung. Dadurch wird die Aufmerksamkeit des Fahrers gestreut und erzeugt neben der eigentlichen Fahrtätigkeit eine zusätzliche Belastung, weil sich der Fahrer die gewünschten Informationen erst herausfiltern muss. Überdies sorgt die Anzeigeanzahl nicht nur für Ablenkung, sondern verursacht auch erhebliche Kosten und Einschränkungen des Raumangebots in der Fahrerkabine. Der bisher gewohnte Zuwachs an Displays pro Zusatzfunktion folgt aus der mangelnden Interoperabilität der Systeme, die in den meisten Fällen keine Schnittstellen für andere Informationsquellen, wie ein bildgebendes Fahrerassistenzsystem, bieten. Ferner ist eine Redundanz von Funktionen, beispielsweise die Navigationsfunktion, die von Infotainmentsystem und Flottenmanagement bereitgestellt wird, ein weiteres Negativmerkmal dieses Konzepts.

Anforderungen an die nächste HMI-Generation

Für ein HMI-Konzept der nächsten Generation muss das Ziel verfolgt werden, die HMI-Funktionen der Elemente Kombiinstrument, Infotainment und Flottenmanagement besser zu integrieren und die Anzahl der Anzeigen zu reduzieren. Eine Neugestaltung des Anzeigeinhalts geht damit zwangsläufig einher. Dabei gilt die Prämisse, die Ergonomie zu verbessern, den Fahrer zu entlasten und die

Fahrsicherheit zu erhöhen. Um dies zu realisieren, wird ein Konzept benötigt, das einen, in Abhängigkeit von der Fahrsituation, flexiblen Aufbau des HMI-Inhalts ermöglicht.

Lösungsansatz – Aufhebung der Barrieren im HMI-Design

Eine flexible und Anwendungsfall-orientierte Visualisierung des HMI-Inhalts lässt sich mit dem Einsatz eines frei programmierbaren Kombiinstruments realisieren. Das bedeutet, dass die mechanischen Zeiger und statisch angeordneten Warnlampen durch ein TFT-Display ersetzt werden müssen, zum Beispiel durch eines mit einer Größe von 12,3" und einer Auflösung von 1440 × 540 Pixel. Dadurch verschwinden die bisherigen Barrieren und dem HMI-Design sind keine Grenzen mehr gesetzt. So lassen sich im Kombiinstrument während des Fahrbetriebs, neben den klassischen Informationen wie Drehzahl, Geschwindigkeit, eingelegter Gang etc., beliebige Inhalte verschiedener Fahrzeugfunktionen visualisieren. Kartendaten mit hoher Bildqualität vom Navigationssystem sind im Kombiinstrument ebenso darstellbar, wie das Telefonbuch des Smartphones oder Hinweise auf neu eingegangene Aufträge vom Flottenmanagementsystem. Funktionen, deren Visualisierung die gesamte Displayfläche in Anspruch nimmt, sind nur in bestimmten Betriebszuständen, beispielsweise in Parkposition, abrufbar. In diesem Zusammenhang ist die Einblendung der Betriebsanleitung oder eine geführte Fehleranalyse (Guided Diagnostics) vorstellbar. Diese Varianten sind nur möglich, wenn die eingangs angesprochene Interoperabilität der Systeme gegeben ist. Entsprechende Voraussetzungen sind beim Entwurf der E/E-Architektur zu berücksichtigen. Dabei sind die Partitionierung der Funktionen in der Architektur und die Auswahl der Elektronikkomponenten des Kombiinstruments entscheidend.

Die neue Architektur

Wenn geklärt ist, welche Funktionen und Anwendungen im HMI zu integrieren sind, folgt die Partitionierung der Funktionen auf die einzelnen Systeme. Dies erfordert die Überlegung, welche Systeme den grafischen Inhalt fürs HMI generieren, über welche Bustechnologien diese miteinander kommunizieren und inwiefern die Skalierbarkeit der Architektur gewährleistet ist. Eine mögliche Architektur zeigt Bild 1. Um die Anzahl der verteilten Systeme zu reduzieren, sind die Anwendungen von Infotainment und Flottenmanagement in einer Silverbox vereint, die selbst für die Erzeugung des Grafikinhalts verantwortlich ist. Für den Datenaustausch sind Schnittstellen zum Fahrzeugdatenbus und zur Elektronik des Kombiinstruments vorgesehen. Dieses berechnet die im Kombiinstrument zu erwartenden Grafikinhalte ebenfalls selbst und übernimmt zusätzlich die Rolle der zentralen Verwaltung des vollständigen Visualisierungsinhal-

tes. So steuert die Elektronik des Kombiinstruments den HMI-Aufbau und verteilt die Informationsinhalte auch auf zusätzliche Anzeigeelemente, je nach Komplexität des HMI-Inhalts. In Abhängigkeit vom Anwendungsfall besteht die Möglichkeit, die Informationen auf die Displays zu verteilen oder auszublenden. Ein Beispiel ist in Bild 2 dargestellt: Im Kombiinstrument werden zwischen Drehzahl und Geschwindigkeit die Kartendaten vom Navigationssystem eingespielt, während die Visualisierung des Auftragsmanagements im Zusatzdisplay stattfindet.

Mit moderner Halbleitertechnologie setzt Fujitsu Semiconductor den Grundstein zur Umsetzung der oben vorgeschlagenen Architektur. Für den Aufbau der zentralen Grafiksteuerung ist eine Zwei-Chip-Lösung, prädestiniert, Bild 3. Diese sieht den Mikrocontroller „Atlas" für die Kommunikation mit dem Fahrzeugdatenbus und das Powermanagement des Grafik-SoCs (System on Chip) „Emerald" vor, dem die Generierung und Verwaltung des Grafikinhalts zugeteilt ist. Ein besonderes Merkmal im Chipdesign des Grafik-SoCs sind die vier unab-

Bild 1
Konzeptvorschlag für die vereinfachte E/E-Architektur

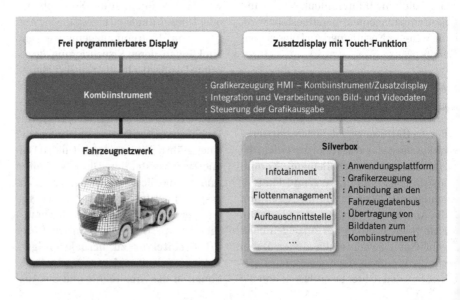

Integration von Navigationsinformationen im Kombiinstrument

Inhalte vom Flottenmanagementsystem werden im Zusatzdisplay dargestellt

hängigen Videoeingänge, die für das 360°Rundumsicht-System, Kameras als Ersatz für Seitenspiegel oder andere Bildquellen verfügbar sind. Als Schnittstelle zur Silverbox empfiehlt sich die integrierte Apix2-Schnittstelle. Die auf LVDS (Low Voltage Differential Signal) basierende Bustechnologie erlaubt bei einer Bandbreite von bis zu 3 Gbit/s die unkomprimierte Übertragung von Bilddaten und das Flashen von Steuergeräten via Ethernet. Speziell im Hinblick auf die Flashzeiten ist der Einsatz von Ethernet

wegen der neuen komplexen Grafiken und Anwendungen im HMI von Interesse. Im Beispiel ist der Flash-Vorgang des kompletten HMIs über die Silverbox angedacht, die zum Flashen des Kombiinstruments über Apix2 als Gateway agiert.

Zur Verteilung der Anzeigeinhalte auf unterschiedliche Displays bietet der Chip drei Displaycontroller. Je nach Bauraum kann das Display des Kombiinstruments direkt über die RSDS-Technologie (Reduced Swing Differential Signaling) mit

Bild 2
Kombiinstrument und das Flottenmanagement auf dem Zusatzdisplay

Bild 3
Zentrale Verwaltung des HMI-Aufbaus über die Elektronik des Kombiinstruments

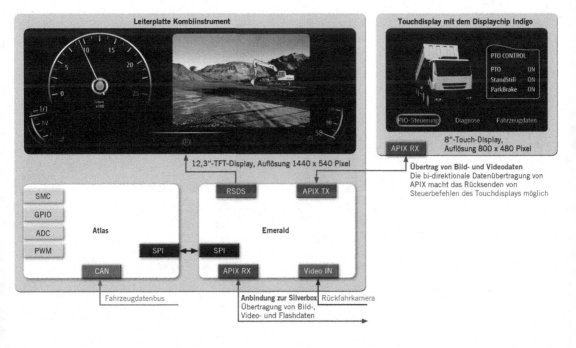

dem Grafikboard verbunden werden. Andernfalls ist auch die Anbindung über Apix möglich. Als Apix-Empfänger bietet Fujitsu den Displaychip „Indigo" mit integrierter Apix-Schnittstelle, Stepper Motor Controller (SMC) für die Ansteuerung von Zeigerinstrumenten und die hardwareunterstützte HDCP-Dekodierung (High Definition Content Protection). Da über Apix bi-direktionale Datenübertragung möglich ist, stellt der Bus in Kombination mit dem Displaychip „Indigo" eine kosteneffiziente Lösung für die Bereitstellung eines Displays mit Touch-Funktion dar.

Für die Entwicklung der HMI-Oberfläche bietet Fujitsu Microelectronics Embedded Solutions Austria (FEAT) die HMI-Entwicklungsumgebung CGI-Studio an, das die Verbindung von Designelementen aus Grafikprogrammen und der Softwareapplikation von Kombiinstrument oder Infotainmentsystem herstellt. Im Bezug auf die Skalierbarkeit kann die gleiche Architektur in Verbindung mit Kombiinstrumenten verwendet werden, die hybrid aufgebaut sind, das heißt über mechanische Zeigerelemente und ein Display verfügen. Aufgrund des modularen Aufbaus der Softwarearchitektur bedarf es hierfür nur geringfügiger Anpassungen.

Fazit

Entscheidende Merkmale des neuen Konzepts sind das frei programmierbare Display und die zentrale Grafikverwaltung durch die Elektronik des Kombiinstruments. Durch die Möglichkeit, Bild- und Videodaten unterschiedlicher Quellen zu verarbeiten und auf verschiedene Anzeigen zu verteilen, hat die Chiptechnologie neue Dimensionen für den HMI-Aufbau geschaffen. Die gewünschte Flexibilität ist vorhanden, jetzt liegt es bei den HMI-Spezialisten, ein ergonomisches und intuitives Design zu entwerfen.

Stabile Satellitenverbindung durch flüssigkristallbasierte, phasengesteuerte Gruppen-antennen

M. Sc. Onur Hamza Karabey | Dipl.-Ing. (FH) Matthias Maasch | Prof. Dr.-Ing. Rolf Jakoby

Fahrzeugseitiger Internetzugriff und Satellitenfernsehen kann für mobile Nutzer, zum Beispiel in Autos, Schiffen und Flugzeugen, nur sichergestellt werden, wenn eine stabile Verbindung zum Satelliten besteht. Es besteht ein hoher Bedarf nach kostengünstigen, kompakten, flachen und schwenkbaren Antennen, die nahtlos in mobile Endgeräte integriert werden können. Eine an der TU Darmstadt entwickelte, elektronisch abstimmbare phasengesteuerte Gruppenantenne, die ähnlich wie Flüssigkristallbildschirme (LCDs) hergestellt wird, zeigt, dass die genannten Forderungen durch Anwendung von kostengünstigen und bekannten Flüssigkristalltechnologien erfüllt werden können.

Einleitung

Satelliten können verschiedene Dienste, wie zum Beispiel Hochgeschwindigkeitsinternet, Echtzeitmultimedia sowie Kommunikations- und Rundfunkdienste, zur Verfügung stellen. Um diese Dienste in mobilen Endgeräten wie in Flugzeugen [1] oder Automobilen [2] nutzen zu können, werden Antennen mit schwenkbarem Strahl benötigt, wie zum Beispiel phasengesteuerte Gruppenantennen (Phased-array-Antennen) [3]. Eine abstimmbare phasengesteuerte Gruppenantenne kann auf einem mobilen Endgerät angebracht werden und ihre Hauptstrahlrichtung auf einen bestimmten Punkt einstellen. Das Funktionsprinzip der Antenne für den Empfangsfall ist in Bild 1 dargestellt. Das vom Satelliten kommende Empfangssignal erreicht in Abhängigkeit der Empfangsrichtung die einzelnen Antennenelemente mit einer bestimmten, aber unterschiedlichen Zeitverzögerung. Diese von den Antennenelementen empfangenen, unterschiedlich zeitverzögerten Signale werden anschließend über elektronisch steuerbare Verzögerungsleitungen dem HF-Speisenetzwerk zugeführt. Diese müssen adaptiv so eingestellt werden,

dass sich die einzelnen Signale der verschiedenen Antennenelemente am Ausgang des HF-Speisenetzwerks immer konstruktiv überlagern, um so die Hauptstrahlrichtung der Antenne des mobilen Teilnehmers in Richtung des Satelliten zu halten. Mit dieser kontinuierlichen Synchronisierung kann der mobile Teilnehmer die Antennenstrahlrichtung immer auf den Satelliten ausrichten, auch wenn er sich relativ zu ihm bewegt. Die notwendige Synchronisation durch die steuerbaren Verzögerungsleitungen kompensiert die verschiedenen Zeitverzögerungen der einzelnen Antennenelemente beim Empfang, sodass die konstruktive Überlagerung der Signale die erforderliche Verstärkung (Antennengewinn) des schwachen Satellitensignals im Empfänger ermöglicht.

Die meisten zurzeit am Markt erhältlichen phasengesteuerten Gruppenantennen verwenden ein hybrides Verfolgungsverfahren, bei dem die Antenne in der Elevationsebene elektronisch und in der Azimutebene mechanisch gesteuert wird [2]. Diese Antennen sind relativ teuer, schwer und aufgrund des mechanischen Systems sehr groß. Deshalb beschränkt sich der Einsatz dieser Antennen bisher hauptsächlich auf Militär- und Sicher-

Bild 1
Funktionsprinzip einer phasengesteuerten Gruppenantenne für den Empfangsfall – aufgrund der Reziprozität kann die Antenne auch zum Senden verwendet werden

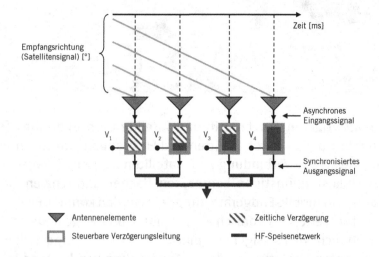

Bild 1
Funktionsprinzip einer phasengesteuerten Gruppenantenne für den Empfangsfall – aufgrund der Reziprozität kann die Antenne auch zum Senden verwendet werden

heitsanwendungen. Für Automobil-
anwendungen müssen die Antennen
dagegen neben der erforderlichen Anten-
nenleistung flach und kompakt sein, um
sie möglichst nahtlos in die bestehende
Fahrzeugstruktur, zum Beispiel ins Auto-
dach, integrieren zu können.

Zur notwendigen kontinuierlichen Steuerung der Verzögerungsleitungen eignen
sich eingebettete Flüssigkristalle (Liquid
Crystals, LCs). Flüssigkristalle sind aufgrund ihrer niedrigen dielektrischen Verluste, hohen Linearität und Leistungsver-
träglichkeit besonders für Frequenzen
oberhalb von 10 GHz vielversprechende
steuerbare Materialien für Mikrowellen-
anwendungen [4]. Die Anwendung von
LCs in abstimmbaren Mikrowellenbau-
gruppen wie eindimensionalen, phasengesteuerten Gruppenantennen [5], Re-
flectarray-Antennen [6] und steuerbaren
Verzögerungsleitungen [7] wurde bereits
demonstriert. Die bisherigen Arbeiten
zeigen auch, dass steuerbare Mikrowel-
lenbaugruppen unter der Verwendung
von bekannten LCD-Technologien kostengünstig hergestellt werden können.

In diesem Beitrag wird die erste zweidimensional abstimmbare phasengesteuerte Gruppenantenne basierend auf LC-
Technologien sowie ihre technischen
Spezifikationen vorgestellt. Hierdurch
wird der aktuelle Stand der Technik für
LC-basierte, phasengesteuerte Gruppenantennen, die bisher nur eindimensional
steuerbar sind [5], erweitert. Weitere
technische Details zur Herstellung von
Antennen und zur Charakterisierung
ihrer Einzelkomponenten finden sich in
[8].

Flüssigkristall-Technologie für Mikrowellenbaugruppen

Anisotrope LC-Moleküle besitzen eine
längliche Form wie in Bild 2 dargestellt.
Die steuerbare Flüssigkristallphase
(nematische Phase) entsteht abhängig

von der Temperatur in einer Mesophase
zwischen einem kristallinen Feststoff
und einer isotropen Flüssigkeit [9]. In
Mikrowellen-Anwendungen verwendete
LCs besitzen eine nematische Phase in
einem Temperaturbereich von –20 bis
+120 °C. In dieser Mesophase besitzen die
Moleküle eine Orientierung, die durch
ein externes Feld beeinflusst werden
kann, aber keine Positionsordnung.
Somit kann dieses Material, wie im Folgenden beschrieben, als steuerbares
Dielektrikum verwendet werden.

In einer Menge richten sich die LC-Moleküle aufgrund ihrer Formanisotropie parallel zueinander aus. Der Vektor $\vec{n}$ beschreibt die mittlere Richtung der
Moleküle entlang der Molekülhaupt-
achse. Abhängig davon, wie das hochfrequente Signal auf die LC-Moleküle (und
$\vec{n}$) trifft, weisen die Moleküle eine unterschiedliche Polarisation auf, was zu einer
unterschiedlichen makroskopischen Permittivität führt. Dadurch kann eine gewünschte LC-Permittivität durch die Orientierung der Moleküle bezüglich des
HF-Felds eingestellt werden. Zur Orientierung wird in Abhängigkeit der Topologie eine Orientierungsschicht, ein elek-
trostatisches oder ein magnetostatisches

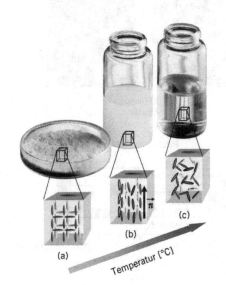

Bild 2
**Flüssigkristall und
die Temperatur-
abhängigkeit der
verschiedenen
Phasen
(a: kristalline Phase,
b: nematische
Phase, c: isotrope
Phase)**

Feld benutzt. In dieser Arbeit wird eine Orientierungsschicht in Kombination mit einem elektrostatischen Feld sowie eine LC-Mischung, deren relative Permittivität zwischen 2,4 und 3,2 eingestellt werden kann, verwendet. Der maximale dielektrische Verlustfaktor tanδ dieser experimentellen Mischung ist für alle Abstimmzustände kleiner als 0,006.

Antennen-Demonstrator und Messergebnisse

Ein phasengesteuerter Gruppenantennendemonstrator wurde mit LC-basierten, steuerbaren Verzögerungsleitungen aufgebaut. Die Antenne besteht aus einem quadratischen Mikrostreifen-Patchantennen-Feld mit 2 x 2 Elementen. Dies ist für eine echte Anwendung zwar ein kleiner Prototyp, aber dennoch groß genug, um das Funktionsprinzip zu demonstrieren. Die Mikrostreifen-Patches, die steuerbaren Verzögerungsleitungen, das HF-Speisenetzwerk sowie das Steuerspannungsnetzwerk sind wie in Bild 3 gezeigt auf drei dielektrischen Ebenen

(a)   DC-Block-
       Struktur   (b)

(c)

untergebracht. Das abstimmbare LC liegt zwischen zwei Dielektra, bestehend aus 700 µm dickem Glas. Die relative Permittivität des Glassubstrats ist 4,65 und der Verlustfaktor 0,008. Die Mikrostreifen-Patches und ihre Masseelektroden befinden sich auf der Ober- beziehungsweise Unterseite des vorderen Substrats. Durch Aperturkopplung über die Schlitze in der Masseelektrode wird das HF-Signal von den Patchantennen ihren entsprechenden Phasenverzögerungsleitungen zugeführt.

Die variablen Verzögerungsleitungen und das HF-Speisenetzwerk sind als invertierte Mikrostreifenleitungen (IMSL) [9] ausgeführt, wobei das abstimmbare Flüssigkristall zwischen der Signal- und Masseelektrode der IMSL liegt. Somit kann das gewünschte elektrische Verhalten der IMSL über die Orientierung der LC-Moleküle eingestellt werden. In dieser Arbeit wird die Orientierung der LC-Moleküle auf zwei Arten beeinflusst [10]. Zum einen wird eine Orientierungsschicht auf die IMSL-Signal- und Masseelektroden aufgebracht. Diese richtet die Moleküle ohne externes elektrisches oder magnetisches Feld dauerhaft parallel zur Oberfläche aus. Zum anderen kann ein elektrisches Feld über die Elektroden angelegt werden. Die Feldausrichtung ist senkrecht zur Oberfläche und führt somit zu einer Molekülorientierung ebenfalls senkrecht zur Oberfläche. Die resultierende Orientierung der LC-Moleküle ergibt sich aus dem Gleichgewicht der angelegten elektrischen Kraft und der Orientierungskraft durch die Orientierungsschicht. Somit können durch Verwendung der LC-Schicht und durch Anlegen einer Vorspannung die elektrischen Eigenschaften der Verzögerungsleitung eingestellt werden. Für eine zweidimensionale Strahlschwenkung müssen die Verzögerungsleitungen separat angesteuert werden, um Signale aus einer beliebigen Richtung zu empfangen. Jede Verzögerungsleitung enthält eine eigene DC-Block-Struktur, um das HF-Signal passieren zu lassen und die DC-Steuerspannung abzublocken.

Der Abstand zwischen den Mikrostreifen-Antennenelementen beträgt 11 mm. Die Verzögerungsleitungen müssen in dieser begrenzten Fläche untergebracht werden, um jedes Antennenelement über eine eigene Verzögerungsleitung zu speisen. Deshalb sind die 75 mm langen Verzögerungsleitungen für ein kompaktes Design in einer Meanderstruktur (Spirale) ausgeführt. Durch diese Leitungsausführung kann eine Aperturkopplung in der Mitte der Struktur durchgeführt werden. Ein weiterer Vorteil ergibt sich dadurch [8], dass durch das Drehen der Verzögerungsleitungen und dem daraus resultierenden Verschieben der Eingangsanschlüsse der Verzögerungsleitungen in die Mitte der Gesamtstruktur das HF-Speisenetzwerk kompakt bleibt. Gleichzeitig wird der Abstand zwischen den Antennenelementen konstant gehalten.

Vor der Herstellung der Antenne wurde eine spiralförmige steuerbare Verzögerungsleitung hergestellt und überprüft. Für die Messungen wird eine DC-Steuerspannung von 0 bis 40 V in 1-V-Schritten angelegt, um die LC-Moleküle auszurichten. In den Messungen wird eine Einfügedämpfung von weniger als 4 dB sowie eine Eingangsanpassung von −15 dB für alle Abstimmzustände erreicht. Die differentielle Phasenänderung der Verzögerungsleitung beträgt 300° bei einer Betriebsfrequenz von 17,5 GHz.

Die hergestellte, auf LC-Technologie basierende, zweidimensional phasengesteuerte Gruppenantenne mit einer Dicke von nur 1,5 mm ist in Bild 4 dargestellt. Die gemessene Eingangsreflexion ist besser als −20 dB, wenn senkrecht zur Antennenoberfläche abgestrahlt wird. Wird die Hauptstrahlrichtung geschwenkt, verringert sich die Anpassung auf −15 dB.

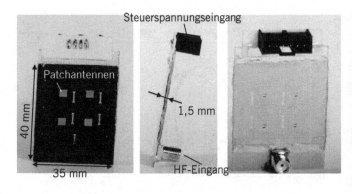

Die Messung der Richtcharakteristik wurde in einem Absorberraum durchgeführt. Das linear polarisierte HF-Signal wird von der Antenne empfangen und die Empfangsleistung von einem Leistungsmesser aufgezeichnet. Die Antenne ist auf einem Drehtisch angebracht und die zweidimensionale Strahlschwenkung wird in zwei Schritten überprüft. Erst wird die E-Ebene, aufgespannt durch die elektrische Feldkomponente und die Abstrahlrichtung, für verschiedene Abstimmspannungen gemessen. Danach wird die Steuerung in der H-Ebene, also der Ebene der magnetischen Feldkomponente und der Abstrahlrichtung, gemessen. Die Ergebnisse der gemessenen Richtcharakteristika sind in Bild 5 dargestellt. Zusätzlich sind die simulierten Ergebnisse angegeben, welche gut mit den gemessenen Ergebnissen übereinstimmen. Da es sich beim Demonstrator um ein kleines Feld mit 2 x 2 Elementen handelt, sinkt der Antennengewinn mit zunehmendem Schwenkwinkel schneller als bei größeren Feldern. Gleichzeitig sinkt die Nebenkeulenunterdrückung (Side Lobe Level, SLL), also der Gewinnunterschied zwischen der Hauptkeule und der größten Nebenkeule. So reduziert sich der Antennengewinn um 2 dB und das SLL auf −4 dB bereits für einen Abstrahlwinkel von $\Theta = \pm 25°$, was durch die Simulationen bestätigt wird.

Bild 4
Zweidimensional elektronisch steuerbarer Antennendemonstrator (links: Ansicht von oben, Mitte: Seitenansicht, rechts: Ansicht von unten)

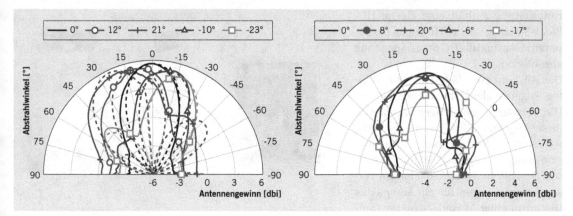

Bild 5
**Gemessene
Richtdiagramme
der E- (links) und
H-Ebenen (rechts) –
durchgezogene
beziehungsweise
gestrichelte Linien
zeigen die gemes-
senen beziehungs-
weise simulierten
Ergebnisse**

Systemanalyse

Der gemessene Antennengewinn des in Kapitel 3 beschriebenen Prototyps beträgt 6 dB, wenn senkrecht zur Antennenoberfläche abgestrahlt wird. Es ist bekannt [12], dass der Antennengewinn mit steigender Aperturgröße, also mit steigender Anzahl der Antennenelemente, zunimmt. Nach den Simulationsergebnissen in Bild 6 kann der Antennengewinn auf 24 dB erhöht werden, wenn eine Aperturgröße von 20 cm x 20 cm mit 16 x 16 Elementen angenommen wird. Um den Antennengewinn weiter auf 32 dB zu erhöhen, muss die Anzahl der Antennenelemente und die Aperturgröße in beiden Richtungen verdoppelt werden. Obwohl die Aperturabmessung vergrößert wird, bleibt die Antennenhöhe konstant bei 1,5 mm. Der Antennengewinn reduziert sich auf 22 dB beziehungsweise 28 dB für 16 x 16 beziehungsweise 32 x 32 Elemente für einen Abstrahlwinkel von $\Theta = \pm 45°$.

Eine weitere Vergrößerung von Θ führt zu einer Reduzierung des SLL, weshalb der Antennengewinn gegenüber $|\Theta| < 45°$ weiter verringert wird.

Die Schwenkgeschwindigkeit der LC-basierten Gruppenantenne wird durch die Abstimmgeschwindigkeit der steuerbaren Verzögerungsleitungen bestimmt.

Diese ergibt sich hauptsächlich aus der Höhe der LC-Schicht sowie der Abstimmmethode. In vorherigen Studien, zum Beispiel [10, 11], wurde gezeigt, dass Verzögerungsleitungen in unterschiedlichen Topologien hergestellt werden können. Somit können LC-Schichthöhen im Bereich zwischen einigen Mikrometer bis einigen hundert Mikrometer verwendet werden. Für die IMSL [11] mit einer LC-Höhe von 100 µm liegt die Abstimmzeit der steuerbaren Verzögerungsleitung im Bereich von einigen Minuten. Allerdings kann die LC-Höhe auf 1 µm reduziert werden, wenn die Verzögerungsleitung als Loaded-Line-Topologie, in der nichtsteuerbare Leitungen mit steuerbaren LC-Varaktoren belastet werden, ausgeführt wird [10]. Somit ergeben sich Abstimmzeiten von 1 ms beziehungsweise 4 ms, wenn die Moleküle durch Anlegen einer Steuerspannung beziehungsweise durch die Orientierungsschicht ausgerichtet werden. Damit ergibt sich im ungünstigsten Fall, wenn alle Verzögerungsleitungen vom vollausgesteuerten in den unausgesteuerten Zustand gestellt werden und die Ausrichtung der Moleküle nur durch die Orientierungsschicht erfolgt, eine Abstimmzeit von 4 ms. Durch Verwendung dieser Loaded-Line-Topologie bei der hier vorgestellten Antenne kann die Steuergeschwindigkeit gestei-

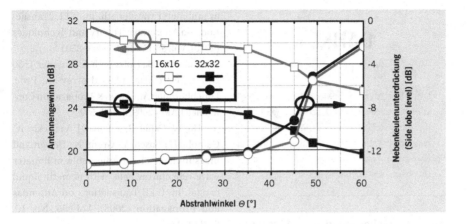

gert werden und die Steuerzeit sinkt somit auf weniger als 4 ms.

Die Empfindlichkeit einer Empfangsantenne bei schwachen Signalen ist ein grundlegendes Antennenmaß. Ein geeignetes Maß, welches proportional zum Signal-Rausch-Abstand ist, ist G/T in dB/K, wobei G den Antennengewinn und T die Empfängerrauschtemperatur beschreiben. Je größer G/T ist, umso besser ist die Systemempfindlichkeit. Es ist also wichtig, die Rauschtemperatur T zu senken, beispielsweise durch Verwendung rauscharmer Vorverstärker (Low Noise Amplifier, LNA). Zur technischen Vereinfachung wurde im ersten Prototyp die Integration eines LNAs in der Antenne noch nicht angestrebt, da hier der Nachweis der Tauglichkeit des Konzepts im Vordergrund stand. Trotzdem erlaubt das Layout grundsätzlich die Platzierung von LNAs auf der Unterseite des hinteren Substrats in Bild 3. Für die Berechnung von G/T sind die LNAs zwischen den Antennenelementen und den Verzögerungsleitungen positioniert. Die Ergebnisse in Bild 7 basieren auf folgenden Annahmen: Antennenrauschtemperatur = 50 K, Einfügedämpfung der Verzögerungsleitungen = 4 dB, Umgebungstemperatur = 290 K, LNA-Gewinn = 20 dB und LNA-Rauschzahl = 2 dB. Aufgrund des höheren Antennengewinns erreicht die

Anordnung bestehend aus 32 x 32 Antennenelementen ein höheres G/T. Ähnlich reduziert sich G/T wegen der Verluste beim Schwenken zu großen Abstrahlwinkeln. Trotzdem erfüllen beide Anordnungen die Anforderungen in [2], welche für mobile Antennen, die im Ku-Band arbeiten, spezifiziert sind.

Zusammenfassung

In diesem Beitrag wurde eine zweidimensional abstimmbare phasengesteuerte Gruppenantenne in Flüssigkristall-Technologie vorgestellt. Die Antenne kann zur Versorgung verschiedener Dienste wie drahtloses Internet, Multimedia- und Rundfunkdienste zwischen Satelliten und mobilen Endgeräten beispielsweise in Automobilen oder Flugzeugen eingesetzt werden. Die vorgestellte Antenne ist ultraflach und hat eine Gesamthöhe von nur 1,5 mm. Dies stellt eine grundlegende

Bild 6
Simulierter Antennengewinn und Nebenkeulenunterdrückung für große Ausführungen der Antenne mit 16 x 16 sowie 32 x 32 Antennenelementen

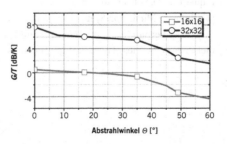

Bild 7
Berechnete Empfangsgüte G/T der Empfangsantenne in Abhängigkeit des Schwenkwinkels für 16 x 16 sowie 32 x 32 Antennenelemente

DANKE

Die Autoren danken der Merck KGaA, Darmstadt, für die finanzielle Unterstützung und die Bereitstellung der Flüssigkristall-Proben. Ein besonderer Dank gilt Dr.-Ing. Christian Damm und Matthias Höfle für die Durchsicht des Manuskripts.

Anforderung besonders beim Einsatz in Automobilen dar. Hiermit kann eine solche Antenne in die Karosserie eines Fahrzeugs, zum Beispiel im Dach, integriert werden. Die Antenne wurde unter Verwendung von automatisierten Herstellungsprozessen ähnlich wie bei der LCD-Technik hergestellt. Somit können die Produktionskosten bei der Herstellung von großen Arrays, selbst für kleine Stückzahlen, erheblich reduziert werden.

Literaturhinweise

[1] Taira, S.; Tanaka, M.; Ohmori, S.: High gain airborne antenna for satellite communications. In: IEEE Transactions on Aerospace and Electronic Systems (1991), Vol. 27, No. 2, S. 354–360

[2] Baggen, L.; Vaccaro, S.; Llorens del Rio, D.; Langgartner, G.: Compact phased arrays for mobile terminals. In: Proc. Int. Semiconductor Conference, 2010, Vol. 01, S. 3–9

[3] Parker, D.; Zimmermann, D. C.: Phased arrays - part 1: theory and architectures. In: IEEE Transactions on Microwave Theory and Techniques (2002), Vol. 50, No. 3, S. 678–687

[4] Bulja, S.; Mirshekar-Syahkal, D.; James, R.; Day, S. E.; Fernandez, F. A.: Measurement of dielectric properties of nematic liquid crystals at millimeter wavelength. In: IEEE Transactions on Microwave Theory and Techniques (2010), Vol. 58, No. 12, S. 3493–3501

[5] Sanadgol, B.; Holzwarth, S., Kassner, J.: 30 Ghz liquid crystal phased array. In: Proc. Loughborough Antennas & Propagation Conference LAPC, 2009, S. 589–592

[6] Hu, W.; Cahill, R.; Encinar, J. A.; Dickie, R.; Gamble, H.; Fusco, V.; Grant, N.: Design and measurement of reconfigurable millimeter wave reflectarray cells with nematic liquid crystal. In: IEEE Transactions on Antennas and Propagation (2008), Vol. 56, No. 10, S. 3112–3117

[7] Kuki, T., Fujikake, H., Nomoto, T.; Utsumi, Y.: Design of a microwave variable delay line using liquid crystal, and a study of its insertion loss. In: Electronics and Communications in Japan – Part II: Electronics (2002), Vol. 85, S. 36–42

[8] Karabey, O. H.; Gaebler, A.; Strunck, S.; Jakoby, R.: A 2-D Electronically-Steered Phased Array Antenna with 2x2 Elements in LC Display Technology. In: IEEE Transactions on Microwave Theory and Techniques (2012), Vol. 60, S. 1297–1306

[9] Yang, D.-K.; Wu, S.-T.: Fundamentals of Liquid Crystal Devices. John Wiley & Sons, West Sussex, 2006

[10] Goelden, F; Gaebler, A; Mueller, S; Lapanik, A.; Haase, W.; Jakoby, R: Liquid-crystal varactors with fast switching times for microwave applications. In: Electronics Letters (2008), Vol. 44, No. 7, S. 480–481

[11] Karabey, O. H.; Saavedra, B. G.; Fritzsch, C.; Strunck, S.; Gaebler, A.; Jakoby, R.: Methods for improving the tuning efficiency of liquid crystal based tunable phase shifters. In: Proc. Microwave Integrated Circuits Conference (EuMIC), 2011

[12] Constantine A. Balanis: Antenna Theory Analysis and Design, Third Edition. John Wiley & Sons Inc, 2005

Erweiterung der Fahrzeug-zu-Fahrzeug-Kommunikation mit Funkortungstechniken

Dr.-Ing. Daniel Schwarz

Würden beispielsweise besonders gefährdete Verkehrsteilnehmer wie Fußgänger oder Radfahrer einen Transponder tragen, der in einem Smartphone integriert sein kann, könnten sie geortet werden. Ein vernetztes Fahrerassistenzsystem könnte die Bewegungsabläufe registrieren, eine mögliche Kollision voraussehen und präventiv informieren, bremsen oder ausweichen. Im Forschungsprojekt Ko-TAG (Kooperative Transponder) im Rahmen der Forschungsinitiative Ko-FAS (Kooperative Fahrzeugsicherheit) werden neue Sensortechniken entwickelt. BMW, als Projektleiter, erklärt die kooperative Sensortechnik sowie die Steuerungs- und Regelungstechnik dieses präventiven Sicherheitssystems.

Motivation

Präventive Sicherheitssysteme auf Basis von Radar- und Kamerasystemen finden in aktuellen Fahrzeugmodellen weite Verbreitung. Zu diesen Systemen zählen zum Beispiel die Auffahrwarnung mit Notbremsfunktion, die Spurverlassenswarnung oder die Spurwechselwarnung. Nach der Einführung dieser Fahrerassistenzsysteme sind mittlerweile auch präventive Fußgängerschutzsysteme, Bild 1, erhältlich, und die Zahl der verfügbaren Modelle mit diesen Systemen wird in den kommenden Jahren deutlich steigen. Eine Vielzahl dieser Assistenzsysteme wird in Zukunft im Rahmen des europäischen Neuwagen-Bewertungsprogramm (European New Car Assessment Programme, Euro NCAP) durch neue Testmethoden untersucht und bewertet werden – zusätzlich zu den passiven Sicherheitssystemen (Airbags, Rückhaltesysteme, etc.) [1]. Ziel bei der Entwicklung der präventiven Schutzsysteme ist, eine hohe Schutzwirkung im realen Unfallgeschehen zu erreichen. Dazu müssen potenzielle Gefahren-situationen frühzeitig erkannt und Systemaktionen ausgelöst werden. Gleichzeitig sollen sogenannte Falschauslösungen verhindert werden, das heißt, es sollen keine unnötigen Warnungen in unkritischen Situationen an den Fahrer ausgegeben werden.

Neben den klassischen Fahrerassistenzfunktionen auf Basis von Sensoren im Fahrzeug wird zukünftig durch die Fahrzeug-Fahrzeug- und Fahrzeug-Infrastruktur-Kommunikation (Car-to-X) ein weites Gebiet an zusätzlichen Komfort- und Sicherheitsanwendungen erschlossen. Durch den Datenaustausch zwischen Fahrzeugen erhöht sich die mögliche Vorausschau. Gefahren werden schon lange bevor sie für den Fahrer sichtbar sind, erkannt. Bei den übertragenen Daten handelt es sich beispielsweise um Positionsinformationen, Zustandsdaten oder Ereignisse, die vom empfangenden Fahrzeug aus mit lokalen Sensoren in der Regel nicht erfasst werden können. Die Positionsdaten der Kommunikationspartner werden von diesen selbst durch ein globales Navigationssatellitensystem (GNSS) ermittelt und übertragen. Zusam-

Bild 1
Test eines präventiven Fußgängerschutzsystems mit einem bewegten Fußgänger-Dummy

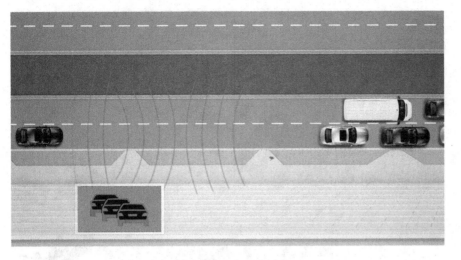

Bild 2
Warnung vor
Stauende durch
Fahrzeug-Fahrzeug-
Kommunikation

men mit der eigenen „globalen" Position wird die relative Position anderer Fahrzeuge zum eigenen Fahrzeug ermittelt und zur Erkennung von Gefahrensituationen genutzt. Die Verfügbarkeit und Qualität der satellitengestützten Positionsbestimmung beider Kommunikationspartner bestimmt somit die Qualität der relativen Positionsbestimmung. Im Vergleich zu Sensorsystemen im Fahrzeug, die eine Ortung anderer Verkehrsteilnehmer häufig mit einer Genauigkeit < 1 m zulassen, bietet die satellitengestützte relative Positionierung oftmals eine Genauigkeit > 1 m. Verletzliche Verkehrsteilnehmer, wie Fußgänger und Radfahrer, werden in diesem kooperativen System nicht adressiert. Aktuelle Feldtests auf nationaler Ebene (Projekt SimTD) und europäischer Ebene (Projekt Drive Car2X) testen solche Car-to-X-Techniken. Sie bereiten die politischen, wirtschaftlichen und technologischen Rahmenbedingungen für eine Einführung von Fahrzeug-Fahrzeug, Bild 2, und Fahrzeug-Infrastruktur-Vernetzung vor. Im Forschungsprojekt Ko-TAG im Rahmen der Forschungsinitiative Ko-FAS werden neue kooperative Sensortechniken entwickelt, die auch zum Schutz der sogenannten verletzlichen Verkehrsteil-

nehmer (Vulnerable Road User, VRU) beitragen können. Diese Techniken überwinden Sichtverdeckungen und ermöglichen gleichzeitig eine exakte relative Positionrung, Bild 3. Dazu wird im Frequenzband bei 5,7 bis 5,9 GHz, das zum Teil auch für Car-to-X-Anwendungen vorgesehen ist, eine Funkortung bei gleichzeitigem Datenaustausch durchgeführt. In dieser Ausprägung können Transponder, die beispielsweise auch von Fußgängern getragen werden, von einem Fahrzeug geortet werden. Der Träger des Transponders wird hier eindeutig als Fußgänger klassifiziert. Die Anonymität des Fußgängers ist dabei gesichert, da nur der Typ des Verkehrsteilnehmers übertragen wird und keine Zuordnung zu einer konkreten Person möglich ist. Die Kombination aus exakter relativer Positionsbestimmung auch bei Sichtverdeckung und der Übertragung von relevanten Daten vereint die Vorteile von fahrzeuglokalen Sensoren mit denen der Kommunikationstechnik. Eine Integration der Transponderfunktionalität in mobile Endgeräte, beispielsweise Smartphones, kann dabei zu einer schnelleren Verbreitung der kooperativen Technik führen, als dies bei „reinen" Fahrzeug-Fahrzeug-Anwendungen möglich wäre.

Bild 3
Ortung und
Klassifikation von
verdeckten Fuß-
gängern durch
Ortung mitgefüh-
ter Transponder

Bild 4
Abstandsmessung
zu einem sich
nähernden Trans-
ponder bei Ver-
deckung durch
einen menschlichen
Körper, Farben
kodieren die
Signalleistungen,
die aufgrund von
Mehrwegeausbrei-
tung mit unter-
schiedlichen Lauf-
zeiten empfangen
werden

Bereits in den Forschungsprojekten Amulett und Watch-Over wurden die Ansätze der Transponderortung bei 2,4 GHz verfolgt. Das Projekt Ko-TAG greift die dort gewonnen Ergebnisse auf und erschließt Synergien zu existierenden Kommunikationslösungen bei 5,9 GHz. Das verwendete Verfahren lehnt sich an das Prinzip des Sekundärradars an, das in der Luftfahrt zur Ortung und Identifikation verwendet wird.

Kooperative Sensortechnik

Die im Projekt Ko-TAG entwickelte Technik besteht aus zwei unterschiedlichen Einheiten: Eine „Ortungseinheit", die im Fahrzeug verbaut ist, ortet kooperative Objekte. Diese kooperativen Objekte – dabei kann es sich um Fußgänger, Radfahrer, Fahrzeuge aber auch um Infrastrukturpunkte handeln – nutzen einen „kooperativen Transponder", um mit der Ortungseinheit zu interagieren [2]. Bei dieser Interaktion können nicht nur Daten ausgetauscht, sondern auch Abstand und Winkel zwischen Ortungseinheit und Transponder gemessen werden. Für die Abstandsmessung kommt ein Laufzeitverfahren (Time-of-Flight, ToF) [3], für die Winkelmessung ein Phasenmessverfahren zum Einsatz.

Bei der Abstandsmessung wird ein Abfragepuls der Ortungseinheit nach einer definierten Wartezeit beantwortet. Über die bekannte Wartezeit (t_w) und die Lichtgeschwindigkeit (c) ergibt sich der Abstand (d) zwischen Ortungseinheit und Transponder aus der Gesamtlaufzeit (t_l) zu:

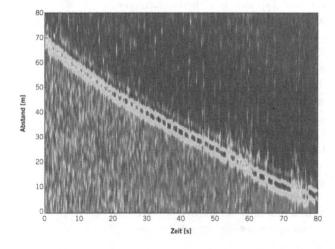

GL. 1 $\quad D = (t_l - t_w) \cdot c/2$

Aufgrund der geringen zur Verfügung stehenden Bandbreite kommen hochauflösende Schätzalgorithmen zum Einsatz, die eine höhere Trennfähigkeit von Signalen unterschiedlicher Laufzeit erlauben. Generell hängt die Trennfähigkeit direkt von der zur Verfügung stehenden Bandbreite ab. Die Trennfähigkeit wird im verwendeten System allerdings nicht wie beim klassischen Radar zur Trennung verschiedener Objekte benötigt, sondern zur Trennung verschiedener Abstandshypothesen eines Objektes aufgrund von Mehrwegeausbreitung. Die Trennung verschiedener Objekte erfolgt durch unterschiedliche Wartezeiten der einzelnen Transponder (TDMA). Generell kann davon ausgegangen werden, dass es sich beim kürzesten gemessenen Abstand um den direkten Pfad handelt. Allerdings sind auch Fälle möglich, in denen der direkte Pfad aufgrund von Auslöschungen nicht zu sehen ist, Bild 4. Für die Winkelmessung wird das an der Ortungseinheit ankommende Kommunikationssignal an einem Mehrfachantennensystem ausgewertet. Die Phasenverschiebungen (phi) an den einzelnen Antennenelementen bestimmen den Einfallswinkel zusammen mit dem Antennenabstand. Durch eine zweidimensionale Anordnung der Antennenelemente, Bild 5, ist es möglich, sowohl den Azimutwinkel, als auch den Elevationswinkel zu einem Transponder zu messen. Auch bei der Winkelmessung werden hochauflösende Verfahren genutzt, um bei der aufgrund des Bauraums begrenzten Antennengröße eine ausreichende Trennfähigkeit von Mehrwegsignalen zu erreichen. Die einzelnen Winkelhypothesen werden in der nachgeschalteten Filterung zusammen mit den Abstandswerten genutzt, um unplausible Hypothesen auszusortieren

Bild 5
Unsichtbare Integration von Ortungseinheit mit Antenne hinter Fahrzeugfront (schematische Darstellung)

und die Position sowie den Bewegungszustand eines Objekts zu schätzen, Bild 6. Für die Koordination der Ortungsfunktionalität und der Datenübertragung sind insgesamt drei Kanäle vorgesehen. Im Management-Kanal (Mngt) melden sich Transponder bei den Ortungseinheiten an und handeln den Ablauf in den weiteren Kanälen aus. Die Winkelschätzung (DoA) erfolgt dabei auf Basis der Kommunikationspakete, die Abstands-

Bild 6
Geschätzte Signalleistungen der Winkelmessungseinheit für Azimut- und Elevationswinkel

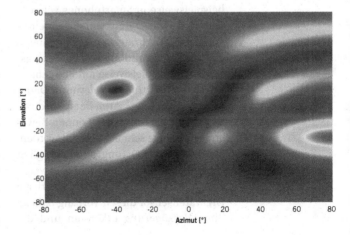

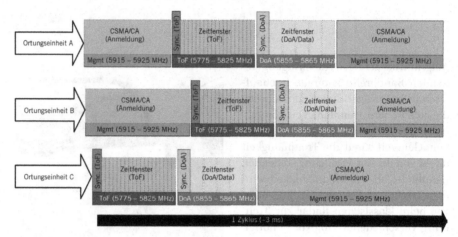

Bild 7
Ablauf von
Datenübertragung
und Ortung in
drei Kanälen

messung (ToF) wird in einem eigenen Kanal durchgeführt [4]. Zur Steigerung des Durchsatzes und zur Realisierung eines verlässlichen Abfrageintervalls findet die Kommunikation in den ToF- und DoA-Kanälen zu zuvor festgelegten Zeitpunkten statt, Bild 7. Zudem ist ein bekannter Abfrage- und Antwortzeitpunkt eine Voraussetzung für das verwendete Laufzeitverfahren zur Abstandsmessung, Gl. 1.

Intelligente Transponder

Zur Steigerung der Ortungsgenauigkeit und zur verbesserten Situationsinterpretation ist auf dem Transponder Inertialsensorik integriert, wie sie heute auch beispielsweise in Smartphones verwendet wird. Die Daten von Beschleunigungs- und Drehratensensoren erlauben eine direkte Ermittlung von Bewegungsverläufen beispielsweise am Fußgänger. Durch die Übertragung relevanter Daten an das Fahrzeug, zum Beispiel einer Bewegungsklassifikation, können Bewegungsvorgänge schneller erfasst werden, als dies durch Ortung allein möglich wäre. Insbesondere bei Richtungswechseln durch Drehung kann der integrierte Drehratensensor diesen Vorgang nahezu ohne Verzögerung erkennen und die

Information an die Ortungseinheit weiterleiten. Gerade beim präventiven Fußgängerschutz ist eine schnelle Detektion von Änderungen in der Bewegungsrichtung essentiell, da sowohl knappe Szenen vorkommen, in denen keine Warnung ausgelöst werden soll, als auch kritische Szenen plötzlich entstehen können, in denen eine möglichst frühe Systemreaktion gewünscht ist. Die integrierten Beschleunigungssensoren dienen der Lageschätzung des Transponders und sind Indikator für schnelle Änderungen des Bewegungszustands, beispielsweise das plötzliche Losrennen eines Fußgängers aus dem Stand.

Zusätzlich zur Auswertung von Beschleunigungsvorgängen zur verbesserten Zustandsschätzung werden die Daten genutzt, um zu erkennen, ob sich ein Fußgänger mit Transponder beispielsweise in einem Fahrzeug fortbewegt. Während beim Gehen eines Fußgängers charakteristische Beschleunigungsmuster bei jedem Schritt zu erkennen sind, treten beim Fahren in einem Fahrzeug verstärkt hochfrequente Anteile in den Beschleunigungsdaten auf.

Ein Transponder, der vor ein fahrendes Fahrzeug auf die Straße geworfen wird, kann diese Situation aufgrund der eingebauten Sensorik erkennen. Durch die Er-

kennung des freien Falls in der Wurf-
phase kann entweder der Sendebetrieb
eingestellt werden oder das Fahrzeug
über die Situation informiert werden.
Diese Freifallerkennung wird heutzutage
auch bei Notebooks eingesetzt, um bei
einem Herunterfallen die Festplatte
schützen zu können.

Synergien mit Car-to-X-Kommunikation

Zur Erleichterung einer Standardisierung und Industrialisierung lehnt sich
die im Projekt Ko-TAG entwickelte
Sensortechnik an bestehenden Standards im Bereich der Car-to-X-Kommunikation an. Das Arbeitsfrequenzband
wurde im Vergleich zu den Vorgänger-
projekten von 2,4 GHz auf einen Bereich
von 5,7 bis 5,9 GHz geändert. Das System
ist dabei skalierbar ausgelegt, sodass mit
unterschiedlichen Bandbreiteneinstel-
lungen für die Abstandsmessung die
Qualität des Systems evaluiert und der
Bandbreitenbedarf bestimmt werden
kann. Für die Kommunikation zwischen
Transponder und Ortungseinheit wurden der IEEE 802.11-p-Standard und die
entsprechende OFDM-Modulation berücksichtigt. Ziel ist es, die Qualität der
Ortung bei 5,9 GHz zu bewerten und den
Bandbreitenbedarf für die Nutzung in
den vorgeschlagenen Anwendungen zu
bestimmen.
Im Vergleich zu reinen Kommunikationslösungen bei 5,9 GHz ist für die Abstandsmessung ein zusätzliches Frequenzband
bei 5,9 GHz notwendig. In diesem Band
ist ein TDMA-Schema zur sequentiellen
Abstandsbestimmung zu Transpondern
im Fahrumfeld vorgesehen. Die Winkelmessung lässt sich direkt in bestehende
Systeme integrieren, da hierbei die Kom-
munikationssignale direkt an einem
Antennen-Array ausgewertet werden
können und die Einfallsrichtung geschätzt werden kann.

Diese Technik bietet zusätzlich das
Potenzial zur Reduktion von Anforderungen an Security bei Kommunikationslösungen. Während bei Kommunikations-
vorgängen durch geeignete Mechanismen
ein Schutz vor Angriffen und Manipulation der übertragenen Daten sichergestellt werden muss, kann bei gleichzei-
tiger Ortung des kommunizierenden
Objekts die Anwesenheit und die Position
des Objekts im eigenen Fahrzeug verifiziert werden.
Diese zusätzliche Bestätigung erhöht die
Zuverlässigkeit von Positionsdaten und
führt bei einer Reduktion der entsprechenden Security-Mechanismen zu einer
effizienten Bandbreitennutzung, wenn
ein Teil des Overheads in den Datenpake-
ten verringert werden kann.

Anwendungen

Kooperative Sensorik bietet besonders
beim Schutz verletzlicher Verkehrsteilnehmer entscheidende Vorteile. Die
Ortung von Fußgängern und Radfahrern
auch bei Sichtverdeckung führt zu einer
früheren Risikobewertung im Fahrzeug
und somit zu einer früheren Systemreaktion beim Auftreten einer kritischen Situation. Auch durch die Verwendung der
Daten der Inertialsensorik auf dem
Transponder lassen sich Unfallsituationen früher erkennen und die Wirksamkeit der Schutzsysteme steigern. Eine
Notbremsung kann 200 bis 300 ms früher
eingeleitet werden. Damit verringert sich
die Kollisionsgeschwindigkeit um circa
7 bis 11 km/h. Beispielsweise im Fall des
Fußgängerschutzes kann dies schon
überlebensentscheidend sein.
Bei der Nutzung von Transpondern an
Fahrzeugen führt insbesondere die Kombination der Vorteile der Kommunikation und der direkten Ortung zu einer
Steigerung der Effektivität von Schutz-
systemen. Zum einen können Gefahrensituationen rechtzeitig gemeldet und

relevante Informationen (zum Beispiel Notbremsung des Vorderfahrzeugs) übertragen werden. Gleichzeitig ist die relative Position des anderen Fahrzeugs zum eigenen Fahrzeug durch die Ortung genau genug bekannt, um gezielte Eingriffe in die Fahrdynamik vornehmen zu können. Die Ortung ist dabei auch bei der Verdeckung durch Vorderfahrzeuge möglich.

Bei der Eigenlokalisierung durch Transponder werden an bekannten Wegpunkten Transponder verbaut. Dabei kann es sich um Unfallschwerpunkte wie Kreuzungen handeln. Sich nähernde Fahrzeuge bestimmen durch die Ortung ihre relative Position zu den Transpondern, während diese ihre Verbauposition im Weltkoordinatensystem übermitteln. Durch die bekannte globale Position der Transponder und die relative Position zwischen Transponder und Fahrzeug kann die globale Position des Fahrzeugs bestimmt werden. Damit funktioniert eine Positionierung des Fahrzeugs für Komfort- und Sicherheitsanwendungen unabhängig von der Verfügbarkeit von Satellitennavigation. Erste Ergebnisse zeigen, dass die Ortungsgenauigkeit eine fahrstreifengenaue Zuordnung ermöglicht.

Forschungsinitiative Ko-FAS

Die hier beschriebenen Forschungsarbeiten entstanden im Rahmen des Verbundprojekts Ko-TAG, ein Teilbereich der Forschungsinitiative „Kooperative Fahrzeugsicherheit (Ko-FAS)". Diese werden teilweise mit Mitteln des Bundesministeriums für Wirtschaft und Technologie gefördert.

Ziel der Forschungsinitiative Ko-FAS ist es, wesentliche Beiträge zur Steigerung der Verkehrssicherheit zu leisten, also die Zahl von Verkehrsunfällen zu reduzieren sowie deren Folgen, soweit möglich, zu mindern. Die Forschungsinitiative Ko-FAS entwickelt dazu in den Verbundprojekten Ko-TAG, Ko-PER und Ko-KOMP neuartige Techniken, Komponenten und Systeme, die den Verkehrsteilnehmern mittels kooperativer Sensorik und Perzeption ein umfassendes Bild der Verkehrsumgebung bereitstellen. Auf dieser Basis ist es möglich, kritische Verkehrssituationen frühzeitig zu erkennen, sodass mit vorbeugenden Maßnahmen Unfallsituationen vermieden oder Unfallfolgen wesentlich vermindert werden können. Die genannten Techniken basieren auf dem Zusammenwirken von Sensoren der verschiedenen Verkehrsteilnehmer und verwenden neueste Verfahren der Kommunikationstechnik zum Austausch dieser Informationen.

Literaturhinweise

[1] EuroNCAP: Moving Forward 2010–2015 Strategic Roadmap, 2009, www.euroncap.com

[2] Schwarz, D.; Klöden, H.; Raßhofer, R.: Ko-TAG – Cooperative Sensor Technology for Traffic Safety Applications. 8. International Workshop on Intelligent Transportation, Hamburg 2011

[3] Schaffer, B.; Kalverkamp, G.; Chaabane, M.; Biebl, E.: A cooperative transponder system for improved traffic safety, localizing road users in the 5 GHz band. In: Advances in Radio Science, Volume 10, 2012

[4] Lill, D.; Schappacher, M.; Islam, S.; Sikora, A.: Wireless Protocol Design for a Cooperative Pedestrian Protection System, 3. International Workshop on Communication Technologies for Vehicles (Nets4Cars 2011), Oberpfaffenhofen, 2011

Umfeldmodelle – standardisierte Schnittstellen für Assistenzsysteme

Dipl.-Ing. Ralph Grewe | Dr.-Ing. Andree Hohm | Dr.-Ing. Stefan Lüke | Prof. Dr. rer. nat. Hermann Winner

Einer der Kernbestandteile von Fahrerassistenzsystemen ist die genaue und echtzeitfähige Abbildung der Fahrzeugumgebung, das sogenannte Umfeldmodell. Es dient als Datenbasis für die Algorithmen zur Situationsanalyse und Regelung. Hier gilt es, die enormen Datenmengen in den Griff zu bekommen und Standardschnittstellen zu schaffen. Continental zeigt Lösungen auf.

Grundlagen

Einer der Kernbestandteile von Fahrerassistenzsystemen ist das interne Abbild
der Fahrzeugumgebung, das sogenannte
Umfeldmodell. Es dient als Datenbasis
für die Algorithmen zur Situationsanalyse und Regelung. Um die Komplexität
der Systeme bei steigender Sensor- und
Assistenzfunktionsanzahl zu begrenzen,
ist eine Sensor- und Funktionsunabhän-
gigkeit des Umfeldmodells erforderlich
[1].

Ein etablierter Standard in Serienanwendungen ist das Modellieren relevanter
Umfeldinformationen mit Hilfe von
Objektlisten [2]. Künftig ist ein Umfeldmodell, das nicht nur wenige Objekte
sondern eine Repräsentation des gesamten Fahrzeugumfelds darstellt, zentraler
Bestandteil leistungsfähiger Assistenzfunktionen. Insbesondere eine Repräsentation freier und belegter Bereiche wird
beispielsweise zum Bestimmen von Aus-
weichmöglichkeiten benötigt.

Als Lösung wird ein hybrides Umfeldmodell vorgestellt, das eine klassische
Objektliste um ein „Occupancy Grid" ergänzt. Damit wird eine skalierbare, die
Anforderungen zukünftiger Fahrerassistenzsysteme erfüllende Lösung aufgezeigt. Der Artikel stellt den Aufbau des
Umfeldmodells sowie das Potenzial von
Datenkompression für die Schnittstellen
vor. Dies kann als Aufruf zur Standardisierung dieser Erweiterung der heutigen
Umfeldmodellierung verstanden werden.

Repräsentation des statischen Umfelds

Ein in der Fahrerassistenz-Forschung
weit verbreiteter Ansatz für die ganzheitliche Repräsentation des Fahrzeugumfelds ist das aus der Robotik stammende
Occupancy Grid. Dieses diskretisiert das
Fahrzeugumfeld in Zellen und speichert
für jede Zelle die Information, ob sie
„frei", „belegt" oder ihr Inhalt „unbekannt"
ist, Bild 1. Damit stellt ein Occupancy
Grid im Gegensatz zu objektbasierten
Ansätzen explizit auch freie und unbe-
kannte Bereiche dar und verzichtet dabei
auf geometrische Modellannahmen. Weitere Vorteile eines Occupancy Grid:

- Durch die Akkumulation der Messdaten über die Zeit werden typische Sensorfehler wie Geisterziele, Aussetzer
  oder Rauschen unterdrückt. Die Wahl
  eines normalisierten und abstrakten
  Merkmals (Belegungswahrscheinlich-
  keiten) ermöglicht die Fusion von Sensoren unterschiedlichen Messprinzips.
- Eine explizite Assoziation von Messungen zu Objekten ist nicht notwendig.
  Diese Assoziation ist insbesondere in
  komplexen Szenarien mit vielen ausge-
  dehnten Objekten fehlerträchtig, da
  diese von der Sensorik oft in kleine
  Segmente zerteilt werden.

Bild 1
Occupancy Grid-Prinzip, links: Straßenszene, rechts: sich daraus ergebendes Occupancy Grid

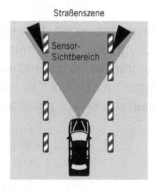

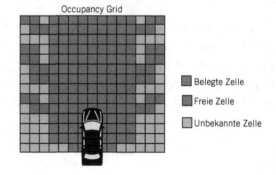

Die Informationen zum Erstellen eines Occupancy Grids können von Sensoren geliefert werden, die sich bereits heute im Serieneinsatz oder in der Serienentwicklung befinden (scannender Radar/ Stereokamera).

Repräsentationen für Verkehrsteilnehmer

Ein Ansatz zur Repräsentation von Verkehrsteilnehmern (bewegten Objekten) besteht darin, das ursprünglich für statische Umgebungen entworfene Occupancy Grid für ein dynamisches Umfeld zu erweitern und so ein einheitliches Umfeldmodell zu erzielen. Die Zellen werden um ein Bewegungsmodell ergänzt. Daraus folgt ein erhöhter Speicher- und Rechenleistungsbedarf, da zusätzliche Zustandsvariablen (Geschwindigkeit, Bewegungsrichtung) zu speichern sind und eine Prädiktion aller Zellen zwischen den Messungen erforderlich ist [3]. Aufgrund des Bewegungsmodells lässt sich der Vorteil eines Occupancy Grids, weitgehend modellfrei zu sein, nicht auf

bewegte Verkehrsteilnehmer übertragen. Der andere Ansatz, Verkehrsteilnehmer zu repräsentieren, ist die Verwendung eines objektbasierten Trackings, das im Vergleich zu dynamischen Occupancy Grids eine höhere Effizienz aufweist. Da die Zahl der Klassen von im Straßenverkehr auftretenden Verkehrsteilnehmern begrenzt ist, erwarten Entwickler keine Qualitätseinschränkungen durch die Modellannahmen. Daher wird für die Modellierung von Verkehrsteilnehmern einen objektbasierten Ansatz favorisiert.

Hybrides Umfeldmodell

Das bei Continental entwickelte Umfeldmodell kombiniert als hybrider Ansatz eine klassische Objektliste für Verkehrsteilnehmer mit einem Occupancy Grid für das statische Umfeld, Bild 2. Den Assistenzfunktionen wird das Gesamtmodell in Form beider Repräsentationen zur Verfügung gestellt. Die Daten mehrerer Sensren werden fusioniert, um Redundanz und Detektionssicherheit zu erhöhen sowie einen erweiterten Sicht-

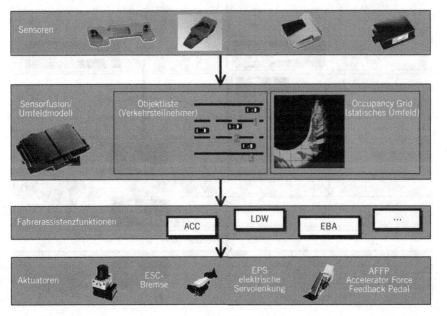

Bild 2
Hybrides Umfeldmodell: die Daten der Umfeldsensoren werden in einer Objektliste für Verkehrsteilnehmer und einem Occupancy Grid für das statische Umfeld fusioniert und den Assistenzfunktionen zur Verfügung gestellt

bereich zu generieren. Ziel ist, die Vorteile beider Ansätze zu kombinieren:

- Die Repräsentation des statischen Umfelds profitiert von der weitgehenden Modellfreiheit des Occupancy Grids.
- Der Ansatz ist effizient, da für das Tracking bewegter Objekte nur eine geringe Zahl von Zustandsgrößen berechnet und gespeichert werden muss.
- Mit objektbasiertem Tracking und darauf aufbauenden Assistenzfunktionen existiert bereits eine lange Erfahrung, die weiterhin nutzbar bleibt.
- Der Ansatz ist skalierbar, da für bereits etablierte Funktionen, die zunehmend in preissensiblen Fahrzeugsegmenten eingesetzt werden, weiterhin ausschließlich objektbasierte Umfeldmodelle eingesetzt werden können. Für Premium-Funktionen wird ein Occupancy Grid ergänzt.

Zukünftige Serienanwendungen erfordern zur besseren Nutzung der Rechenleistung oder um eine leistungsstarke Fusion darzustellen die Verteilung von Umfeldinformationen innerhalb des Fahrzeugs. Diese Anforderungen führen insbesondere für das Occupancy Grid zu Herausforderungen, die durch die vorgeschlagene Architektur der Occupancy-Grid-Fusion gelöst werden.

Architektur der Occupancy-Grid-Fusion

Um die Skalierbarkeit unseres Umfeldmodells zu unterstützen und die Wiederverwendbarkeit von Modulen zu verbessern, ist die Fusion von Occupancy Grids in drei Module unterteilt, Bild 3:

- Das Modul Sensormodell berechnet aus den Rohdaten einer Messung unter Berücksichtigung der Sensoreigenschaften die Befahrbarkeit („Frei") der Zellen.
- Im Akkumulationsmodul werden mehrere zeitlich aufeinanderfolgende Messungen eines Sensors in ein Gitter integriert.
- Das Fusionsmodul führt die akkumulierten Daten mehrerer Sensoren zusammen.

Bild 3
Architektur der
Grid-Fusion

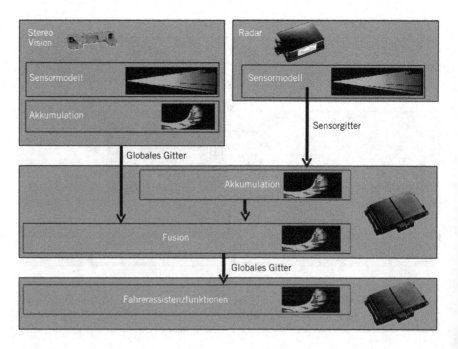

	Sensorgitter (polar)	Globales Gitter (kartesisch)
Sichtbereich	35 m x 18°	80 m x 80 m
Auflösung	0,5 m x 0,25°	0,08 m
Anzahl Zellen	5040	1.000.000

Bild 4
Abmessungen und Zellenzahl der verwendeten Gitter

Um diese Aufteilung zu ermöglichen, werden zwei Schnittstellen eingeführt: Das Sensorgitter ist ein Gitter in Polarkoordinaten, dessen Ursprung in einem Sensor liegt und das eine Einzelmessung speichert. Das globale Gitter verwendet kartesische weltfeste Koordinaten und dient der Akkumulation von Messungen eines oder mehrerer Sensoren. Im Gegensatz zum Sensorgitter weisen globales Gitter und damit auch Akkumulations- und Fusionsmodul, bedingt durch die Zellenzahl, einen höheren Speicherbedarf auf, Bild 4. Das Aufteilen der Occupancy-Grid-Fusion in Module führt zu zwei Vorteilen:

- Das Sensormodell behandelt als einziges sensorabhängiges Modul alle Sensorspezifika, die weiteren Module können sensorunabhängig ausgeführt werden und sind wiederverwendbar.
- Durch Einführen einer Schnittstelle zwischen Sensormodell und Akkumulation kann das speicher- und rechenaufwendige Akkumulationsmodul auf ein zusätzliches Steuergerät ausgelagert werden, was die Integration weniger leistungsfähiger Sensorhardware ermöglicht.

Schnittstellen für die Occupancy-Grid-Fusion

Um die Umsetzbarkeit der vorgeschlagenen Architektur zu untersuchen, werden die Schnittstellen auf benötigte Bandbreiten sowie das Potenzial zur Datenkompression analysiert.

Ein Occupancy Grid weist hohe räumliche und zeitliche Redundanzen auf, die durch Verfahren der Bildkompression reduziert werden können. Die räumlichen Redundanzen lassen sich durch Lauflängenkodierung reduzieren. Zusätzlich können die zeitlichen Rundanzen reduziert werden, indem nur die Differenzen aufeinanderfolgender Occupancy Grids übertragen werden (Differenzkodierung) [4]. Die für typische Szenarien erzielten mittleren Datenraten der beschriebenen Schnittstellen sind in Bild 5 den theo-

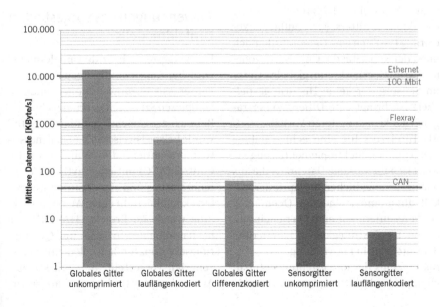

Bild 5
Mit Kompression erzielbare Datenraten für Occupancy Grids, in rot die theoretischen Bandbreiten typischer Automotive-Datennetze

Bild 6
Anwendung des
Umfeldmodells
im Baustellen-
assistenten

retischen Bandbreiten heutiger Automotive-Datennetze gegenübergestellt. Im Vergleich zu einer unkomprimierten Übertragung des globalen Gitters lässt sich mit Hilfe einer Lauflängenkodierung eine Datenrate unterhalb der Flexray-Kapazität erzielen. Wird zusätzlich die Differenzkodierung angewandt, lässt sich eine Datenrate in der Größenordnung der CAN-Kapazität erreichen [4].

Das Sensorgitter liegt unkomprimiert auf dem Niveau einer Differenzkodierung des globalen Gitters. Mit Lauflängenkodierung lässt sich eine Datenrate deutlich unter der Kapazität des CAN-Buses erzielen. Da im Gegensatz zum globalen Gitter im Sensorgitter keine Historie gespeichert ist, bringt eine Differenzübertragung hier keinen weiteren Vorteil.

Als Hindernis für eine echtzeitfähige (deterministische) Implementierung erweist sich die variable Datenrate, die aus der unterschiedlichen Komprimierbarkeit aufeinanderfolgender Occupancy Grids resultiert. Für einen Serieneinsatz befinden sich Strategien zur Limitierung der Datenrate in Entwicklung.

Als Ergebnis der dargestellten Untersuchungen wird deutlich, dass existierende Kompressionsverfahren im Zusammenspiel mit neuen Datennetzen im Fahrzeug den Datentransfer eines Occupancy Grids technisch ermöglichen. Der zu erwartende Applikationsaufwand ist aufgrund der Vielzahl möglicher Datentypen und -strukturen jedoch nur dann vertretbar, wenn sich die Umfeldrepräsentationen verschiedener Fahrzeughersteller und Zulieferer weiter angleichen.

Anwendungen des vorgestellten Umfeldmodells

Das vorgestellte hybride Umfeldmodell wird bei Continental angewendet, um Fahrerassistenzanwendungen auch in komplexen Szenarien zu ermöglichen. Im Rahmen der Forschungsinitiative „Aktiv" wurde beispielsweise ein Baustellenassistent präsentiert, der Adaptive Cruise Control (ACC) mit einer aktiven Gefahrenbremsung und einer Spurhalteassistenz kombiniert. In einer Weiterentwicklung wurde im Projekt „HAVEit" eine hochautomatisierte Längs- und Querführungsassistenz für Baustellen- und Stauszenarien vorgestellt, Bild 6. Aktuelles Anwendungsbeispiel ist die Langzeiterprobung automatisierten Fahrens über mehr als 6000 Meilen im US-Bundesstaat Nevada [5].

Fazit und Ausblick

Kernbestandteil zukünftiger Fahrerassistenzfunktionen ist eine leistungsfähige Umfeldrepräsentation, die nicht nur wenige abstrakte Objekte sondern eine ganzheitliche Beschreibung des Fahrzeugumfelds liefert. Diese Anforderung wird durch Kombination einer Objektliste für Verkehrsteilnehmer mit einem Occupancy Grid für die statische Umgebung erfüllt. Damit lässt sich ein skalierbarer und gleichzeitig effizienter Ansatz für die Umfeldrepräsentation in komplexen Szenarien darstellen.

Als Hindernis für die Einführung des Occcupancy Grids in Serienanwendungen galten bislang neben hohem Speicher- und Rechenleistungsbedarf fehlende Schnittstellen für ganzheitliche Umfeldinformationen. Es wurden zwei mögliche Schnittstellen beschrieben und nachgewiesen, dass Datenraten innerhalb der Kapazität typischer Automotive-Datennetze durch Kompression erzielt werden können. Um eine echtzeitfähige Übertragung zu ermöglichen, werden Verfahren zur Limitierung der Datenrate entwickelt.

Für die Zukunft ist eine weitergehende Standardisierung des Umfeldmodells als Schnittstelle erforderlich, um den Entwicklungsaufwand durch wiederverwendbare Module und Komponenten zu reduzieren und die Zusammenarbeit mehrerer Lieferanten bei der Integration von Komponenten zu erleichtern. Dies wird unter anderem im Projekt „UR:BAN KA" innerhalb des Teilprojekt „Umgebungserfassung und Umfeldmodellierung" [6] mit weiteren Partnern angestrebt.

Literaturhinweise

[1] Kirchner, A.; Schwitters, F.: Vernetzte und modulare Auslegung von Fahrerassistenzfunktionen. In: VDI Berichte Nr. 1789, 2003

[2] Dietmayer, K.; Kirchner, A.; Kämpchen, N.: Fusionsarchitekturen zur Umfeldwahrnehmung für zukünftige Fahrerassistenzsysteme. In: Maurer, M.; Stiller, C. (Hrsg.): Fahrerassistenzsysteme mit maschineller Wahrnehmung, Berlin: Springer, 2005

[3] Coué, C.; Pradalier, C.; Laugier, C.; Fraichard, T.; Bessière, P.: Bayesian Occupancy Filtering for Multitarget Tracking: An Automotive Application. In: The International Journal of Robotics Research, Vol. 25, No. 1, 2006, pp. 19–30

[4] Grewe, R.; Hohm, A.; Hegemann, S.; Lueke, S.; Winner, H.: Towards a Generic and Efficient Environment Model for ADAS. In: IEEE Intelligent Vehicles Symposium, Alcalá de Henares, 2012

[5] http://www.atzonline.de/Aktuell/Nachrichten/1/15615/Ueber-6000-Meilen-auf-oeffentlichen-Strassen-Continental-testet-hochautomatisiertes-Fahren.html

[6] http://www.urban-online.org/Kognitive-Assistenz.html

Anforderungen an ein Referenzsystem für die Fahrzeugortung

DIPL.-ING. MARCO WEGENER | DIPL.-ING. MATTHIAS HÜBNER | DIPL.-ING. MOHAMED BRAHMI |
DR.-ING. KARL-HEINZ SIEDERSBERGER

Im Hinblick auf einen automatisierten Verkehr werden Fahrerassistenzsysteme in Zukunft immer stärker in die Fahrzeugführung eingreifen. Derartige Systeme stützen sich vor allem auf die Umfeldwahrnehmung und insbesondere auf die Kenntnis der eigenen Fahrzeugposition. Hierbei entsteht der Bedarf, die spezifizierte Messqualität der Ortungssysteme zu verifizieren. In einem gemeinsamen Forschungsprojekt der TU Braunschweig und Audi wurden strukturelle und parametrische Anforderungen an ein Referenzsystem kategorisiert, aus dem sich für den jeweils betrachteten Anwendungsfall konkrete Anforderungen ableiten lassen.

Einleitung

Systeme für die Erfassung der eigenen Position und fremder Objekte gewinnen zunehmend an Bedeutung. Wichtige Anwendungsbereiche sind zum Beispiel Umfeldwahrnehmung und Fahrerassistenzsysteme. Durch die Weiterentwicklungen in der Fahrzeugautomatisierung erwachsen jedoch Anforderungen an Ortungssysteme, welche sich auch für sicherheitsrelevante Anwendungen eignen. Ein Anwendungsbeispiel für Umfeldsensoren aus dem Bereich der aktiven Sicherheit ist der Notbremsassistent, der auf Basis der Relativposition und Relativbewegung automatisch eine Notbremsung einleitet, sobald eine Kollision mit dem vorausfahrenden Fahrzeug durch den Fahrer nicht mehr verhindert werden kann. Ein häufig thematisiertes, langfristiges Ziel ist der automatisierte Verkehr [1, 2]. Die zukünftig hierfür genutzten Ortungssysteme müssen eine spezifizierte Messqualität bezüglich Größen wie der Genauigkeit und der Verfügbarkeit einhalten. Den technischen Kern des hierfür notwendigen Verifizierungsprozesses bilden ein Referenzsystem, dessen Messunsicherheitsbeurteilung sowie standardisierte Prüfprozeduren zur Durchführung und Auswertung von Messreihen. Die konkrete Ausprägung des Verifizierungsprozesses wird durch die Art und den Anwendungsbereich der zu verifizierenden Ortungssensoren bestimmt. Es ist sicherzustellen, dass hierbei insbesondere die relevanten Standards wie [3] bei der Überprüfung berücksichtigt werden.

Bisher existieren nur wenige Ansätze zur Untersuchung der Messqualität im Bereich der Ortungssysteme mithilfe einer Referenzsensorik. Bei Ansätzen zur Bewertung der GPS-Messqualität wie in [4] und [5] handelt es sich um Referenzsysteme in kleinem Maßstab, mit denen nicht die im Verkehr typischen Betrags-oder Richtungsbeschleunigungen abgebildet werden können. Die Fragestellung, wie sich die gewonnenen Ergebnisse auf den realen Verkehr übertragen lassen, bleibt unbeantwortet. Eine weitere Verifizierungsmethode ist in [6] angegeben. Dort wird zur Verifizierung eine Inertialmesseinheit (IMU) eingesetzt, welche die auftretenden Beschleunigungen und Winkelraten ermittelt. Grundsätzlich lassen sich mit dieser Methode auch die Geschwindigkeit und die Position mittels Integration ermitteln. Für die Erzeugung einer driftfreien Absolutposition müssen die Messdaten einer Referenz-IMU mit dem absolut messenden Ortungssystem fusioniert werden. Dieser Ansatz wurde in [7] zur Bewertung eines ACC-(Adaptive Cruise Control) Systems verfolgt. Als Referenz wurde hierbei ebenfalls eine IMU in Kombination mit einem DGPS (Differential Global Positioning System) verwendet, wobei eine Genauigkeit von 2 cm versprochen wird. Zur Verifizierung dieser Genauigkeitsangabe wurde ein Laserscanner herangezogen, der zuvor vermessene Landmarken erkennt, um diese zur Verifizierung der IMU/DGPS-Positionen zu verwenden. Allerdings sind derartige Ansätze aufgrund der Systemkomplexität für eine mathematisch fundierte Unsicherheitsbetrachtung basierend auf stochastischen Methoden ungeeignet.

In [8] wurde ein Referenzsystem zur Fahrzeugortung vorgestellt, das aus einem Messfahrzeug und einer 860 m langen, geraden Referenzstrecke besteht. In [9] und [10] wurde gezeigt, dass ein derartiges Referenzsystem prinzipiell geeignet ist, um beliebige Fahrzeugortungssysteme wie das global verfügbare GPS oder Indoor-Ortungssysteme für den Tunnelbereich zu verifizieren. Das dort beschriebene Referenzsystem ist an eine feste Referenzstrecke gebunden, bei der die zu fahrende Trajektorie nur hinsichtlich der Längsdynamik variiert werden kann. Viele Anwendungen im realen Straßenverkehr sowie die Entwicklung neuartiger Fahrzeugfunktionen stellen jedoch weitere Anforderungen an eine Ortungstechnologie, die über die vom vorgestellten Referenzsystem bereits verifizierbaren Anforderungen hinausgehen. Beispielsweise können für die Verifizierung von Fahrzeugumfeldsensoren weitere Sensoren innerhalb eines Referenzsystems oder gar mehrere Referenzsysteme notwendig sein, um relative Messgrößen zwischen dem Fahrzeug und anderen Objekten zu ermitteln. Das Ziel dieses Beitrags ist, die grundsätzlichen Anforderungskategorien an ein Referenzsystem zu formulieren. Diese lassen sich in strukturelle und parametrische Anforderungen unterteilen.

Strukturelle Anforderungen

Unter dem Begriff strukturelle Anforderungen werden die zu fordernden qualitativen Eigenschaften eines Referenzsystems aufgefasst. Diese Anforderungen werden allein durch eine geeignete Konzeption des Messaufbaus erfüllt und sind unabhängig von konkreten, messtechnisch erfassbaren Größenwerten. Die Erfüllung von strukturellen Anforderungen kann durch eine binäre Ja/Nein-Entscheidung beurteilt werden.

Mobilität

Eine Anforderung bei der Funktionsentwicklung besteht darin, die für die Funktion notwendigen Ortungssensoren in unterschiedlichsten Umgebungen, das heißt unter unterschiedlichsten Messbedingungen (zum Beispiel Temperatureinfluss), zu erproben. Zudem werden satellitenbasierte (beispielsweise GPS) oder satellitengestützte (zum Beispiel IMU) Ortungssysteme stark von der vorliegenden Umgebung beeinflusst, sodass umgebungsbedingte Einflüsse nur durch die

Verlegung des Messorts variiert werden können. Die Anforderung an den Referenzmessaufbau besteht somit darin, dass sämtliche Komponenten mit einem tolerierbaren Aufwand an einen anderen Messort verlegt werden können.

Fahrzeugunabhängigkeit

Da die meisten Positionssensoren die Kenntnis der Fahrzeuggeometrie (beispielsweise Einparkhilfe) oder die Messwerte weiterer Bordsensorik ausnutzen (zum Beispiel satellitenbasierte Ortung in Kombination mit einem Radimpulsgeber), sind diese fest im Fahrzeug installiert und können nicht ohne Weiteres auf ein Referenzfahrzeug übertragen werden. Daher besteht eine weitere Anforderung darin, dass die fahrzeugseitige Referenzortungssensorik in das betrachtete Versuchsfahrzeug integrierbar sein muss.

Wiederholbarkeit

Bei der Verifizierung der spezifizierten Messqualität können nur endlich viele Messungen durchgeführt werden. Daher muss sichergestellt werden, dass die zur Verifizierung herangezogenen Stichprobenmessungen im für den betrachteten Anwendungsfall hinreichenden Maß mit der Grundgesamtheit übereinstimmen. Im Zuge der Prüfautomatisierung muss ein Referenzfahrzeug zur Verfügung stehen, das mit einer Regelung ausgestattet ist und somit ein hinreichend häufiges, wiederholbares Fahren der Prüftrajektorie ermöglicht.

Analysierbarkeit

Das hinsichtlich seiner Messqualität zu verifizierende Ortungssystem muss sich an dem Referenzsystem messen lassen, was die Kenntnis der Messunsicherheit des verwendeten Referenzsystems voraussetzt. Die Struktur des verwendeten

Referenzmessaufbaus muss somit von derart geringer Komplexität sein, dass eine Messunsicherheitsanalyse nach [3] durch den Betreiber des Referenzsystems möglich ist. Dies stelltinsbesondere bei den häufig eingesetzten Inertialmesseinheiten (IMU), die interne Sensorinformationen mit denenexterner satellitenbasierterOrtungslösungen verknüpfen, eine große Herausforderung dar. Meist wird von den Herstellern eine Positions-Genauigkeitsangabe bereitgestellt. Diese stellt jedoch keine Messunsicherheit nach [3] dar, welche von dem Gesamtreferenzsystem, dem konkreten Messszenario und den dabei gegebenen Messbedingungen bestimmt wird. Zudem ist die für die Messunsicherheitsbeurteilung notwendige Modellierung der oft zur Driftkorrektur verwendeten satellitenbasierten Ortungssysteme aufgrund ihrer hohen Systemkomplexität bislang nicht realitätsnah möglich. Insgesamt ist es somit im Sinne von [3] nicht hinreichend, sich beim Betrieb eines Messsystems allein auf die Genauigkeitsangabe der einzelnen Messgeräte zu verlassen. Für international anerkannte Messergebnisse ist eine formale Modellbildung und Bewertung des gesamten Messszenarios seitens des Betreibers erforderlich.

Multiplizität

In vielen Anwendungsfällen ist es ausreichend, allein die Absolutposition eines einzelnen Versuchsfahrzeugs zu betrachten. Das genannte Beispiel eines Nothaltesystems zeigt jedoch, dass die simultane Referenzpositionsgenerierung für mehrere Fahrzeuge erforderlich sein kann. In diesem Fall müssen die Messungen des Referenzsystems bezüglich jedes Fahrzeugs zeitgleich oder sequenziell in hinreichend kleinen Zeitabständen erfolgen.

Parametrische Anforderungen

Die Erfüllung der strukturellen Anforderungen stellt eine notwendige, aber nicht hinreichende Voraussetzung für die Tauglichkeit einer Ortungstechnologie als Referenzsystem dar. Zudem müssen die parametrischen Anforderungen quantitativ erfüllt werden.

Konfiguration

Die Anforderung an die Konfiguration des Referenzmessaufbaus orientiert sich sowohl an der Größe als auch ander Form der Versuchsstrecke, welche von der Referenzsensorik abgedeckt werden muss. Für Fahrversuche werden üblicherweise Fahrdynamikflächen mit einem Durchmesser von 300 m verwendet [11]. Für die Simulation von Autobahnfahrten muss die komplette Länge von Versuchsstrecken ausgenutzt werden, was auf eine reckteckförmige Versuchsfläche führt. Dies stellt für Ortungslösungen auf Basis des Frequency-Modulated-Continuous-Wave-Prinzips (wie LPM [12] oder LPR [13]) die optimale Messkonfiguration dar. Zusätzlich ist zu beachten, dass derartige Ortungssysteme einen Mindestabstand von mehreren Metern zwischen den jeweiligen Basisstationen erfordern. Speziell für große Distanzmessungen ausgelegte Sensoren bieten eine maximale Reichweite von 1 bis 3 km (Tachymeter [14], LPM [12]). Die gewählte Konfiguration hat einen Einfluss auf die Messunsicherheit, welche typischerweise mit steigender Entfernung zunimmt, wie es beispielsweise bei Tachymetern mit automatischer Objektverfolgung der Fall ist.

Direkte Anforderungen an die Messunsicherheit

Die vom Referenzsystem zu erreichende Messunsicherheit bezüglich jeder Koordinate hat sich am Anwendungsfall zu orientieren. Daher ist es nicht zwingend erforderlich, dass die Messunsicherheit der Referenz im anspruchsvollen Bereich von Real-time-kinematic-Lösungen liegen muss, welche laut Herstellern typischerweise 2 bis 5 cm ist [15]. Eine Möglichkeit für die Herleitung von Anforderungen an die Messunsicherheit des Referenzsystems besteht darin, die maximal tolerierbare Messunsicherheit für die geforderte Funktion zu analysieren.So wird in [16] beispielsweise gezeigt, dass für automatische Fahrmanöver eine Positionsunsicherheit im Dezimeterbereich bei einer Spurbreite von 3 m ausreichend ist. In [17] wird davon ausgegangen, dass eine Messunsicherheit von 10 cm für ein Spurhaltesystem genügt. Unabhängig davon lässt sich jedoch feststellen, dass die Messunsicherheit der Referenz höchstens so groß sein darf wie die Messunsicherheit des zu verifizierenden Sensors, da sonst keinerlei Aussage über die Unsicherheit des zu verifizierenden Sensors möglich ist. Eine sinnvolle Forderung an die Messunsicherheit der Referenz ist, dass diese eine Größenordnung kleiner als die zu erwartende Messunsicherheit des Sensors sein sollte. Dies stellt einen Kompromiss zwischen der zu erreichenden Messqualität und der Realisierbarkeit der Referenzsensorik dar. Die zu erwartende Messunsicherheit des zu verifizierenden Sensors ist während der Konzeptionsphase jedoch nur hinsichtlich ihrer Größenordnung abschätzbar. Eine Methode zur Abschätzung der Größenordnung der Messunsicherheit, die von dem zu verifizierenden Sensor und somit auch von der Referenzsensorik erreicht werden muss, basiert auf der Annahme einer tolerierbaren Unfallwahrscheinlichkeit, wie folgendes Beispiel zeigt.

Ein zu verifizierender Sensor ist Teil eines Spurhaltesystems und misst den Abstand der linken Fahrzeugseite zur Mittelspurmarkierung. Die tolerierbare Wahrscheinlichkeit dafür, dass sich das Fahrzeug trotz eines gemessenen Abstands von $d > 0$ bereits auf der Gegenfahrbahn befindet, sei $p = 10^{-7}$. Unter Annahme einer Normalverteilung lässt sich die notwendige Messunsicherheit u in Abhängigkeit des gemessenen Abstands bestimmen, Bild 1. Die rot dargestellte Linie kennzeichnet hierbei die mindestens zu erreichende relative Messunsicherheit, damit die Wahrscheinlichkeit, sich bereits in der Gegenfahrbahn zu befinden, den Wert $p = 10^{-7}$ nicht übersteigt.

Indirekte Anforderungen an die Messunsicherheit

Anforderungen an die Messunsicherheit können auch indirekt, das heißt an abgeleitete Größen, gestellt werden. Mithilfe eines Messmodells f können indirekte Anforderungen an eine abgeleitete abstrakte Größe δ in direkte Anforderungen an konkrete Messgrößen $\varepsilon_1, \varepsilon_2, ..., \varepsilon_n$ überführt werden:

GL. 1 $\quad \delta = f(\varepsilon_1, \varepsilon_2, ..., \varepsilon_n)$

Mittels des linearen Fortpflanzungsgesetzes

GL. 2 $\quad \Delta\delta = \dfrac{\delta f}{\delta\varepsilon_1}\Delta\varepsilon_1 + ... + \dfrac{\delta f}{\delta\varepsilon_n}\Delta\varepsilon_n$

Bild 1
Tolerierbare Wahrscheinlichkeit p in Abhängigkeit von gemessenem Abstand d und Sensormessunsicherheit u

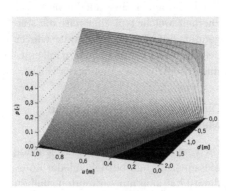

kann – unter der Bedingung, dass alle Messgrößen unkorreliert sind – eine tolerierbare Abweichung $\Delta\delta$ für die abgeleitete Größe auf eine Menge möglicher Kombinationen von Abweichungen $(\Delta\varepsilon_1,..., \Delta\varepsilon_n)$ der direkten Messgrößen zurückgeführt werden. Im Folgenden wird dieses Vorgehen anhand eines Beispiels gezeigt.

Die Basis für zahlreiche sicherheitsrelevante Funktionen wie den genannten Notbremsassistenten stellt die Zeit bis zur Kollision (time to collision (ttc)) dar. Die ttc ist über den relativen Abstand x_{rel} zum Kollisionsobjekt und der relativen Geschwindigkeit v_{rel} definiert.

GL. 3 $\qquad ttc := \dfrac{x_{rel}}{v_{rel}}$

Mithilfe des linearen Fortpflanzungsgesetzes ergibt sich:

GL. 4 $\qquad \Delta ttc = \dfrac{1}{v_{rel}} \Delta x_{rel} - \dfrac{x_{rel}}{v_{rel}^2} \Delta v_{rel}$

Die aus der Anforderung

GL. 5 $\qquad |\Delta ttc| \leq \Delta ttc_{max}$

resultierenden maximal tolerierbaren Abweichungen bezüglich der Abstandsmessung Δx_{rel} und der Geschwindigkeitsmessung Δv_{rel} können für den Arbeitspunkt (x_{rel}, v_{rel}) grafisch bestimmt werden.

Bild 2 zeigt die grafische Lösung für den Arbeitspunkt (5 m, 5 m/s) bei Δttc_{max} = 0,1 s, woraus Anforderungen an die direkten Messgrößen x_{rel} und v_{rel} abgeleitet werden können.

Dynamik

Die Dynamik des Referenzsystems muss durch dessen Konstruktion und geometrische Anordnung zum Versuchsfahrzeug so beschaffen sein, dass das Versuchsfahrzeug hinsichtlich der Positionzuverlässig erfasst wird. Diese Art der Anforderung spielt bei Fahrzeugeigenortung durch On-board-Messsysteme keine Rolle, jedoch wenn die Fahrzeugposition im Falle der Fremdortung von externen

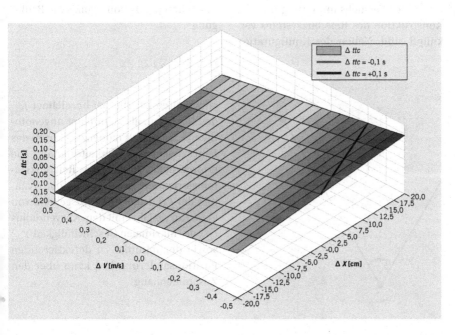

Bild 2
Grafische Darstellung der maximalen Abweichungen aus indirekten Anforderungen

Messsystemen erfasst wird. Als Beispiel dient ein Tachymeter oder ein Kamerasystem mit automatischer Zielverfolgung, wobei stets eine maximal mögliche Drehgeschwindigkeit einzuhalten ist, Bild 3.

Für die maximal mögliche Winkeländerung α_{max} des Tachymeters pro Messzeitschritt, der zu fahrenden Wegstrecke s und dem orthogonalen Abstand d lässt sich die minimal notwendige Winkelgeschwindigkeit

GL. 6 $\quad \omega = \omega_{min} = 2f_{Ref} \cdot \arctan\left(\dfrac{v_{max}}{2f_{Ref}d}\right)$

angeben. Dabei besteht mit den beiden Messpunkten Pos_1 und Pos_2, der maximalen Geschwindigkeit v_{max} und der gegebenen Messrate des Sensors f_{Ref} folgender Zusammenhang:

GL. 7 $\quad s = \dfrac{v_{max}}{f_{Ref}}$

An diesem Beispiel wird ersichtlich, dass die Anforderungen an die Dynamik des Referenzsystems direkt mit der Konfiguration der Versuchsanordnung und der Konstruktion des Referenzsystems verknüpft sind. Neben der Konfiguration

erscheint in den obigen Beziehungen zwischen den Größen auch die Messrate des Referenzsystems durch die Frequenz f_{Ref}. Anforderungen an die Messrate werden im folgenden Abschnitt formuliert.

Messrate

Aufgrund der digitalen Erfassung und Verarbeitung aller Messwerte stehen die Werte nicht kontinuierlich, sondern zu äquidistanten Zeitpunkten zur Verfügung. Da die Referenzposition in der Regel nicht zum selben Zeitpunkt wie die zu verifizierende Position generiert beziehungsweise gemessen wird, ist für die spätere Auswertung eine Interpolation des Referenzpositionssignals erforderlich. Dies bedeutet hinsichtlich der Verfügbarkeit der Referenzposition, dass die Position vom Referenzsystem in so kurzen Zeitintervallen generiert werden muss, dass jede signifikante Änderung der Fahrzeugbewegung detektiert werden kann. Die Messrate des Referenzsystems muss das Nyquist-Shannon-Abtasttheorem [18] erfüllen, welches besagt, dass für eine vollständige Rekonstruktion des Fahrzeugpositionssignals die Bedingung

GL. 8 $\quad f_{Ref} \geq 2f_{Frzg}$

einzuhalten ist. Hierbei bezeichnet f_{Frzg} den höchsten, als signifikant angenommenen Anteil im Frequenzspektrum des Fahrzeuggeschwindigkeitssignals. Die erforderliche Messrate des Referenzsystems orientiert sich somit an der Dynamik der Prüftrajektorie. Ausgehend von einer Kurvenfahrt mit dem Kurvenradius r_{min}, der maximalen Geschwindigkeit v_{max} sowie der minimal zu detektierenden Positionsänderung $|\Delta x|$ kann über den Zusammenhang

Bild 3
Geometrie eines Referenzortungssystems mit externer Zielverfolgung

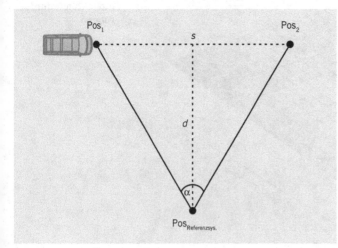

GL. 9

$$|\Delta x| = \left| \left(\frac{v_{max}}{f_{Ref}} \right) - \left(\frac{x_m + r_{min} \cos\left(\pi - \frac{v_{max}}{f_{Ref} r_{min}}\right)}{r_{min} \sin\left(\frac{v_{max}}{f_{Ref} r_{min}}\right)} \right) \right| = \left| \left(\frac{-x_m - r_{min} \cos\left(\pi - \frac{v_{max}}{f_{Ref} r_{min}}\right)}{\frac{v_{max}}{f_{Ref}} - r_{min} \sin\left(\frac{v_{max}}{f_{Ref} r_{min}}\right)} \right) \right|$$

die notwendige Messrate f_{Ref} für das Referenzortungssystem abgeleitet werden, Bild 4. Hierbei bezeichnet x_m die Lage des Momentanpols.

Zusammenfassung und Ausblick

Die Verifizierung von Fahrzeugortungssensoren erfordert die Nutzung eines Referenzsystems. Dieser Beitrag leitet generische Anforderungen an ein solches System ab. Hierbei ist zwischen strukturellen Anforderungen, die bereits bei der Konzeption berücksichtigt werden müssen, und den parametrischen Anforderungen zu unterscheiden, die maßgeblich durch den Anwendungsfall bestimmt und durch eine geeignete Auswahl konkreter Sensoren erfüllt werden. In zukünftigen Arbeiten müssen vorhandene Ortungstechnologien nach den hier vorgestellten Kategorien hinsichtlich ihrer Einsetzbarkeit bewertet werden. Des Weiteren muss neben der messtechnischen Realisierung an einer allgemeingültigen und standardisierbaren Entwurfsmethode für Prüfprozeduren zur systematischen Verifizierung von Ortungssensoren gearbeitet werden.

Literaturhinweise

[1] Bishop, R.; Broggi, A.: Intelligent vehicle applications worldwide. In: IEEE Intelligent Systems and their Applications 15 (2000), no. 1, p. 78–81

[2] Gombert, B.; Winterhagen, J.: Keine große Zauberei mehr. In: ATZ 112 (2010), Nr. 2, S. 88–90

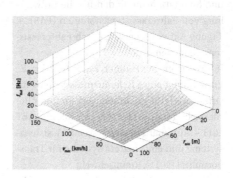

Bild 4
Notwendige Messrate für $|\Delta x|$ = 1 cm in Abhängigkeit von r_{min} und v_{max}

[3] DIN: Leitfaden zur Angabe der Unsicherheit beim Messen. Beuth Verlag GmbH, Berlin, 1999

[4] Jakobsen, J.: Slot car test track. European Navigation Conference, DGON, Braunschweig, 2010

[5] Weiser, M.: Ein Fehlermodell für die präzise Satellitenortung in dynamischer Umgebung. TU Braunschweig, Dissertation, 1999

DANKE

Die Autoren bedanken sich bei Prof. Dr.-Ing. Dr. h.c. mult. Eckehard Schnieder, Leiter des Instituts für Verkehrssicherheit und Automatisierungstechnik der Technischen Universität Braunschweig, und Prof. Dr.-Ing. Markus Maurer, Leiter der Arbeitsgruppe Elektronische Fahrzeugsysteme am Institut für Regelungstechnik der Technischen Universität Braunschweig, für die Unterstützung bei dem Forschungsvorhaben.

[6] Macek, K.; Thoma, K.; Glatzel, R.; Siegwart, R.: Dynamics modeling and parameter identification for autonomous vehicle navigation. In: IEEE/RSJ International Conference on Intelligent Robots and Systems, (2007), p. 3321–3326

[7] Strasser, B.; Siegel, A.; Siedersberger, K.; Bubb, H.; Maurer, M.: Vernetzung von Test- und Simulationsmethoden für die Entwicklung von Fahrerassistenzsystemen (FAS). 4. Tagung Aktive Sicherheit durch Fahrerassistenz, München, 2010

[8] Wegener, M.; Hübner, M.; Schnieder, E.: Entwicklung eines Referenzmesssystems für Ortungssysteme im Straßenverkehr unter Berücksichtigung des Qualitätsbegriffs. In: AAET 2011 – Automatisierungssysteme, Assistenzsysteme und eingebettete Systeme für Transportmittel (2011), Braunschweig

[9] Wegener, M.; Hübner, M.; Schnieder, E.: Anforderungen an ein Referenzmesssystem zur Untersuchung der GPS-Messqualität. In: tm – Technisches Messen, 78 (2011), Nr. 7–8, S. 354–363

[10] Wegener, M.; Hübner, M.; Schnieder, E.: Method for the verification of indoor localization systems with regard to road traffic applications by means of electromagnetic fields. IEEE, International Conference on Indoor Positioning and Indoor Navigation, Guimarães (Portugal), 2011

[11] ATP Automotive Testing Papenburg GmbH: Datenblatt ATP-Teststrecke. http://inet.atppbg.de/images/stories/strecken_fdy_detail.pdf>

[12] Abatec Elektronik AG: LPM Datenblatt. www.abatec-ag.com/media/pdf_abatec/Case-Study_1.pdf>, 28.01.2010

[13] Symeo GmbH: LPR-2D Positionserfassung von Kranen und Fahrzeugen zur Warenverfolgung. //www.symeo.com/cms/upload/PDF/Datenblatt_LPR-2D.pdf>

[14] Leica G.: Datenblatt Leica TM30. www.leica-geosystems.de/common/shared/downloads/inc/downloader.asp?id=11129>

[15] Haak, U.; Sasse, A.; Hecker, P.: On the Definition of Lane Accuracy for Vehicle Positioning Systems. In: IFAC, The 7th Symposium on Intelligent Autonomous Vehicles, Lecce, Italy, 2010

[16] Levinson, J.; Thrun, S.: Robust Vehicle Localization in Urban Environments Using Probabilistic Maps. In: IEEE (2010), p. 4372–4378

[17] Wang, J.; Schroedl, S.; Mezger, K.; Ortloff, R.; Joos, A.; Passegger, T.: Lane keeping based on location technology. In: IEEE, Transactions on Intelligent Transportation Systems (2005), p. 351–356

[18] Lunze, J.: Regelungstechnik 2 – Mehrgrößensysteme – Digitale Regelung. Springer, 2006, 4. Auflage

Elektronischer Horizont – Vorausschauende Systeme und deren Anbindung an Navigationseinheiten

JÜRGEN LUDWIG

Der hohe Testaufwand bei der Entwicklung von eHorizon-Anwendungen für Fahrerassistenzsysteme erfordert eine effiziente Entwicklungsplattform, mit der die einzelnen Softwarekomponenten von der Konzept- bis zur Serienentwicklung erprobt werden können. Zudem sollten die Ingenieure so weit wie möglich auf bereits bewährte fertige Software-Bausteine zurückgreifen können, um den Entwicklungsprozess zu beschleunigen. Elektrobit ist in der Lage, sowohl eine komplette Entwicklungsumgebung mit Provider und „Reconstructor" für OEMs und Tier-1-Zulieferer anzubieten als auch serienreife Target-Module für verschiedene Steuergeräte zu liefern.

Trendbeobachtung

Fahrerassistenzfunktionen auf Basis des elektronischen Horizonts (eHorizon) sind heute bereits in vielen Fahrzeugen selbstverständlich. Allerdings haben sich die Einsatzmöglichkeiten aufgrund der zunehmenden Anzahl und Rechenleistung der Steuergeräte sowie der stetigen Weiterentwicklung der Navigationssysteme inzwischen vervielfacht, Bild 1. Gleichzeitig wurden die Software und die Entwicklungswerkzeuge kontinuierlich weiterentwickelt, sodass sich die Anwendung von vorausschauenden Sicherheitssystemen (der Begriff eHorizon hat sich etabliert) einfacher und schneller erstellen lassen.

Seit der ersten Anwendung des eHorizons zur dynamischen Anpassung des Abstandsregeltempomats (ACC) im Jahr 2006 sind zahlreiche neue Anwendungsfelder hinzugekommen. Inzwischen können Informationen des Navigationssystems auf Basis erweiterter Karten die Fahrerassistenzsysteme bei der Einsparung von Energie, der Verbesserung des Komforts, der Erhöhung der Sicherheit sowie der Reduktion der Emissionen unterstützen. Das Einsatzspektrum reicht von der einfachen Schaltempfehlungen über die Kurven- und Spurwechselwarnungen, der automatischen Anpassung des Kurvenlichts und der Anzeige von Tempolimits bis zur Steuerung der Klimaanlage und der Nebenaggregate – etwa der Optimierung der Kühlung bei Bergauf- oder Bergabfahrten. Hohe Effizienzgewinne verspricht eine Anpassung der Fahrstrategie an die topographischen Bedingungen insbesondere bei Hybrid- und Elektrofahrzeugen sowie bei Lkw. eHorizon-Anwendungen werden mit Sicherheit eine immer größere Rolle für die Unterstützung von Fahrerassistenzsystemen spielen. Damit müssen in immer mehr Steuergeräten eHorizon-Module zusätzlich integriert werden, was für Entwickler und Tester neue Herausforderungen bedeutet.

Bild 1
eHorizon-Daten werden von immer mehr Steuergeräten verwendet

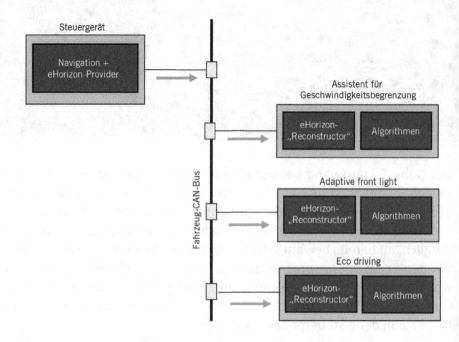

Technischer Hintergrund

Der eHorizon-Provider, eine Erweiterung der Navigation, extrahiert die für die Fahrerassistenzsysteme relevanten Daten für die aktuelle Position inklusive einer gewissen Vorausschau und stellt diese den Steuergeräten über den Fahrzeugbus zur Verfügung. Ist die Routenführung aktiv, wird der eHorizon entlang des Wegs und der möglichen Verzweigungen aufgebaut. Ohne ein aktives Ziel berechnet die Navigation die wahrscheinlichste Route des Fahrzeugs, den sogenannten Most Probable Path. In beiden Fällen reagiert der eHorizon-Provider auf Abweichungen und verschickt einen aktualisierten eHorizon an die Steuergeräte. Alle diese Informationen werden über den CAN-Bus an die Fahrerassistenzsysteme oder an die Hybrid-, Motor- oder Getriebesteuerung übertragen. Dort werden die Daten von einem Software-Modul, dem „eHorizon Reconstructor", gelesen und zwischengespeichert. Der „Reconstructor" stellt die eHorizon-Informationen dann den verschiedenen Funktionen im Steuergerät zur Verfügung.

So „kennen" die Steuergeräte die Fahrzeugposition und Geschwindigkeit sowie spezielle Merkmale des vorausliegenden Wegs, wie etwa Steigungen, Straßenklassen, Kurvenradien, Fahrspuranzahl, Kreuzungen und Geschwindigkeitsbegrenzungen. Sie geben dann Hinweise an den Fahrer, beispielsweise in Form einer Kurvenwarnung. Oder sie greifen aktiv ins Fahrgeschehen ein – zum Beispiel, indem sie gefährliche Beschleunigungen auf der Abbiegespur einer Autobahn verhindern, wenn der Abstandstempomat eingeschaltet ist. Dennoch unterscheiden sich aktuelle Lösungen erheblich von den Anwendungen der ersten Generation. Zum einen hat sich der Kartenhorizont erweitert. Während frühere Systeme nur wenige 100 Meter oder wenige Kilometer der Route vorausberechnen konn-

ten, benötigen vor allem Energiesparfunktionen einen möglichst langen Horizont. Idealerweise kann der eHorizon komplett von Start bis Ziel an das Sprit- beziehungsweise Stromsparsteuergerät übergeben werden. Zum anderen ist die Anzahl der beteiligten Steuergeräte erheblich gestiegen – früher war meist nur ein Steuergerät in den Prozess involviert, heute kommunizieren mehr als zehn verschiedene Steuergeräte miteinander und werden mit Karteninformationen versorgt. Das erhöht nicht nur die Präzision, es ermöglicht auch neue Anwendungen – zum Beispiel eine Optimierung der Fahrstrategie von E-Cars, die einen vielfach weiteren Horizont erfordert als zum Beispiel ein adaptives Kurvenlicht.

Eine weitere Herausforderung stellt die Integration des eHorizon Reconstructors in bereits entwickelte Steuergeräte dar. Aus Kostengründen sind RAM, ROM und Prozessorleistung der Hardware optimal ausgelegt, sodass ein zusätzliches Softwaremodul möglichst schlank sein muss. Dieser Forderung nach minimalstem Ressourcenbedarf steht die einheitliche Implementierung des Reconstructors in den verschiedenen Steuergeräten gegenüber. Mithilfe von „Compile"-Optionen lässt sich hier ein guter Kompromiss finden. Werden alle in einem Steuergeräteverbund verwendeten eHorizon-Reconstructor-Module aus dem gleichen Sourcecode erzeugt, profitieren die einzelnen Steuergeräte von einer frühzeitigen Stabilisierung. Die Aufmerksamkeit kann dann in vollem Umfang für das Optimieren der eigentlichen Funktion eingesetzt werden.

Herausforderungen während der Entwicklung

Um Entwicklungszeit und -kosten in Grenzen zu halten und eventuelle Gefahrensituationen für die Tester zu vermeiden, werden die Daten, Schnittstellen und Module zunächst in einer simulierten Umgebung analysiert und getestet. Dabei erfolgt eine Analyse des Providers, dann ein Test des Reconstructor über Software-in-the-Loop (SiL)- und Hardware-in-the-Loop (HiL)-Simulationen. Beide Verfahren erlauben es, Testabläufe zu automatisieren, sodass eine neue Software-Version mit wenig Aufwand exakt unter den gleichen Bedingungen getestet werden kann wie vorhergehende Versionen. Das beschleunigt das Testverfahren und soll garantieren, dass Fehler ausgeschlossen werden. Die Software muss sich zunächst bei den SiL-Tests nur auf dem Rechner bewähren, dann wird sie bei den HL-Tests direkt auf der Hardware ausgeführt. Um Fehler zu beseitigen, werden alle Komponenten der Verarbeitungskette, von den Karten über die Navigation, den eHorizon-Provider, die Übertragung, den Reconstructor bis hin zur eigentlichen Funktion in einer Umgebung systematisch erprobt. Dank des modularen Konzepts kann das System dabei sowohl am PC als auch direkt im Fahrzeug getestet werden. Dabei sind je nach Projektfortschritt oder Aufgabenstellung unterschiedliche Kombinationen von Serien-Hardware, Prototyping-Plattformen oder im PC laufenden Software-Komponenten möglich. Mit einer geeigneten Entwicklungsumgebung lassen sich Eingangsdaten (wie GPS, Radsensoren), Zwischenergebnisse (zum Beispiel eHorizon-Daten auf den CAN-Bus) sowie das Gesamtergebnis (beispielsweise Geschwindigkeitswarnung) bei realen Testfahrten aufzeichnen und im Labor für Tests und Ergebnisvergleiche weiterverwenden.

Schließlich gilt es noch zu berücksichtigen, dass Steuergeräte in zunehmendem Maß von mehreren Beteiligten, wie dem Fahrzeughersteller, dem Zulieferer und Software-Häusern entwickelt werden. Daraus ergibt sich, dass die Werkzeugketten sowohl für das Entwickeln als auch für das Testen allgemein verfügbar sein müssen. Nur dann lassen sich Aufzeichnungen von Testfahrten und Testfälle unter den Entwicklungspartnern austauschen.

Entwicklungswerkzeuge und Software-Module

Der hohe Testaufwand bei der Entwicklung von eHorizon-Anwendungen für Fahrerassistenzsysteme erfordert eine effiziente Entwicklungsplattform, mit der die einzelnen Softwarekomponenten von der Konzept- bis zur Serienentwicklung erprobt werden können, Bild 2. Zudem sollten die Ingenieure so weit wie möglich auf bereits bewährte fertige Softwarebausteine zurückgreifen können,

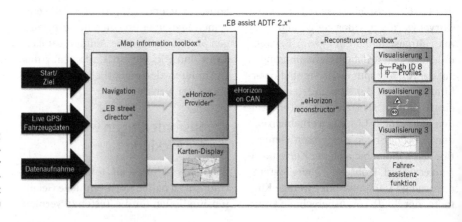

Bild 2
Entwicklungs-
werkzeugkette für
Fahrerassistenz-
funktionen mit
eHorizon

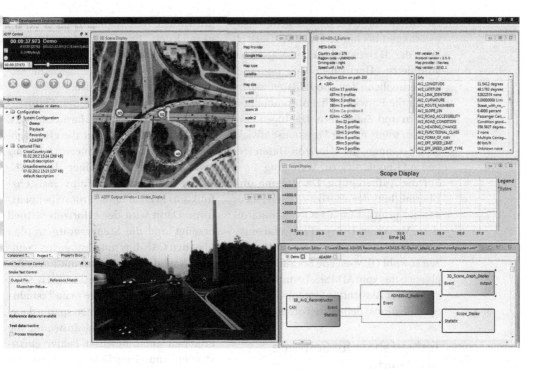

Bild 3
EB Assist ADTF mit
eHorizon-Erweite-
rung

um den Entwicklungsprozess zu beschleunigen. Im Optimalfall stehen eHorizon-Provider und Reconstructor in einer durchgängigen Entwicklungsumgebung zur Verfügung und der Reconstructor-Quellcode bleibt stets gleich. Denn wenn der Code von unterschiedlichen Herstellern bezogen wird, vergrößert sich der Entwicklungsaufwand erheblich. Elekrobit ist in der Lage, sowohl eine komplette Entwicklungsumgebung mit Provider und Reconstructor für OEM und Tier1 anzubieten als

auch serienreife Targetmodule für verschiedenste Steuergeräte zu liefern. Bei der PC-basierten Entwicklungsumgebung handelt es sich um das bei zahlreichen Herstellern und Zulieferern wie Audi, BMW, Bosch, Daimler und Volkswagen eingesetzte EB Assist ADTF (Automotive Data and Time-Triggered Framework), Bild 3. Mit der „Map Information Toolbox" wird die bewährte Navigationslösung „EB Street Director" in ADTF eingebunden. Die Reconstructor Toolbox beinhaltet den Target-fähigen eHorizon

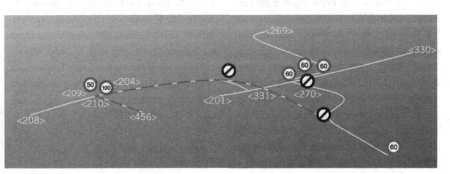

Bild 4
eHorizon-Darstellung im ADTF 3D
Scene Display

Reconstructor sowie verschiedene Visualisierungen bis hin zu einer 3D-Darstellung der Datenstruktur, Bild 4. Diese komplette eHorizon-Lösung bedeutet eine erhebliche Zeit- und Kostenersparnis für die Entwickler bei Automobilherstellern und Zulieferern. Die Ingenieure können sofort mit der Funktionsentwicklung beginnen, die eHorizon-Daten stehen auf Knopfdruck zur Verfügung.

Für die Aufbereitung, Darstellung und Übermittlung der eHorizon-Daten gibt es sowohl proprietäre als auch standardisierte Verfahren. Die von Elektrobit angebotenen eHorizon-Lösungen unterstützen sowohl OEM-eigene Spezifikationen als auch das vom ADASIS-Forum (Advanced Driver Assistance Systems Interface Specifications) definierte Format.

Testverfahren für Software und Hardware

Alle Tests erfolgen zunächst nur virtuell auf dem PC im Simulationsmodus der Navigation. Dort wird die gesamte Informationskette von der Positionsbestimmung über GPS bis zur vollständigen Generierung des eHorizons getestet und unter unterschiedlichen Bedingungen erprobt, zum Beispiel mit verschiedenen Geschwindigkeiten, Zwischenstopps etc. Die Entwickler können alle Tests „live" mit verfolgen und mit ADTF aufzeichnen. Die Entwicklungsplattform garantiert eine zeitsynchrone Erfassung der Datenströme und erlaubt es, Softwarekomponenten und Messdaten jederzeit wieder zu verwenden, damit alle Testdaten unter absolut einheitlichen Bedingungen erfasst werden. So können die Ingenieure eine Anwendung zunächst stetig im Labor verbessern und immer wieder virtuell testen, bevor sie sie schließlich bei einer realen Testfahrt erproben. Während der Testfahrt werden mit ADTF ebenfalls die Datenströme auf dem CAN-Bus, eventuell ein Referenzvideo sowie die Ausgangs-

größen der Fahrerassistenzfunktion aufgezeichnet. Im Folgenden können virtuelle und simulierte Testfahrten verglichen und Referenzdatensätze für SiL- und HiL-Tests erstellt werden.

Hat sich die Software in den Simulationen bewährt, folgen die Hardware-Tests. Hier lesen die Entwickler die eHorizon-Daten zum Beispiel von einer im Fahrzeug verbauten Navigation über den CAN-Bus ein und testen die Fahrerassistenzfunktion live auf einer Prototypenplattform. Dann wird der eHorizon virtuell erzeugt und die Steuergeräte werden über den CAN-Bus mit Testfahrten gefüttert. Nachdem alle Kombinationsmöglichkeiten durchgetestet worden sind, folgen schließlich weitere reale Testfahrten. Die vielen Simulationen sparen dabei nicht nur Entwicklungsaufwand. Sie erlauben auch, bewusst Fehler einzustreuen und Grenzfälle zu testen, um Gefahrensituationen für die Tester zu vermeiden. Zudem steht die benötigte Hardware wie die Headunit mit der Navigation oder die verschiedenen Steuergeräte auch gar nicht von Beginn an für reale Tests zur Verfügung. Vor allem aber lassen sich manche Funktionen in der Realität nur eingeschränkt testen, zum Beispiel Nebel bei kamerabasierten Assistenzsystemen – denn die Anzahl der nebligen Tage ist trotz der langen Winter in Deutschland doch relativ begrenzt.

Die Funktionsentwickler legen alle Aufzeichnungen ihrer Tests im ADTF ab. Weitere Tests des Codes unter unterschiedlichen Bedingungen, beispielsweise der Simulation von Nebel, Sonnenschein, Dämmerung und weitere, können so automatisch erfolgen. Sobald Abweichungen auftreten, wird der Entwickler informiert und prüft die Auffälligkeiten oder Fehler.

Neue Perspektiven mit Ethernet und Internet

Die Möglichkeiten für eHorizon-Anwendungen sind längst noch nicht ausgereizt, die meisten Anwendungen sind noch in der Entwicklung. Obwohl der elektronische Horizont keine unmittelbar sichtbaren Funktionen hat, sondern lediglich zur Verbesserung bestehender Assistenzsysteme eingesetzt wird, wird er bereits in wenigen Jahren unverzichtbar sein. Schon heute verlangt der Markt nach einer eHorizon-Lösung für Fahrzeuge, in die keine Navigation verbaut wird. Je mehr Steuergeräte oder Funktionen eHorizon-Daten verwenden, desto wichtiger wird eine einheitliche und durchgängige Entwicklungs- und Testumgebung. Mit Elektrobit Assist ADTF und den eHorizon-Erweiterungen steht eine bewährte und flexible Plattform bereit. Zwei Trends in der Automobilelektronik werden dem Thema eHorizon möglicherweise eine neue Richtung geben. Da ist zunächst die Anpassung der Bussysteme an die Forderung nach mehr Durchsatz und geringerer Latenz. Wenn sich Ethernet im Fahrzeug durchsetzt, könnten kamerabasierte Fahrerassistenzsysteme die ersten sein, die auf CAN verzichten. Spätestens dann stellt sich die Frage, ob man an den derzeit von CAN stark geprägten Protokollen für die Übertragung des eHorizon festhält oder ob neue Verfahren Einzug erhalten. Der zweite Trend ist der zunehmende Datenaustausch von Fahrzeugen mit der Umwelt beziehungsweise dem Internet. Derzeit ist der eHorizon stark auf die nahezu statischen Informationen aus der digitalen Karte ausgelegt. Zukünftig könnten aktuelle Daten über Baustellen, Staus, Lademöglichkeiten für E-Cars oder Car-to-Car-Gefahrenmeldungen in den eHorizon eingebunden und an die Steuergeräte übermittelt werden.

Literaturhinweise

[1] Jesorski, O.: Kartendaten – Mehrwert für Assistenzsysteme. Hanser Automotive 9/2011
[2] Ludwig, J.: Effiziente FAS-Entwicklung. Hanser Automotive 9/2010

Von der Straße ins Internet

Dr. Stephan Steglich | Christian Fuhrhop

Fahrzeughersteller und Verkäufer von speziell auf Automobile konfigurierten elektronischen Endgeräte sind der zunehmenden Konkurrenz durch andere Elektronikunternehmen ausgesetzt. Vor allem die hohe Dynamik der technischen Entwicklungen und die Frage nach passenden Geschäftsmodellen sind neue Herausforderungen für die Automobilbranche mit ihren langwierigen Entwicklungsprozessen. Der Einsatz Browser-basierter und plattformübergreifender Web-Techniken bieten hier einen vielversprechenden Weg, wie das Fraunhofer-Institut für offene Kommunikationssysteme, kurz Fraunhofer Fokus, herleitet.

Markt- und Kundenentwicklung

Immer mehr Kunden verzichten auf die Möglichkeiten eingebauter Navigationssysteme oder Unterhaltungssysteme im Auto und nutzen stattdessen separate Navigationsgeräte, die sie einfach auf das Armaturenbrett stellen, oder verwenden im Pkw ihre Tablet-PCs, wenn sie sich Videos anschauen oder die Kinder unterhalten möchten. Neben dem Preis – „Navigationspakete" der Automobilhersteller kosten häufig zehn Mal so viel wie ein Navigationssystem aus dem nächsten Elektronikmarkt – sind vor allem eine lange Lebensdauer und die Vielzahl an verfügbaren Anwendungen ausschlaggebende Faktoren bei dieser Entscheidung. In Deutschland etwa wird ein Neuwagen im Durchschnitt erst nach etwas mehr als sechs Jahren weiterverkauft. Demzufolge wurde ein durchschnittlicher Gebrauchtwagen, der heute von seinem ersten Besitzer verkauft wird, bereits produziert, als es noch kein iPhone gab und die BluRay-Technik gerade erst neu auf den Markt gekommen war – von Tablet-PCs und Android-Geräten ganz zu schweigen. Zudem benötigen die Anwendungen für das Auto spezifische Geschäftsmodelle: Zwar muss ein Automobilhersteller heute in der Lage sein, ein Navigationssystem und ein Unterhaltungssystem anzubieten – in der Regel gebrandete Versionen von Software externer Entwickler. Doch er kann nicht zusätzlich eine den heutigen Möglichkeiten und Gewohnheiten angemessene Menge an Anwendungen und Spielen zur Verfügung stellen oder gar eigene E-Mail-, Twitter- oder Facebook-Anwendungen anbieten. Andererseits stellt die Automobilbranche für Software-unternehmen daher einen interessanten Markt dar. Denn mit einer geeigneten Infrastruktur könnten Anwendungen speziell für Pkws angeboten oder für die Nutzung in Pkws angepasst werden. Voraussetzung dafür ist allerdings, dass die genutzte Plattform etablierten Standards hinreichend entspricht und für den Markt zugänglich ist. Browser-basierte Techniken scheinen hier der richtige Weg zu sein: Denn obwohl sich Browser in den letzten Jahren deutlich weiter entwickelt haben, kann eine sechs Jahre alte Kopie von Firefox (Version 2.0 zu dieser Zeit) immer noch die aktuellsten Internetseiten verhältnismäßig gut anzeigen und ist damit nutzbar.

Internetplattform

Internetplattformen bringen den Automobilherstellern erhebliche Vorteile, denn sie vermindern das Risiko, an eine spezifische Umgebung oder ein spezifisches Betriebssystem der Unterhaltungsgeräte- oder Telefonhersteller gebunden zu sein. Aufgrund der gebührenfreien Patentlizensierungsbedingungen und des freizügigen Urheberrechts des W3C [1] für Web-Standards verringert sich auch das Risiko für Konflikte im Bereich des geistigen Eigentums. Allerdings decken die bestehenden Web-Standards nicht das gesamte Anforderungsspektrum im Automobilbereich ab: Insbesondere fehlt die Verfügbarkeit von Statusinformationen aus dem Auto, die in den Anwendungen genutzt werden können. Wenn die Anwendungen innerhalb einer Web-Umgebung tatsächlich in der Lage sein sollen, vorhandene Fahrzeuginformationssysteme zu ersetzen und nicht nur zusätzliche oder parallele Systeme zu sein, dann müssen fahrzeugspezifische Schnittstellen zur Anwendungsprogrammierung (API) definiert und bereitgestellt werden. Das World-Wide-Web-Konsortium (W3C) hat diese Entwicklung mit seinem Web- und Automobil-Workshop, der Mitte November 2012 in Rom stattfand, in Gang gebracht. Der Workshop verfolgte unter anderem das Ziel, Interessenten zusammenzubringen und die Bildung von Interessensgruppen zu unterstützen. Einer der Sponsoren dieses Workshops war das Webinos-Projekt, das eine Fahrzeug-API als Eingabe für die W3C-Standardisierung festgelegt hat und dessen Ziel es ist, eine Plattform über mehrere Bereiche hinweg zu schaffen – darunter auch der Automobilbereich. Bereits im März 2013 folgt mit dem Media Web Symposium in Berlin, organisiert vom Fraunhofer Fokus, eine weitere Veranstaltung in Zusammenarbeit mit dem W3C. Auch hier werden wieder Vertreter unterschiedlicher Anwendungs-bereiche einschließlich der Automobilindustrie zum produktiven Austausch zusammenkommen.

Webinos: Open-Source- und Cross-Plattform

Das Webinos-Projekt ist ein EU-kofinanziertes und vom Fraunhofer-Institut für offene Kommunikationssysteme Fokus geleitetes Projekt. Ziel ist es, eine einheitliche, portable Internetplattform zur Verfügung zu stellen, die den Bedürfnissen webbasierter Anwendungen in fünf verschiedenen Bereichen gerecht wird – die „klassischen" PC- und Smartphone-Bereiche, die spezielleren Automobil- und TV-Bereiche und ganz neu der Bereich M2M/IoT (Machine to Machine/Internet of Things), womit größtenteils intelligente Sensoren abgedeckt werden.

Das Webinos-Projekt setzt seine Plattform als Open Source um und bietet sie mit einer freizügigen Lizenz an, damit sie leicht von anderen Interessenten oder Herstellern angepasst und übernommen werden kann. Gleichzeitig handelt es sich dabei um ein Versuchssystem, um Konzepte und APIs zu testen, bevor sie dem W3C zur Standardisierung vorgelegt werden. Technisch nutzt die aktuelle Umsetzung der Plattform node.js, um das Portieren zu vereinfachen. Dies ist allerdings nicht von der Spezifikation vorgegeben und andere, zum Beispiel den Zielsystemen vollständig native Umsetzungen, sind möglich.

Das Projekt hat eine Gesamtlaufzeit von drei Jahren, wovon zwei Jahre bereits durchlaufen sind. Im ersten Jahr wurden vor allem Anwendungsfälle und Anforderungen zusammengetragen, sowie eine erste Version der Spezifikationen erstellt. Im zweiten Jahr wurde die erste Implementierung der Plattform und die ersten Demoanwendungen bereitgestellt. Das nun folgende dritte Jahr wird überwiegend zur Aktualisierung, Erweiterung und Stabilisierung der Plattform sowie zur Weiterentwicklung der Demoanwendungen hin zu vollwertigen Benutzeranwendungen genutzt. In Zukunft soll zudem eine Webinos-Organisation gegründet werden, welche die weitere Entwicklung über den zeitlichen Rahmen des EU-Projekts hinaus koordinieren wird. Die nachfolgenden Abschnitte vermitteln einen Überblick über die wichtigsten Funktionen der Webinos-Plattform, insbesondere für den Einsatz im Automobilbereich.

Persönliche Zonen

Ein grundlegendes Konzept von Webinos ist die „Personal Zone" (persönliche Zone), die alle Geräte eines Benutzers umfasst. Dem liegt die Idee zugrunde, über einen zentralen Knoten, dem „Personal Zone Hub" (PZH), zu verfügen, an dem alle Geräte registriert sind. Auf diese Weise können alle Geräte innerhalb der Zone untereinander Informationen, Richtlinien und Einstellungen austauschen, ohne dass dafür jedes Gerät ausdrücklich gegenüber allen anderen Geräten registriert sein muss. Da die Personal Zone nur für einen bestimmten Benutzer gilt, bedeutet dies auch, dass der zentrale Punkt nicht von einem bestimmten Hersteller oder von einer besonderen techni-

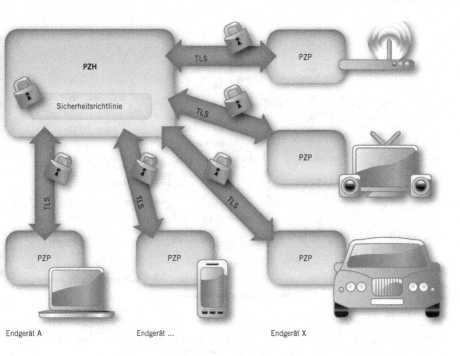

Endgerät A   Endgerät ...   Endgerät X

Bild 1
Persönliche Zonen: die einzelnen Geräte registrieren sich bei einem zentralem Punkt (PZH); hier werden die Zertifikate zur Authentifizierung in der Persönlichen Zone (PZP verwaltet; gegenseitig authentisierte Transport Layer Security (TLS) Sessions binden alle Endgeräte an den Personal Zone Proxy (PZP)

schen Umgebung, beispielsweise von einem spezifischen Subnetz, abhängt. Generell ist das Sicherheitsniveau innerhalb einer Personal Zone höher als außerhalb, wodurch die Benutzer – je nach Richtlinie und Privatsphäre-Einstellungen – aus der Ferne mit ihren Geräten interagieren können, Bild 1. Betrachtet man dieses Konzept, so ähnelt es dem eines Heimnetzes, in dem alle Geräte innerhalb eines Subnetzes einander vertrauen und die Dienste anderer Geräte erkennen und nutzen können. Die Personal Zone hängt nicht vom physischen Netz ab und funktioniert im Wesentlichen wie ein virtuelles überlagertes Netzwerk, das alle Geräte eines Benutzers umfasst. Einer der Vorteile eines solchen Systems ist es, dass die Richtlinien für alle Geräte über einen ausgewiesenen zentralen Knoten, nämlich dem Personal Zone Hub, eingestellt werden können. Dieses Zentrum fungiert ebenfalls als eine Schnittstelle zu anderen Geräten innerhalb der Personal Zone und kann bei entsprechenden Berechti-

gungseinstellungen aus der Ferne auf andere Geräte in der Personal Zone zugreifen.

Dadurch werden zum Beispiel das Fernkopieren von Inhalten und die Ferninstallation der Anwendungen auf ein Fahrzeug ermöglicht. So ist es nicht mehr nötig, die Administration direkt am Gerät im Auto selbst vorzunehmen, was nicht zuletzt auch aufgrund der üblichen Position des Displays seitlich neben der Fahrerposition unpraktisch ist. Eine der im Rahmen des Webinos-Projekts entwickelten Demoanwendungen zeigt zudem die Übertragung der Navigationspunkte von einem Heimcomputer an das Fahrzeug. Diese Funktionalität ist zwar bereits innerhalb der Produkte einzelner Hersteller möglich, eine auf Web-Standards basierte Lösung ermöglicht jedoch die Interaktion zwischen beliebigen Anwendungen.

Beim Registrieren eines Endgeräts in der Personal Zone, fungiert das Personal Zone Hub als Zertifizierungsstelle und erstellt ein „PZH TLS Server/Client Zerti-

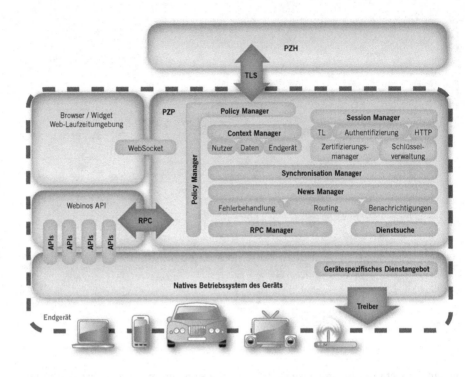

Bild 2
Policy-Manager: der Personal Zone Proxy, der die Webinos-spezifischen Elemente enthält, kommuniziert über eine dedizierte Kommunikationsschnittstelle mit dem Browser; an dieser Stelle entscheidet der Policy Manager über die Berechtigung der einzelnen Aufrufe, auf Webinos-Funktionen zuzugreifen

fikat" für das Gerät. Das Zertifikat wird für die spätere Identifikation des Geräts für die Personal Zone sowie für die gegenseitige Identifikation der Geräte innerhalb der Personal Zone verwendet. Dadurch wird eine direkte Kommunikation zwischen zwei Endgeräten möglich, auch wenn das Personal Zone Hub nicht erreichbar ist, zum Beispiel zwischen Smartphone und Autosystem außerhalb des heimischen Wlans.

Sicherheitsarchitektur

Damit Browser Webinos-Funktionalitäten bieten können, ohne dass die Browser selbst modifiziert werden müssen, stellt ein Personal-Zone-Proxy(PZP)-Modul die meisten der Webinos-Eigenschaften bereit. Die Anwendung im Browser oder in der Web-Runtime kommuniziert dabei mit dem PZP-Modul mittels Remote Procedure Call (RPC) über WebSocket als Kommunikationskanal. Ein Vorteil die-

ses Ansatzes ist es, dass lediglich die Portierung des zugrundeliegenden PZP nötigt ist, um einen beliebigen HTML5-Browser oder eine beliebige Runtime auf einem Endgerät zu nutzen. Auch hinsichtlich der Sicherheitsrichtlinien gibt es einen Vorteil: Da alle API-Aufrufe durch ein einziges Interface erfolgen und nicht in verschiedenen Plug-ins eines Browsers implementiert werden, kann ein einzelner „Policy Enforcement Point" beim Zugang zum PZP gewährleisten, dass nur zugelassende API-Aufrufe ausgeführt werden, Bild 2.

Webinos verwendet ein verhältnismäßig feines dynamisches Richtliniensystem. Die Genehmigungen werden in XACML (OASIS eXtensible Access Control Markup Language) erteilt und ermöglichen Genehmigungen auf Benutzer-, Gerät-, Anwendung- und API-Ebene. In vielen Fällen sind sogar noch spezifischere Einstellungen möglich, zum Beispiel ein API-Aufruf, um eine Nachricht zu senden, jedoch keinen Anhang zu erlauben. Anders als andere Genehmigungssysteme setzt Webinos nicht auf einen „Alles-oder-Nichts"-Ansatz: Während zum Beispiel das Android-System fordert, entweder alle APIs, die eine Anwendung verwenden möchte, zu genehmigen oder die Anwendung überhaupt nicht zu installieren, ermöglicht Webinos dem Nutzer gleichzeitig die Anwendung zu installieren aber bestimmte Funktionen zu verweigern. Mit einem derartigen Richtliniensystem kann einfacher und nutzergesteuerter eingestellt werden, welche Rechte eine Anwendung auf einem Gerät haben kann und soll. Zwar liegt es natürlich am Anwendungsentwickler, ob die Anwendung letztlich auch mit den eingeschränkten Funktionen läuft, jedoch besteht zumindest die Möglichkeit einer solchen Installation. So ist in einigen Fällen der für die eigentliche Funktion einer Anwendung „unnötige" API-Aufruf die wichtigste Methode der Entwickler, um die Anwendung zu Geld zu machen, wie zum Beispiel bei einem Spiel, das über eine Internetverbindung Werbeanzeigen abruft und anzeigt: Ganz ohne Internetverbindung wird ein solches Spiel kaum funktionieren, da dadurch die Werbeeinnahmen für den Entwickler entfallen. Anders ein Navigationssystem, das die Kontaktliste abfragt, um die Fahrt zu den Kontaktadressen zu vereinfachen: Ein Navigationssystem könnte auch dann noch funktionieren, wenn der Benutzer entscheidet, die Kontaktlisten für die Anwendung auszublenden. Lediglich die Funktionalitäten der Anwendung wären geringfügig eingeschränkt. Durch die Möglichkeit, die Rechte dynamisch zu ändern – und dies nicht nur während der Installation einer Anwendung –, ergeben sich zusätzliche Einsatzszenarien: Das wichtigste Szenario in einer Autoumgebung ist die Möglichkeit, zwischen verschiedenen Genehmigungsprofilen zu wechseln. So dürfen zum Beispiel Anwendungen, die auf einem Display im Sichtfeld des Fahrers angezeigt werden, nur dann Videos abspielen, während das Fahrzeug parkt oder mit geringer Geschwindigkeit fortbewegt wird. Oder zum Beispiel SMS-Nachrichten können nur versendet werden, während man an einer Ampel wartet, jedoch nicht während der Fahrt. Der Zugriff der Anwendungen auf die APIs kann sich also je nach den äußeren Bedingungen, beispielsweise der Pkw-Geschwindigkeit, ändern.

Einsatz von Widgets

Die meisten in einem Browser ausgeführten Anwendungen werden derzeit direkt aus deren Internetseiten ausgeführt. Obwohl verschiedene Versuche unternommen wurden, Web-Widgets zu etablieren, hat sich deren Nutzung nicht weit verbreitet, Bild 3. Im Automobilbereich könnte deren Einsatz jedoch realisierbar sein. Zwar werden aufgrund der zunehmenden Verfügbarkeit von Daten-Flatrates immer mehr Fahrzeugsysteme während der Fahrt online sein, jedoch werden für die absehbare Zukunft die zur Verfügung stehende Bandbreite begrenzt und die Daten-Roaming-Gebühren nach wie vor hoch bleiben.

Der Einsatz von Widgets ermöglicht die Vorinstallation einer Anwendung mit allen wiederverwendbaren Inhalten. So müssen nur noch die änderbaren Inhalte während der Nutzung heruntergeladen werden. Da die Widgets zudem immer dann heruntergeladen werden können, wenn ein kostengünstiger Zugriff auf eine Verbindung mit einer hohen Bandbreite verfügbar ist (in der Regel im Bereich des Heim-Wlan), wird die Anzahl an Downloads verringert, die während der Fahrt erforderlich sind.

Aus OEM-Sicht ist die Tatsache maßgeblich, dass die Widgets signiert wer-

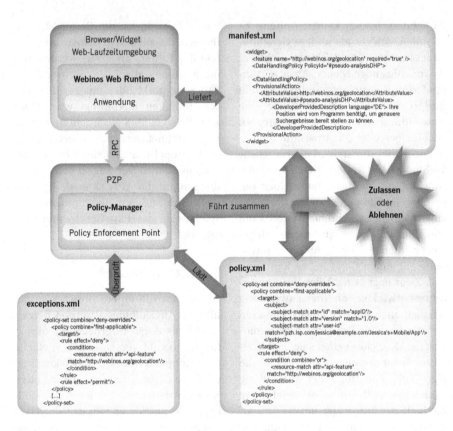

den können. Während „Scherz"- oder „Schock"-Anwendungen auf anderen Geräten nur eine Frage des Geschmacks beziehungsweise der Geschmacklosigkeit sind, können sie durchaus zu Haftungsfragen führen, wenn sie in einem Autounterhaltungssystem installiert werden. Länderspezifisch müssen Hersteller gesetzlich sicherstellen, dass Anwendungen, die im Sichtfeld des Fahrers ausgeführt werden, bestimmte Kriterien erfüllen: beispielsweise der Verzicht auf große blinkende Bildschirmbereiche oder Anweisungen auf dem Bildschirm, die eine Benutzerinteraktion innerhalb eines bestimmten Zeitraums erfordern.

Der Einsatz signierter Widgets ermöglicht es dem Hersteller, die Anwendungen innerhalb einer bestimmten Webinos-Laufzeitumgebung – etwa dem Front-Autosystem – auf solche zu beschränken, die entweder vom Hersteller selbst stammen oder von einer Zertifizierungsstelle geprüft und genehmigt worden sind. Ein offensichtlicher Nebeneffekt besteht in diesem Zusammenhang darin, dass Autounterhaltungssysteme auf diese Weise an einen bestimmten App-Store eines Markenherstellers gebunden werden können.

Ein weiterer Grund für den Einsatz signierter Widgets ist die Kontrolle des Zugriffs auf die APIs: Einige APIs, beispielsweise der Zugriff auf das Dateisystem, ermöglichen es, dass die Web-Anwendung Rollen erfüllt, die bisher nur native Anwendungen erfüllen konnten. Allerdings besteht bei diesen APIs ein inhärentes Risiko der missbräuchlichen Nutzung. Die Kontrolle von API-Aufrufen für Internetseiten ist auf eine sichere und benutzerfreundliche Art und Weise schwer zu erreichen. Das Erscheinen eines „Möchten Sie, dass diese Internetseite auf diese Funktion zugreift"-Fensters bei jedem Zugriff auf eine Seite wird schnell lästig und führt häufig dazu, dass der Nutzer einfach auf „Zulassen" klickt. Dies ist bereits ein die Privatsphäre betreffendes Problem bei Internetseiten, die zunehmend Zugriff auf die örtliche Position des verlangen. Bei APIs, die beispielsweise den Zugriff auf das Dateisystem zulassen, können Web-Anwendungen jedoch wesentlich relevantere Schäden anrichten. Die Anforderung, dass Nutzer Widgets in einem System installieren müssen, anstatt auf die Funktionalität über webbasierte Anwendungen zuzugreifen, trägt zum Entschärfen dieses Problems bei.

Fahrzeug-APIs

Eine Anwendung, die über eine Web-Laufzeit in einem Pkw ausgeführt wird, muss auf die Fahrzeuginformationen zugreifen können. Ansonsten wäre weiterhin ein unabhängiges System erforderlich, um die Statusinformationen über das Auto zu liefern. Dadurch würde sich auch die Anzahl zusätzlicher Funktionen verringern, die Anwendungen in einer Fahrzeugumgebung zur Verfügung stellen können. Die im Rahmen des Webinos-Projekts eingesetzten Fahrzeug-APIs wurden ursprünglich nach dem Vorbild der von der Genivi-Allianz, einem Branchenverband der Automobil- und Unterhaltungselektronikindustrie, definierten APIs entwickelt. Dies der derzeit etablierteste Ansatz im Bereich fahrzeugbasierter Infotainment-APIs und es ist daher nicht sinnvoll, die bereits geleistete Arbeit zu kopieren oder, was noch problematischer wäre, eine Spezifikation zu erstellen, die in Widerspruch zu den Genivi-Tätigkeiten stünde. Ein weiterer Grund für die Anpassung an Genivi war die hohe Wahrscheinlichkeit, dass das zugrundliegende System, auf dem Webinos ausgeführt wird, auf Genivi basieren würde. Ein Vorteil ist demzufolge eine API, die man einfach auf die API des darunterliegenden Systems abbilden kann.

Weiterentwicklung

Ob die Automobilhersteller ihre integrierten Endgeräte hinreichend interessant und funktional gestalten können, um Fahrer und Beifahrer davon abzuhalten, ihre eigenen Tablet-PCs, Telefone und Navigationssysteme mit ins Auto zu nehmen, bleibt abzuwarten. Da die Randbedingungen im Automobil- und TV-Bereich ähnlich sind, ist zu vermuten, dass sich in den fest installierten Auto-Systemen webbasierte Techniken durchsetzen werden. Ein Hinweis darauf ist, dass im TV-Bereich im Jahr 2012 bereits mehr als die Hälfte aller verkauften Fernsehgeräte internetfähig waren und sich webbasierte Anwendungen durchgesetzt haben. Andere Systeme wie Android-fähige Fernseher, konnten sich bislang hingegen nicht etablieren. Möglich ist ferner, dass – ebenfalls wie im Fernsehbereich – auch in Automobilen „Second-Screen"-Szenarien, die eine webbasierte Anwendung auf dem installierten System mit einer nativen Anwendung auf einem Tablet oder Smartphone kombinieren, zum Tragen kommen. Web-Funktionalität sind in jedem Fall eine – wenn nicht die – erfolgversprechende Möglichkeit, um „In-Car-Techniken" dynamisch und marktgerecht umzusetzen. Da es sich bei Webinos um ein Open Source-Projekt handelt, ist der Zugriff auf alle Spezifikationen und Codes über die Internetseite des Projekts www.webinos.org möglich.

Literaturhinweis

[1] World Wide Web Consortium (W3C) ist ein Gremium zur Standardisierung der das World Wide Web betreffenden Techniken.